개 정 판

천문학 개론

태양계와 우주

안홍배 · 이형목 지음

부산대학교출판부

허블망원경으로 본 우주

허블우주망원경은 지름 2.4m짜리 반사 망원경으로, 1940년대에 제안되어 1970년대와 1980년대에 제작되었고, 1990년 4월 25일 우주 왕복선 디스커버리호에 의해 발사되어 600km상공의 저궤도를 돌면서 수많은 정교한 관측을 수행하고 있다.

이 화보의 사진은 허블 우주 망원경이 보내온 수많은 사진 자료 중 대표적인 것을 고른 것이며, 대체로 멀리 있는 천체에서 가까운 천체의 순으로 나열하였다. 여기에 실린 모든 사진은 웹사이트 http://oposite.stsci.edu/에서 볼 수 있다.

위에 있는 사진은 Hubble Deep Field로 불리우는 아주 멀리 있는 은하들의 모습으로 실제 하늘의 크기는 2.5′×2.5′에 지나지 않는다. 이 사진에서 1,000개 이상의 은하를 찾을 수 있으며, 붉은색의 은하들은 대체로 멀리 있는 은하들이다.

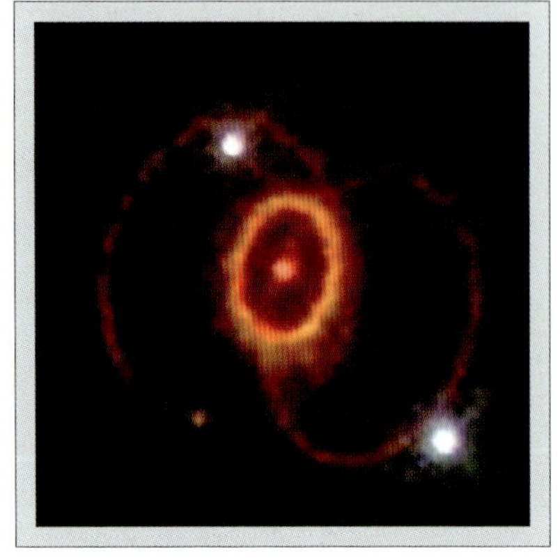

왼쪽 위부터 시계 방향으로 은하단에 의한 중력렌즈 현상, 충돌하는 은하, 은하(M51)의 중심부, 제트를 분출하는 행성상, 초신성 진해(1987A), 그리고 흰 은하(ESO 510-G13)이다.

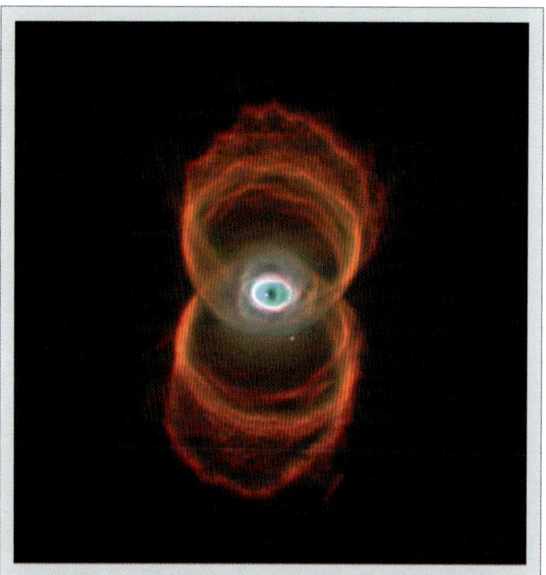

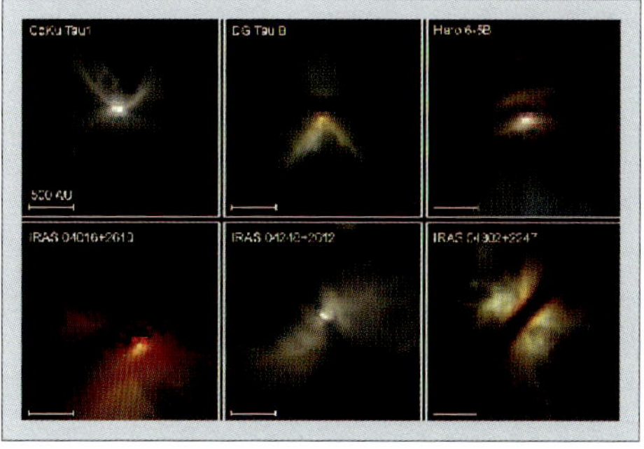

왼쪽 위부터 시계 방향으로 η 카리나 성운, 안경 성운, 독수리 성운, 원시성 주변의 원반들, 그리고 별이 탄생하고 있는 삼각 성운이다.

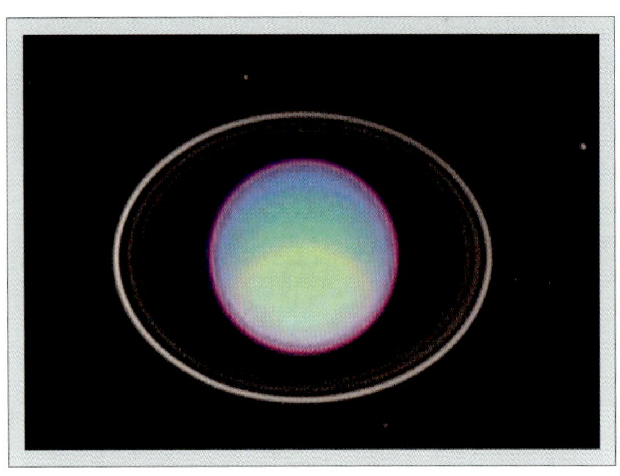

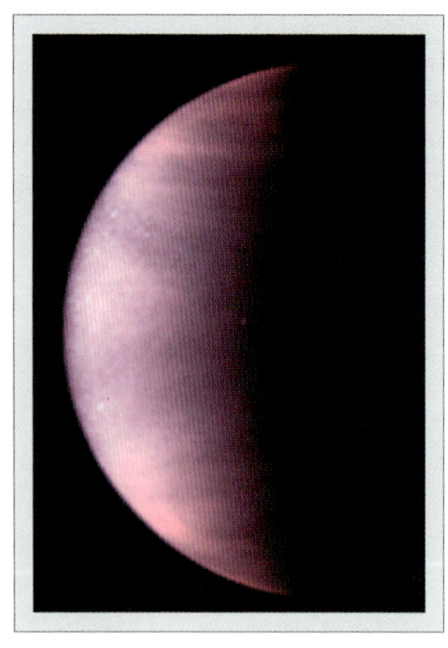

여기에 보이는 것은 태양계 천체들로서, 위에서부터 시계방향으로 토성, 목성, 금성, 화성, 그리고 천왕성이다. 목성에 삽입된 그림은 목성의 오로라이다. 금성은 달처럼 위상이 변하는데 사진에 있는 금성은 반달 모습이다.

서 문

흔히 우주 시대로 불리우는 21세기가 다가오면서 학생과 일반인 사이에서 천문학에 대한 관심이 날로 높아지고 있다. 이러한 시대의 요구에 부응이라도 하듯 참신하고 좋은 천문학 소개서들이 최근에 하나 둘 출판되고 있는 것은 몹시 다행한 일이 아닐 수 없다. 이러한 상황에서 졸작에 지나지 않은 본저의 출판을 망설이기도 하였지만 오랜 전부터 나름대로의 목적을 가지고 출발한 것이기 때문에 미진하긴 하나 일단 출판을 하고 이를 활용하면서 보완을 하기로 결정하고 수 년 전부터 준비해 온 원고를 정리하였다.

'태양계와 우주'라는 제목은 부산대학교에서 개설하는 교양강좌 이름이다. 이러한 이름을 택하게 된 이유는 천문학이 다루는 우주라는 거대한 대상과 이에 비해 너무나 작아 비교하기조차 힘든 태양계가 어떻게 유기적으로 관계를 가지고 있는가 하는데 중점을 두기 위해서였다. 은하계에는 1,000억개 정도의 태양과 같은 항성이 있다고 믿어지는데, 이들은 숲 속의 동식물들이 어우러지는 것과 같은 생태계를 유지하고 있다. 태양계 역시 이러한 생태계의 일원으로서 존재하고 있는 것이다.

태양계에서 가장 중요한 사실은 바로 지구에 번창하고 있는 생명체들이다. 생명 현상은 과연 지구에 국한된 것인가 아니면 우주에 더 많은 생명체를 가진 천체가 존재하는 것일까? 현재로서는 직접적인 탐사는 태양계 내의 행성들에 국한되어 진행되겠지만 어디엔가 생명체가 존재하는지의 여부는 인류의 가장 큰 수수께끼중 하나이다. 직접적인 탐사가 어려우니 만큼 과연 지구에서 어떤 과정을 거쳐 어떻게 생명체가 만들어지고 진화해 왔는지를 밝히는 것이 중요하다. 이 책에서도 이 분이 중요한 문제가 되어야 하지만 필자들의 전공과 능력 밖이라서 소홀히 다룰 수밖에 없었음은 대단히 안타까운 일이다.

이 책은 문과용 학생들의 교양 과목 뿐 아니라 천문학 개론을 택하는 학생들도 사용할 수 있게 하기 위해 노력을 기울였다. 전체적으로는 복잡한 수식을 사용하지 않고 일어갈 수 있게 하였고 좀 더 구체적인 이해를 원하는 사람을 위해 수식은 글상자에 넣어두었다.

이 책의 배열은 기존의 책들과는 약간 다르게 천문학의 모든 문제들을 골고루 살펴본 후 태양계를 다루었다. 태양계의 우주에서의 위치는 우주의 이해에서 출발해야 한다는 단순한 논리의 귀결이지만 실제 얼마나 효과적일지는 독자의 판단에 맡길 수밖에 없다.

최근에 들어와 우주에 관한 관심이 높아지고 있다. 그러나 일반인들로서는 우주에 대한 정확한 이해가 대단히 힘든 것도 사실이다. 천문학과 우주 탐사는 물론 밀접한 관계를 가지고 있다. 이런 관점에서 우주 탐사의 과거와 미래라는 장을 추자하였다. 이 장에서 우주 탐사의 모든 것을 다 설명할 수는 없었지만 대체적인 윤곽은 보여줄 수 있었다고 생각한다. 다만 실용 위성 등에 대한 설명이 좀 부족하여 추후 보완을 하여야 할 것이라고 본다.

이 책이 만들어지는 과정에서 컴퓨터 그래픽에서 많은 노력을 기울여준 박선주씨께 심심한 사의를 표한다. 졸저를 부산대학교 출판부에서 출판하도록 쾌히 승낙해준 출판부장님과 더운 여름 날씨에 원고의 체제를 잡아준 출판부 직원들께도 감사의 말씀을 드린다.

이 책은 여러 해의 강의 내용을 바탕으로 만들어졌지만 실제 출판 과정은 아주 바쁘게 진행되었다. 이는 책의 내용이나 체제가 완벽하지 못함을 뜻하기도 한다. 아무쪼록 책을 읽은 분들의 따끔한 충고를 바라마지 않는다.

금정산록에서

개정판에 부쳐

태양계와 우주는 부산대학교에서 개설하는 교양 강좌인 태양계와 우주란 강좌에서 다루기에 적합한 책이 없어 몇 해 해 오던 강의 내용을 정리하고 보완하여 책으로 내게 된 것이다. 2001년에 한 번 개정을 하며 20세기 후반부에 밝혀진 중요한 문제인 암흑에너지에 대한 소개를 하였으나 21세기에 들어서도 천문학에 새로운 발견이 많이 이루어져 이를 반영할 수 있는 개정의 필요성이 대두되었다.

현대 천문학은 우주에서 일어나는 모든 현상을 다루고 있으나, 우주의 기원에 직결되는 은하와 같은 천체의 생성에 대한 규명과 함께 외계 생명 현상 연구의 기반이 될 수 있는 생명체가 살 수 있는 외계 행성이 21세기의 벽두에 가장 주목 받는 대상으로 떠오르고 있다. 물론 외계 생명체에 대한 연구는 아직 제대로 시작도 되지 않았지만 향 후 10년 안에 세워질 지상의 거대 망원경과 차세대 우주 우주망원경 등이 갖추어지면 태양계 이외의 행성에서 생명체의 흔적을 찾는 일도 불가능한 일은 아닐 것이다.

이러한 점을 반영하여 이번 개정판에서는 외계 행성을 독립된 장으로 엮어 새로 소개하였다. 이 글을 쓰고 있는 시점까지 발견된 외계 행성이 이미 340개를 넘고 차세대 망원경들의 주요 과학적 목표 중 하나가 태양계 밖에서 지구처럼 생명체가 서식할 수 있는 행성을 찾는 것이라는 점을 고려하면 아직은 시작에 불과한 천체생물학에 대한 소개를 이번 개정판에 담은 것도 의미 있는 일이라 생각한다.

본 개정판에서 또 하나 적지 않은 개정이 이루어진 부분은 제 2장 천문학의 기초에서 천체 관측에 대한 것을 보완하여 천문학의 본래적 특성인 천체 관측에 대한 이해를 돕도록 한 것이다. 이와 함께 소위 정밀 우주론의 시대로 진입한 우주론 분야의 최근 발전도 반영하려 노력하였다.

아직 부족한 점이 많지만 이번 개정판을 통해 교양 천문학 책으로서 보다 견실한 내용을 갖추게 되었다고 생각하나 독자 재현의 비판과 충고가 이 책을 더욱 완전하게 만들 것이므로 배전의 사랑과 질책을 당부드리며 봄이 오는 소리를 들으며 붓을 놓는다.

2010년 2월

글쓴이 안홍배 · 이형목

차　　례

3 별의 구조와 진화

4
우리 은하와 성간 물질

5
은하와 은하단

6
활동성 은하와 퀘이사

7
우주의 구조와 진화

8
태양계

9

외계 행성

10 우주 탐사

글상자 차례

1

천문학의 역사

1. 천문학의 태동

맑은 날 밤하늘을 바라보면 누구나 수많은 별이 빛나는 것을 볼 수 있다. 이 별들을 한참 보고 있으면 시간이 지남에 따라 이들이 하늘에서 규칙적으로 움직이고 있음을 알게 된다. 시계가 귀하던 시절만 하더라도 사람들은 밤중에 시간을 알기 위해 밖으로 나가 하늘을 보았다. 별은 매일 하늘에서 서서히 움직이는 일주 운동을 반복하는데 날마다 같은 시간에 하늘을 보면 별자리 전체가 서서히 움직인다는 사실도 알 수 있다. 즉 계절에 따라 보이는 별자리가 모두 다르다는 것이다.

고대인들은 현대인들보다 별을 볼 시간이 훨씬 많았을 것이다. 그들이 밤하늘에 끝없이 펼쳐지는 별을 보고 어떤 생각을 했었는지 정확히 알 수는 없다. 그러나 별들의 운행에 규칙성이 있으며 그러한 규칙성이 하루로는 시간과 관계가 있고 일년으로는 계절의 변화와 밀접한 관계가 있다는 것을 알고 있었을 것이다. 특히 씨 뿌리고 거두는 시기를 정확히 맞추어야 하는 농경 사회에서는 천체의 운행에 바탕을 둔 역법(曆法)이 일찍부터 발달하였다. 따라서 옛날의 천문학은 바로 달력을 만드는 역법의 학문으로서 시작되었을 것이라고 짐작할 수 있다. 이런 이유로 천문학은 아주 오래된 학문이라 할 수 있다. 천문학의 기원은 일상생활에서 필요한 달력을 만들고 시간을 정하며 이동할 때 방향을 알기 위한 필요성에서 출발했을 것이다. 우리가 현재 쓰고 있는 시간의 단위들도 대부분 천체 현상에 그 바탕을 두고 있다. 그 예가 해가 떴다 진 후 다시 뜨는 때까지를 하루, 보름달에서 다음 보름달까지의 간격을 한 달, 그리고 계절이 한번 순환되는데 걸리는 시간을 일 년으로 정한 것이다. 이처럼 천문학은 시간이나 계절의 개념을 정확히 정해 주기 때문에 과거에는 극히 실용적인 학문이었다고 볼 수 있다.

이러한 천문학의 실용성은 최근까지 지속되었다. 항해하는 선박이나 항공기에서는 위치를 알기 위해 별을 관측하였다. 그러나 오늘날의 선박이나 항공기에서는 보다 발달된 기계인 관성항법장치(Inertial Navigation System : INS), 또는 GPS(Global Positioning System) 등을 이용해 자신의 위치, 속도 등을 정확히 측정할 수 있다. 이제는 시간의 간격도 원자시계로 정의하여 천문학의 도움을 그다지 필요로 하지 않는다. 천체 운행의 규칙성을 아주 정확히 계산하는 일 자체는 여전히 천문학자의 몫이지만 이에 바탕하여 달력을 만드는 일은 비교적 단순 작업으로서 이미 천문학의 연구 대상이라 할 수 없다. 이런 이유로 천문학이 실생활에 이용되는 일은 거의 없고 이제는 순수 학문으로만 남아 있게 되었다. 다만 아직도 시간의 절대적 정의는 천문 현상에 바탕을 두고 있기 때문에 원자시계와의 차이를 최소한으로 줄이기 위해 종종 윤초(하루에 1초를 더하는 것)를 실시하고 있다. 또 미세한 지각 운동 등을 검출하기 위해 지구 위 두 지점 사이의 절대 거리 변화를 정확히 측정하는데도 천체에 대한 관측을 이용하고 있다. 그러나 실용적 가치가 대부분 상실된 오늘날까지 천문학이 순수 학문으로서 자리를 차지하고 있는 것은 인간이 가지고 있는 우주에 대한 원초적 호기심 때문이라 하겠다.

우리가 밤하늘에서 보는 별들은 대부분 1년을 주기로 규칙적인 운동을 하고 있다. 그러나 그 중에는 비교적 불규칙한 운동을 하는 천체들도 있어 이들을 중국에서는 행성(行星)[1)]이라고 불렀다. 육안으로 볼 수 있는 행성으로는 수성, 금

---

1). 간혹 일본 책의 영향을 받아 혹성(惑星)이라 부르는 경우가 있으나 중국과 우리나라에서는 행성이란 용어를 아주 오랫동안 써 왔다. 또 태양계에 있는 행성은 행성이라 부르지만 공상과학 소설 등에서 나타나는 외계 행성은 혹성이라 부르는 경우가 있으나 모두 행성으로 통일해 불러야 할 것이다.

성, 화성, 목성, 토성이 있으며, 동양에서는 이들을 일찍부터 오행성이라 불러왔다. 이들은 천구상에서 항성들 사이를 움직이지만 그 경로는 황도라고 부르는 천구상의 대원 가까이로 국한되어 있다. 황도는 실제로 태양이 일년동안 지나다니는 경로이다. 따라서 태양과 행성이 밀접한 관계를 가지고 있다는 사실도 고대인들이 이미 알고 있었을 것이다.

천문학이 어떤 과정을 통해 발달해 왔는가를 밝히는 것은 기록이 거의 남아 있지 않아 쉬운 일이 아니다. 특히 천문학은 지역별로 조금씩 다른 형태로 발달해 왔기 때문에 천문학 역사를 일반적으로 기술하기는 아주 어렵다. 이 장에서는 동양과 서양의 천문학으로 크게 나누어 어떻게 다른 방향으로 천문학이 발달해 왔는가를 간단히 살펴보고 근대 천문학의 시작을 살펴본다.

2. 동양과 서양의 고대 천문학

천문학은 근본적으로 우주에 대한 학문이다. 그러나 우주를 정확히 이해하는 것은 아주 어려운 일이다. 특히 밤하늘에 보이는 수많은 천체의 본질은 관측 기술과 과학 이론의 발달에 힘입어 밝혀지기 시작한 것이고 망원경이 발명되기 전까지는 모든 관측은 육안에 의존할 수밖에 없었다.

인간의 우주에 대한 최초의 과학적 접근은 태양과 행성의 운동을 기술하는 것이었다. 고대 그리스인들은 지구가 우주의 중심에 놓여 있고 태양과 행성이 원 궤도를 따라 회전하는 것으로 생각했다(그림 1-1). 이러한 우주관을 '지구 중심 우주관'이라 한다.

행성의 겉보기 운동을 자세히 관찰하면 천구 상에서 진행하는 방향이 바뀌는 이른바 역행 현상을 볼 수 있다(그림 1-2). 그림 1-1에 보인 모형에서는 행성이 실제로 운동 방향을 바꾸지 않는 한 역행을 볼 수 없다. 이러한 단점을 해소하기 위해 프톨레미(Ptolemy : 85(?)~165(?) AD)는 행성이 지구 근처에 있는 중심에 대해 원 궤도를 돌면서 작은 주전원을 따라 운동하는 모형을 제시하여

그림 1-1. 지구 중심 우주 모형의 가장 간단한 형태

(그림 1-3) 역행의 문제점을 해소하였다. 이러한 프톨레미 모형은 고대 그리스의 인간중심주의와 중세 유럽의 정신 세계를 지배한 기독교 교회의 지원 하에 우주의 모형으로 천년 이상을 서양 세계에서 군림하게 된다.

중국은 농경 사회였기 때문에 역법이 일찍부터 발달되어 있었고 행성의 존재도 고대 중국인들에게 잘 알려져 있었다. 그러나 불행히도 중국의 고대 기록에는 행성들이나 우주의 실체에 대한 논쟁이나 연구가 거의 남아 있지 않다고 한다. 중국의 우주관을 나타내는 것으로 개천설(蓋天說)과 혼천설(渾天說) 등이 한나라 때부터 있었으나 그 후에 더 발달하지 않았다. 개천설에서 땅은 편평하고 하늘은 삿갓이나 우산을 쓴 것처럼 둥그스름한 뚜껑 모양으로 생각하였다. 혼천설에서는 달걀 모양의 우주를 상정하여 하늘은 달걀의 껍질이고 땅은 노른자에 해당한다고 주장한다.

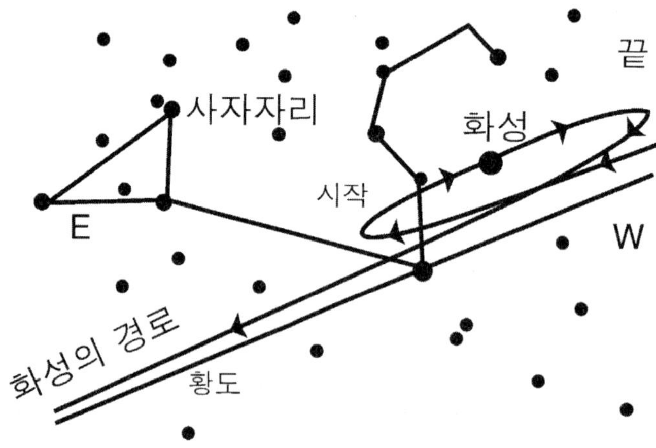

그림 1-2. 행성 역행의 예. 화성이 황도를 따라 서에서 동으로 진행하다가(순행) 사자자리 부근에서 방향을 바꾸어 동에서 서로 진행한(역행) 후 다시 원래의 방향으로 진행한다.

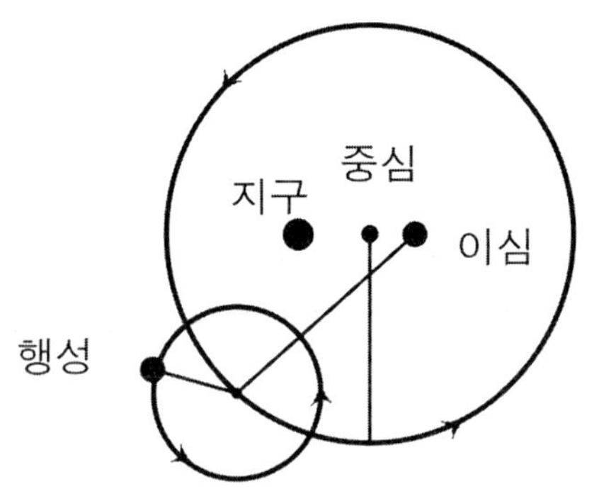

그림 1-3. 프톨레메미의 주전원 모형. 행성의 역행을 설명할 수 있다.

중국인들은 이미 은(殷)시대에 1년의 길이가 365 1/4일이라는 사실을 정확히 알고 있었다. 고대인들은 1년의 길이를 측정하기 위해 태양의 남중 고도를 측정했다. 즉 편평한 땅 위에 수직으로 막대기를 꽂아 놓으면 그 그림자의 길이가 하루 중 남중 때 가장 짧아지게 된다. 남중할 때 막대 그림자의 길이를 측정해 보면 매일 조금씩 변하는데, 그림자의 길이가 가장 길 때를 동지라 하고 가장 짧을 때를 하지라 한다. 그림자의 길이가 가장 길 때부터 다음 가장 길 때까지의 길이가 1년이 되는 것이다. 이러한 관측을 수십, 수백년 이상 반복해 실시하면 하루의 길이를 소수점 이하 한자리 또는 두 자리까지 정확하게 측정할 수 있다. 오늘날 정교한 관측 기구를 이용해 측정한 1 태양년의 길이는 365.2422일이다. 따라서 고대인들이 측정한 365 1/4일은 1/100일 이하의 오차를 가진 셈이다. 이렇게 태양이 만드는 그림자를 측정하는 기구를 고표(高表)라 한다(그림 1-4).

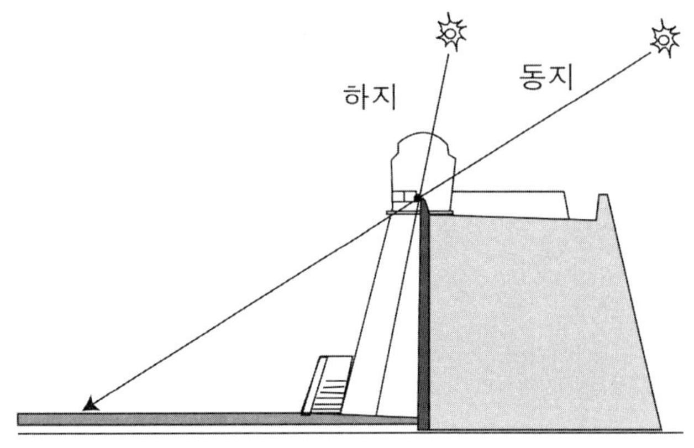

그림 1-4. 태양의 고도를 측정하기 위한 고표

고대 중국인들은 이렇게 오늘날 우리가 사용하는 태양력의 개념을 가지고 있었음에도 이를 사용하지 않고 더 복잡한 태음 태양력을 사용하였다. 태양의 운행은 계절과 밀접한 관계가 있고, 달이 차고 기우는 것은 조석 간만과 관련되어 있다. 그러나 달의 운행을 역서에 반영한 목적 중에는 조석 간만의 시기나 정도를 추정하는 실용성 외에도 천체에서 일어나는 현상 중 사람들에게 가장 공포감을 주는 일식과 월식 예측을 위한 것이 있었다. 중국의 태음 태양력은 달의 운행에 더 중점을 두고 만들어졌기 때문에 계절과는 잘 맞지 않는데 이를 보정하기 위해 24절기라는 개념을 따로 도입하여 농사에 도움이 되도록 하였다. 중국의 달력은 단순히 날짜를 정하는 것 이외에도 태양과 달 그리고 오행성의 위치를 예측하는 기능도 포함되었다. 그 중 가장 중요한 것이 일식과 월식의 예측이었다. 그러나 고대 중국의 달력은 철저하고도 정교한 관측에 바탕을 두고 만들어졌지만 태양, 달, 그리고 행성 등의 운행을 본질적으로 파악하지는 못했기 때문에 그 계산 과정이 매우 복잡하였다.

중국에서는 왜 이런 복잡한 역서를 만들기 위해 애를 썼을까? 이는 중국 왕조들이 권위의 상징으로 역법을 사용하기 시작한 데서 그 연유를 찾을 수 있다. 중국의 황제들은 천자(天子)라 해서 하늘의 임무를 수행하는 것으로 백성들에게 군림했고 그 증거로 새로운 역법을 통한 천체 운행의 정확한 예측이라는 수단을 사용했기 때문이다. 그러나 그 목적이 정치적이어서 역서를 만드는 과정에서 자유롭고 과학적인 활발한 논의가 허용되지 않았다. 천문학자들이 천체의 본질에 대하여 논하는 것을 원천적으로 금지시킨 중국 왕조들의 통치 철학이 정교한 천문력을 만드는 기술을 발달시킬 수 있었으나 과학으로서의 천문학 발달을 저해하는 요인이 되었다. 현대 과학이 모두 서양에서 출발한 이유 가운데 하나가 천문학에 대한 동양의 폐쇄된 접근 방식 때문이었다는 설명이 나오는 것도 이러한 이유 때문이다.

3. 우리나라의 천문학

우리나라에서는 천문학이 어떻게 발달해 왔을까? 일반적으로 천체의 운행에 대한 우리 조상들의 견해는 중국과 마찬가지였을 것으로 추측된다. 적어도 역법에 있어서 우리나라는 중국의 것을 그대로 답습해왔다 해도 틀린 말은 아니다. 이미 살펴본 대로 중국 역서는 너무 복잡하기 때문에 우리나라에서 역법을 독자적으로 계산하는 것은 아주 힘들었다. 더구나 역서를 통해 주변 국가들을 그들의 영향력 아래 두기 위해 중국 왕조는 역서 편찬 기술을 바깥으로 새어 나가지 못하게 하였다.

우리나라에서 독자적으로 역서를 편찬하려는 노력은 꾸준히 이어져 적어도 고려 시대부터는 중국 역서를 우리나라에 맞게 고쳐 사용했던 흔적이 있다. 특히 고려 말 충선왕 시대에 이르러서는, 왕실의 지원 하에 아랍 천문학 지식을 흡수하여 만들어진 원(元) 나라의 역법인 수시력(授時曆)을 익히고 우리 위치에 맞추어 채용하였다. 이런 고려 시대의 발달된 역산법(曆算法)은 조선시대에까지 이어졌다. 조선 세종대왕은 정흠지(鄭欽之), 정초(鄭招), 정인지(鄭麟趾)등 학자들을 시켜 역법뿐 아니라 일식, 월식 그리고 오행성의 운동을 계산하는 방법을 알아내도록 하였다. 그 결과로 나타난 것이 이순지(李純之), 김담(金淡) 등에 의한 '칠정산내외편(七政算內外編)'의 편찬과 많은 과학 발명들이다.

칠정산의 완성으로 모든 천체 현상의 예측을 서울을 기준으로 할 수 있게 되어 학문의 독자성이 확보되었다. 세종 재위 기간은 우리 역사상 유례를 찾아볼 수 없는 과학 진흥기라 할 수 있다. 이 시기에 만들어진 천문 기구만 해도 대간의(大簡儀), 소간의(小簡儀), 혼의(渾儀), 혼상(渾象), 일구(日晷), 앙부일구(仰釜日晷), 일성정시의(日星定時儀) 등이 있다. 간의는 천체 관측용 기구이고 혼의와 혼상은 물레바퀴를 동력으로 작동하는 일종의 시계이다. 일성정시의는 태양이나 항성의 움직임을 이용해 시간을 측정하는 시계이다. 이러한 천문 기기의 제작은 세종의 명에 의해 주로 이천(1376~1451)과 장영실(蔣英實 : 출생 및 사망 연대 불확실)에 의해 이루어졌다. 그러나 불행히도 이들 기구는 그 설명만 왕조실록에 전하고 있을 뿐 현재 아무 것도 남아 있지 않다.

조선조 후기에 와서 실학자들은 천문학을 보다 과학적인 각도로 연구하기 시작하였다. 특히 홍대용(1731～1783)은 그의 저서 의산문답(醫山問答)에서 동양 천문학자로는 처음으로 지구의 자전을 의미하는 지전설(地轉說)을 주장하였다. 지전설 자체는 태양 중심 우주설과 직접 연관이 있는 것이 아닐뿐더러 코페르니쿠스(Copernicus : 1473～1543)의 태양 중심설에 비해 수백 년이나 후의 일이지만 과학적인 사고에 의해 얻어낸 결론이라는 점에서 높이 평가할 만하다. 다만 이런 우주에 대한 성찰이 더 이상 이어지지 못한 것은 우리 학문이 독자적으로 발전할 수 있는 마지막 기회를 놓친 안타까운 일이라 하겠다.

우리나라 천문학사에서 빼놓을 수 없는 유적은 경주의 첨성대(瞻星臺)이다. 이 구조물은 선덕 여왕 때(서기 620년경) 건축된 것으로 '그 안을 사람이 오르내리며 천문을 살핀다'라는 기록과 첨성대라는 이름이 그 기능을 짐작케 하는 유일한 기록이다. 그러나 어떤 방법과 목적으로 천문 현상을 관측했는지 현재로서는 전혀 알 도리가 없다. 우리나라의 고대 기록들이 대부분 유실되었지만 삼국사기에 신라의 천체 관측 기록이 비교적 많이 남아 있다. 그러나 첨성대가 만들어진 선덕 여왕 통치 기간에는 천변에 관한 특별한 기록도 없어 첨성대의 규명을 더욱 어렵게 하고 있다. 그 동안 많은 학자들이 첨성대의 목적이나 용도 등에 대하여 연구를 하였음에도 불구하고 아직 정확히 밝혀지지 않고 있으나, 별을 관측한 장소, 즉 천문대의 기능을 한 것만은 분명해 보인다.

고대의 천문대가 어차피 과학으로서의 천문 현상을 정교하게 관측하는 데 쓰이지 않았다면 천문 현상을 관측하는 장소와 일부 학자들이 주장하는 것과 같은 상징적인 구조물과의 구별은 큰 의미가 없을지 모른다. 어찌 됐건 남아 있는 가장 오래된 천문대로 알려진 경주의 첨성대가 우리의 고대 천문학과 관련이 있음은 짐작할 수 있으나 정확히 어떤 목적을 위해 건립된 것인지 밝히는 것은 대단히 흥미롭고도 중요한 일이다.

우리 조상이 천문학에 많은 관심을 가지고 있었다는 증거는 여러 곳에서 찾을 수 있다. 우선 우리나라의 고대 기록에는 천문 현상들이 많이 나타난다. 삼국

시대 천문현상에 대한 가장 체계적인 기록은 삼국사기로서 67회의 일식을 비롯한 200여회의 천체 현상이 나타난다. 고려시대의 기록으로서는 고려사 천문지에 일식 132회, 월식 211회, 혜성 76회 등 수천 개의 천문현상이 들어 있다. 조선시대의 천문 기록은 더욱 더 정교해져 조선 왕조 실록이나 증보문헌비고 등에 많이 남아 있다. 특히 조선 후대의 혜성 관측 기록은 세계적으로 가장 풍부한 기록으로 손꼽힌다. 그러나 아직 우리나라의 고대 천문학에 대한 체계적 연구는 거의 이루어져 있지 않다.

고대 역사서 중에는 그 신빙성에 의심이 가는 경우가 많이 있다. 역사 학자들은 역사서의 기술 방법, 사용 용어, 당시의 사회 관습 등에 바탕을 두어 역사서들의 편찬 연대나 신빙성 등을 판단한다. 그러나 역사서가 여러 차례 다른 사람에 의해 전달되고 손으로 다시 쓰는 동안 외형적 요소는 바뀌더라도 거기에 실린 기사 자체는 진실이라고 하는 견해도 있을만하다. 특히 우리 고대사의 경우 믿을만한 역사서가 귀하므로 출처가 분명치 않은 책에 바탕을 둔 학설이 많다. 이 때 역사서의 진실성을 증명할 수 있는 간접적 방법으로 최근 시도되고 있는 것이 천문 현상 기사에 대한 검증이다. 역사서에는 거의 예외 없이 일식, 월식, 행성 배열 등에 관한 기사가 많이 실려 있다. 만약 어떤 역사서가 후대에 꾸며진 일이라면 이러한 천문 관계 기사는 실제 일어났던 일과는 전혀 상관이 없을 것이다. 현대 천문학에서는 과거에 일어난 많은 천문 현상들의 시간이나 관측 가능 위치 등을 정확히 추정할 수 있다. 서울대학교의 박창범 교수는 삼국사기에 기록되어 있는 고대 천문 현상을 역추적 함으로써 이들 기록이 상당히 신빙성이 있음을 밝혀냈을 뿐 아니라 일부 천문 현상들은 한반도가 아닌 중국 대륙에서 일어난 현상이라는 사실을 알아냈다. 이 사실이 역사적으로 어떤 의미를 지니고 있는지 밝히는 것은 역사학자들의 몫이지만 자연 현상을 이용해 역사 기록을 검증한다는 것은 분명히 흥미로운 일이다. 천문 현상은 수 천년 이상 전에 일어난 것이라도 정확히 추적할 수 있어서 사료 검증에 도움이 될 수 있을 것이다.

이상 살펴본 바와 같이 중국은 정성스러운 역서의 편찬이나 천문 현상의 정확한 기록 등 천문학이 발달할 수도 있었으나 자연 현상을 대하는 방법의 차이와 정치 지배 이데올로기의 영향으로 과학으로서의 천문학을 발달시키는 데는 실패하였다. 우리나라도 천체 현상의 관측에 많은 노력을 기울이고 훌륭한 유산을 남겼지만 과학의 영역으로까지 연결시키지는 못하였다. 서양의 경우 적어도 그리스 시대에는 천문 현상을 비롯한 모든 자연 현상에 대해 자유로운 논쟁이 가능했기 때문에 천문 현상을 본질적으로 접근할 수 있었다. 서양에서도 약 1,000년 가까운 암흑기가 있었지만 중세 이후 과학으로서의 천문학이 본격적으로 발달하기 시작했다. 현대 자연 과학이 모두 서양에서 나온 이유가 천문 현상을 접근하는 방법의 차이에서 비롯됐다고 보는 견해도 있을 만큼 천문학이 자연 과학 전체의 발달에 미친 영향은 아주 크다. 우리가 지금 다루는 과학으로서의 천문학 역사에 대한 논의가 결국 서양의 것에 국한될 수밖에 없음은 안타까운 일이다.

4. 현대 천문학의 발달

프톨레미의 지구 중심설이 도전을 받기 시작한 것은 코페르니쿠스의 태양 중심설이 발표되고 난 후이다. 어떤 책에서는 지구 중심설을 '천동설'이라 부르고 태양 중심설을 '지동설'이라 부르기도 하는데 이는 정확한 표현이라고 볼 수 없다.

코페르니쿠스는 당시 폴란드에 새로 세워진 크라코프 대학과 이태리의 볼로냐 대학에서 공부한 후 신부로 일생을 보냈다. 그는 태양이 우주의 중심에 있고 다른 행성들이 그 주위를 회전한다고 하면 굳이 프톨레미 모형에 있는 주전원을 도입하지 않고도 행성들의 겉보기 운동을 설명할 수 있다고 생각하였다. 코페르니쿠스 자신은 교회 신부로서 당시 교회에서 받아들여지고 있던 지구 중심설을 반박하는 입장을 취하는데 적잖이 고민을 했다고 한다. 그의 태양 중심 우주설에 대한 연구는 젊은 시절에 이루어진 것이었으나 세상을 떠나던 1543년에야 그의 방대한 저서인 '천체의 공전에 관하여'가 출판되었다. 코페르니쿠스의 태양 중심설은 고대 그리스 이래 당시를 지배하고 있던 일반적인 통념인 지구 중심설을 깬 것으로 오늘날에도 이러한 혁명적인 사고를 '코페르니쿠스적 변혁(Copernican Revolution)'이라 부른다. 특히 그의 학설은 관측 사실을 보다 정확히 예측하기 위해 도입된 것이 아니고 프톨레미의 주전원이 너무나 복잡하여 그보다는 훨씬 간단하고 산뜻한 방법으로 행성과 태양의 운동을 기술하기 위해 도입된 것이라는 점에서 그 의의가 크다고 하겠다. 실제 그 때만 해도 행성의 운동을 코페르니쿠스 모형보다 프톨레미 모형이 더 정확히 기술할 수 있었다 한다.

코페르니쿠스의 학설은 당시 유럽에 빠른 속도로 전파되어 과학 발전의 새로운 밑거름이 되었다. 갈릴레오(Galileo : 1564~1642)는 자신이 만든 굴절 망원경으로 많은 천체 현상들을 관측하여 천문학의 새 장을 열었다. 그는 목성 주위에 네 개의 위성이 공전하는 현상과 금성의 위상이 변하는 것을 보고 태양 중심설에 대한 확고한 믿음을 가지게 되었다. 그러나 그는 태양 중심설을 지지한 대가로 교회의 박해를 받아 만년을 유폐 생활로 보내게 되었다.

케플러(Kepler : 1571~1630)는 행성의 궤도는 원이 아니고 태양을 하나의 초점으로 하는 타원이란 사실을 포함하는 세 가지 법칙을 발견했다. 이 법칙들이 곧 뉴턴(Newton : 1642~1727)의 중력 이론과 역학 법칙에 의해 완벽하게 설명됨으로써 태양계의 운동에 대한 이해가 정확히 이루어졌다. 뉴턴 이후 수많은 천문학자와 수학자들은 행성의 운동을 더욱 정확히 계산하고 이를 관측 자료와 비교하는데 많은 노력을 기울였다.

지금은 모두에게 잘 알려진 사실이지만 태양계를 이루는 행성은 밤하늘의 수많은 별 중 극히 일부분에 지나지 않는다. 따라서 태양계를 이해한다고 해서 우주 전체를 이해하는 것은 아니다. 밤하늘에 보이는 별의 대부분은 항성으로 이들의 겉보기 운동은 지구의 자전과 공전에만 기인한다. 따라서 항성은 행성보다 엄청나게 멀리 떨어져 있음을 짐작할 수 있다. 행성의 운동에 대해 많은 것이 알려지자 인류의 관심은 태양계보다 더 큰 우주로 뻗어 나갔고 우주를 이해하기 위해서 별들이 공간에 어떻게 분포하고 있는지 알아내는 것이 필요하게 되었다.

별의 분포에 대한 연구는 영국의 왕실 음악가이며 천문학자였던 허셸(W. Herschel : 1738~1822)에 의해 개척되었다. 그는 별들의 밝기에 따른 분포를 방향별로 조사하였다. 별의 겉보기 밝기 분포는 광도(원래 밝기) 분포와 거리에 따른 밀도 분포 두 가지에 의해 결정된다. 그러나 만약 별의 광도 분포가 우리가 관측하려는 방향이나 우주에서의 위치에 무관하다고 가정하면 겉보기 밝기 분포로부터 거리에 따른 밀도 분포를 유추할 수 있다. 이런 방법으로 허셸은 별들이 태양을 중심으로 하는 편구면(扁球面 : oblate spheroid) 모양으로 분포되어 있다는 결론에 도달하였다. 태양계의 중심이 지구라고 알고 있다가 결국 태양계의 변두리에 속한다는 사실이 밝혀진 지 수 백년 후 다시 태양계가 우주의 중심에 자리 잡게 된 것이다. 이러한 허셸의 방법론은 그 후 네덜란드의 천문학자인 카프타인(Kapteyn)이 더 자세히 연구하여 비슷한 결론에 이르게 되었으며, 태양이 중심에 있는 편구면 우주 모형을 허셸-카프타인의 우주라(그림 1-5) 부른다.

맨눈이나 망원경을 통해 보이는 별은 거의 대부분 우리 은하에 있는 것들이

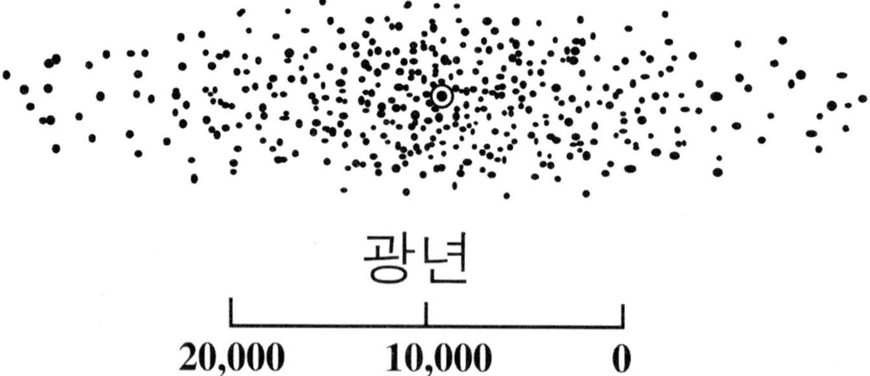

그림 1-5. 허셸-카프타인 우주 모형. 우주라기 보다는 우리 은하 모형으로서 태양이 중심에 있고 밖으로 갈수록 별이 성글게 분포하는 특징을 가지고 있다. 나중에 실제 별이 우리 은하에서 이렇게 분포하는 것이 아니고 성간 티끌에 의해 빛이 흡수되기 때문에 나타난 현상으로 판명되었다.

다. 따라서 허셸-카프타인 모형은 우주 전체의 모형이 아니고 우리 은하의 모형이다. 또 허셸-카프타인의 우주 모형은 과학적 방법에 바탕하여 얻어졌지만 우리가 오늘날 알고 있는 은하 모형과는 상당히 다르다. 이런 차이가 나타나는 이유는 1930년 트럼플러(Trumpler)가 별 사이의 공간에 티끌 먼지가 있으며, 이들이 별빛의 일부를 흡수한다는 사실을 밝힘으로써 알 수 있게 되었다. 성간 티끌에 의한 별빛의 흡수 정도는 별의 거리가 멀어질수록 커진다. 따라서 성간 티끌의 존재는 멀리 있는 별을 관측할 수 없게 만들어 거리가 멀어질수록 별의 밀도가 줄어드는 것과 똑같은 효과를 주게 되어 마치 별의 분포가 그림 1-5와 같이 보이게 된다. 따라서 실제 허셸이나 카프타인이 관측한 별은 우리 은하 안에서도 가까운 것들만 포함되어 있으며 태양이 은하의 중심에 위치하는 것처럼 보인 것은 은하 전체를 볼 수 없었다는 데서 비롯됐다. 즉 수십 미터밖에 볼 수 없을 정도로 안개가 짙은 날 넓은 광장에 많은 사람이 모여 있을 때 군중 중 한 사람이 주변을 살펴본다면 자신이 중심에 있다고 착각하게 되는 것과 마찬가지이다. 약 1,000억개 정도의 별로 이루어진 우리 은하는 그 후 여러 가지 방법으로 그림 1-6과 같은 모양을 하고 있음이 알려졌다. 별들은 대부분 두께가 1,200 광년 정도인 원반에 위치하고 있으며 태양은 은하 중심으로부터 약 27,000 광년 떨어진 변두리에 있다.

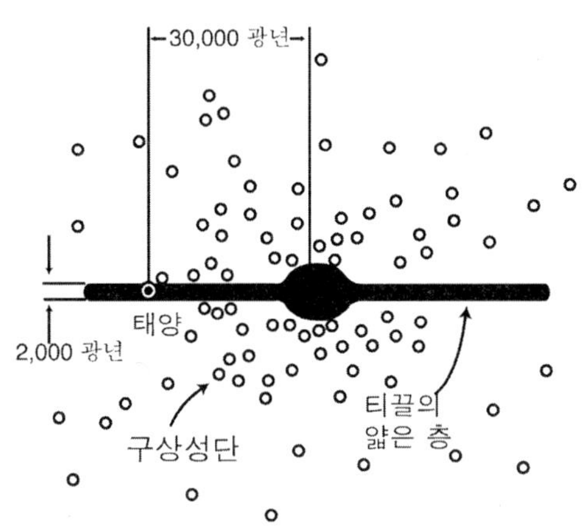

그림 1-6. 현대의 은하 모형. 태양이 은하의 가장자리에 위치하고 있는 것이 허셸-카프타인 모형과 차이점이다.

우주에는 우리 은하 외에 수많은 외계 은하가 있다는 사실이 밝혀지게 된 것도 20세기에 들어와서이다. 미국 천문학자 허블(Hubble : 1889~1953)은 외부 은하의 존재를 처음으로 밝혔을 뿐 아니라, 이들을 체계적으로 연구하여 이들이 우리 은하로부터 점점 멀어지고 있으며 그 속도는 그 은하까지의 거리에 비례한다는 사실을 밝혀냈다. 허블의 법칙으로 알려진 이런 은하의 후퇴는 아인슈타인의 일반 상대성 이론과 함께 현대 우주론의 기초가 되는 중요한 사실이다. 천문학의 발달은 인류의 인식 영역의 확대 과정이라고 할 수 있다. 과학으로서의 천문학은 태양계의 이해라는 과제로부터 출발해 지금은 우주 전체로 그 대상과 영역을 넓혀 놓았다. 최근에는 우주에 있는 생명체의 탐사도 주요 과제가 되어 21세기 천문학의 주요 화두가 되고 있다. 앞으로도 우주의 신비가 모두 밝혀지리라고 생각하지는 않지만 과거와 달리 오늘날 우리는 우주 전체에 대해 비교적 정확히 이해하고 있다고 생각한다. 21세기는 특별한 시기다. 인류 역사상 처음으로 우리 존재의 기원을 관측을 통해 엿볼 수도 있을지 모른다.

5. 현대 천문학의 방법론

천문학의 대상과 연구 방법은 이미 밝힌 바와 같이 시간이 지남에 따라 많은 변화를 겪어 왔다. 고대 천문학의 목표는 특이한 천문 현상을 관측하고 기록함과 함께, 달력을 만들기 위해 태양과 달 및 행성 운동을 측정하고 해석하는 것이 주류를 이루었다. 케플러와 뉴턴에 의해 태양계 천체의 운동을 지배하는 법칙이 알려지자 행성과 혜성의 궤도 등을 더욱 정확하게 계산할 수 있는 천체 역학이 19세기까지 빠른 속도로 발달하였다.

천체 역학은 뉴턴의 역학 법칙을 이용한 것이며 특히 수학자들이 많이 관심을 가지고 있던 분야로 방법 역시 극히 수학적이었다. 그러나 19세기 말경부터 맥스웰(Maxwell)의 전자기 이론과 통계 역학의 방법론이 정립되고 20세기에 들어와 양자 물리학과 일반 상대성 이론 등이 완성되면서 천문학은 새로운 전기를 맞게 된다. 즉 천체에서 일어나는 물리적 현상을 지구에서 알아낸 물리 법칙을 이용해 이해하려는 경향이 나타난 것이다. 이러한 경향을 반영해 천체물리학이라는 새로운 용어가 탄생하였다.

천체에서 일어나는 현상은 다른 학문 분야에서처럼 실험을 할 수 없다. 우리는 천체 현상을 관측할 수만 있을 뿐이지 그 환경이나 조건을 마음대로 바꿀 수 없기 때문이다. 게다가 천체의 물리 조건은 실험실에서 만들 수 있는 것보다 훨씬 더 극단적이다. 예를 들어 태양 내부의 온도는 약 1500만 K(절대 온도)이고 밀도는 약 10 g/cm^{3}이나 실험실에서 이렇게 극단적인 환경을 만드는 것은 불가능하다. 또 태양의 제일 바깥 부분인 코로나 지역은 밀도가 너무 희박해 실험실에서는 아무리 우수한 진공 펌프로도 만들어낼 수 없을 정도의 진공 상태에 있다. 따라서 천문학 연구는 천문 현상을 있는 그대로 관측하고 이를 이론적 고찰을 통해 분석하고 해석하는 방법을 택할 수밖에 없다. 이 때 가장 큰 전제는 지구에서 발견된 자연 법칙이 아주 멀리 떨어져 있는 천체에서도 그대로 적용될 수 있다는 것이다.

천문 관측은 주로 가시광선 영역에서 이루어져 왔다. 그러나 가시광선은 전체 전자기파 영역 중 극히 일부에 지나지 않는다(제 2장 참조).

제2차 세계 대전 중 얻어진 레이더 기술을 이용한 전파 천문학의 발달에 힘입어 각종 분자나 원자가 내는 전파 방출선과 플라즈마가 내는 전파 연속선 등을 관측하기 시작하였다. 이 전파 관측은 우리 은하 내의 가스 분포와 자기장의 존

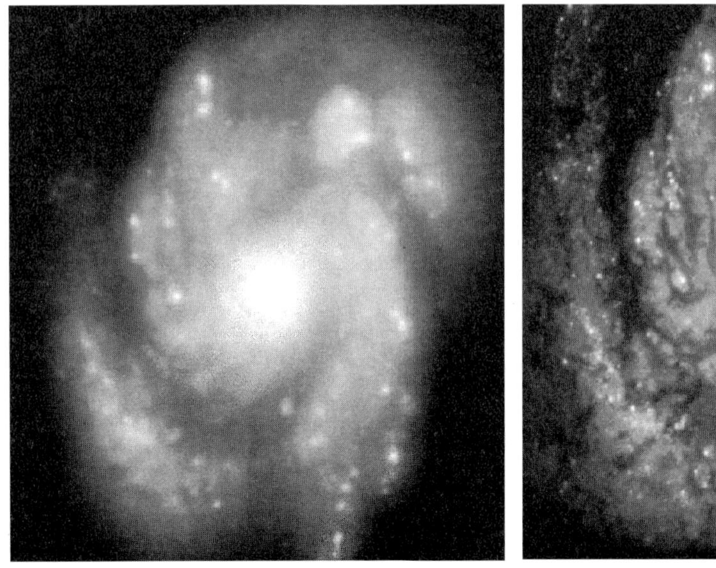

그림 1-7. 나선 은하 M100의 중심부를 수리 전(왼쪽)과 후(오른쪽)에 허블 우주 망원경으로 촬영한 결과의 비교. 대기 요동 효과가 없는 우주 공간에서는 광학계만 충분히 정확하면 아주 정밀한 관측이 가능하다(사진 출처 : http://hubblesite.org/gallery/album/entire/pr1994001a/ large_web/).

재를 파악하는 데 큰 역할을 하였다.

그 밖에도 기구나 인공위성을 이용한 적외선, 자외선, X-선, 그리고 감마선 등의 전 파장에 의한 관측이 가능해졌다. 적외선은 주로 차가운 성간 티끌에서 나오는 것으로서 최근 적외선 천문 위성(InfraRed Astronomical Satellite : IRAS로 약칭함)의 전 하늘 관측은 많은 새로운 사실을 알려 주었다. 자외선 관측으로는 성간 가스들의 상태를 알 수 있었다. X-선은 주로 온도가 높은(10만 K에서 100만 K) 가스 상태에서 방출 된다. '아인슈타인(Einstein)'이라 불리는 X-선 망원경의 관측으로 우주 전체가 거의 균일한 X-선을 내고 있음이 밝혀졌으나 그 광원이 무엇인지는 아직 정확히 모른다.

우주에서의 관측은 지구 대기를 뚫고 들어올 수 있는 가시광선 영역에서도 이루어지고 있다. 지구 대기는 가시광선을 잘 통과시키지만 별 빛을 퍼지게 하는 효과가 있다. 따라서 우주에서의 관측은 보다 선명한 상을 맺게 해준다. 1989년 말 지구 상공에 올려져 본격적인 관측을 시작한 허블 우주망원경(그림 9-4)은 지름 2.4 m로 지금까지 만들어진 우주 망원경 중 가장 크고 강력하다. 이 망원경의 주목적은 그 동안 지구 대기의 요동 때문에 불가능했던 고분해능 관측이다. 그림 1-7은 이 망원경의 성능이 지상 망원경의 것에 비해 얼마나 뛰어난가를 보여주고 있다. 이 망원경은 앞으로 우주의 이해에 필요한 여러 관측을 가능케 해주리라 기대된다.

망원경에 부착하는 관측 장비도 반도체 소자와 컴퓨터 기술의 발달에 힘입어 급격히 달라지고 있다. 천체의 상을 기록하는 방법으로 과거에는 사진 건판이 쓰였으나 이제는 디지털 신호를 컴퓨터에 직접 입력시키는 방법을 사용하여 자료 분석이 훨씬 쉽게 되었다. 사진 건판의 경우 입사된 빛의 5% 이하가 감광하는데 쓰여지는 반면 최근 각광을 받고 있는 반도체 소자인 CCD(Charge Coupled Device : 전하 결합 소자)는 50% 이상의 효율을 가지고 있어 같은 망원경으로도 훨씬 어두운 천체를 볼 수 있게 되었다. 대형 망원경도 최근 그 크기와 숫자가 급격히 증가하고 있다. 현재 가장 큰 광학 망원경은 미국 하와이에 있는 지름 10 m의 켁(Keck) 망원경이다(그림 1-8). 하나의 거울을 가진 대형 망원경 건

그림 1-8. 현재의 지상 광학 망원경중 가장 큰 켁 망원경. 주경의 지름이 10 m인 망원경 두 개로 구성되어 있다. 미국 하와이의 마우나 케아 산꼭대기에 있다(사진 제공 : 켁 천문대, http://keckobservatory.org/).

설에는 많은 비용이 들어가기 때문에 최근에는 망원경 여러 개를 만들어 이들을 결합하는 신기술 망원경 방식도 사용하고 있다(그림 1-9).

전파 천문학은 앞서 언급한 대로 2차 대전이 끝나고 급속히 발달한 분야이다. 전파 망원경의 최대 약점은 관측 파장이 가시광선에 비해 수천 배 이상 길어 미세한 구조를 구별해낼 수 있는 능력을 나타내는 분해능이 나쁘다는 점이다. 왜냐하면 분해 가능한 최소한의 각도는 관측 파장에 비례하고 망원경의 지름에 반비례하기 때문이다(제 2.1.3절 참조). 그러나 최근 간섭 관측을 실시함으로써 이 문제를 해결해 나가고 있다. 두 개 이상의 망원경을 동시에 사용해 실시하는 간섭 관측의 분해능은 망원경을 멀리 놓을수록 좋아진다.

간섭 관측을 위한 대규모 전파 천문대가 이미 여러 곳에 건설되어 있으며 특히 미국에 있는 VLA(Very Large Array, 그림 1-10)는 지름 26m 짜리 전파 망

그림 1-9. 유럽 남부 천문대(European Southern Observatory, ESO)에서 칠레의 북부 안타카마 사막에 건설하고 있는 VLT(Very Large Telescope) 건설 현장. 각 건물마다 지름 8m 망원경 1개씩 4개의 망원경이 들어가 각각 독립적으로 사용할 수도 있고 결합하여 동시에 하나의 천체를 관측하기 위해 사용할 수도 있다(사진 제공 : ESO, http://eso.org/).

원경 27개가 최대 지름 36 km의 원 안에 Y자 모양으로 배열되어 천체의 미세한 구조를 관측하는데 큰 기여를 하고 있다.

이렇게 현대 천문학은 우수한 관측 장비를 이용해 정교한 관측과 관측 사실들에 대한 이론적 해석을 가함으로써 천체에서 일어나는 현상들을 규명하고 있다. 천문학의 궁극적 목표는 우주의 기원, 진화, 그리고 구조에 대한 이해로 요약할 수 있을 것이다. 그러나 우주는 너무도 광막하고 이를 구성하고 있는 천체도 아주 다양하다. 천문학에서 다루는 가장 작은 단위의 천체는 별이며 이러한 별이 모인 것이 은하이고 우주에는 수없이 많은 은하가 존재한다. 천문학자들은 우주 전체가 어떠한 모습을 하고 있으며 어떻게 진화하는가 하는 문제를 다루고 있지만 또 한편으로는 우주의 구성체인 별, 은하, 그리고 은하를 구성하는 기타 여러 가지 천체의 물리적 현상을 이해하려는 노력을 하고 있다. 지금부터

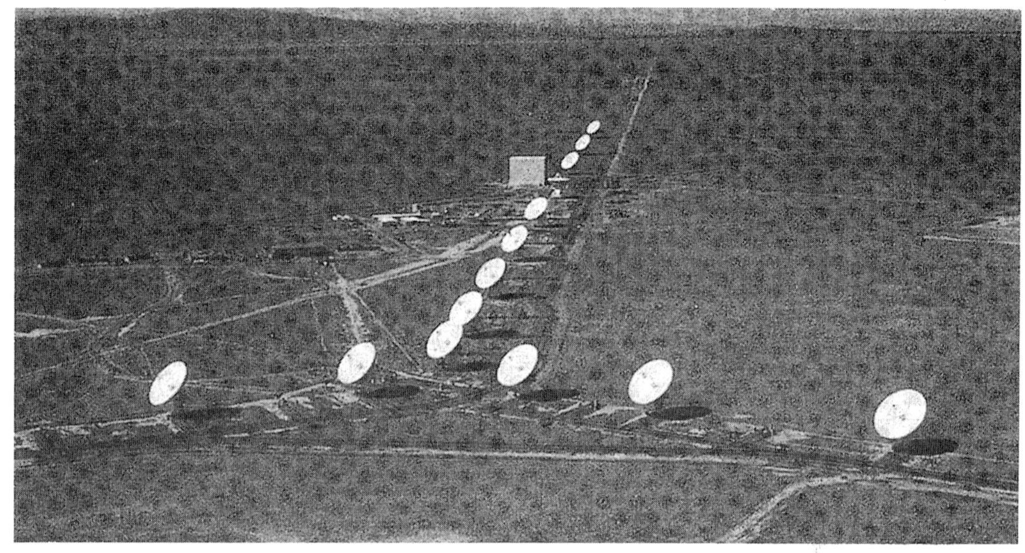

그림 1-10. 27개의 전파 망원경의 결합체인 VLA(Very Large Array). 미국 뉴 멕시코 주에 있다. 최대 지름 36 km의 영역에 망원경을 배치한다. 각 망원경은 철로로 이동할 수 있다(사진 제공 : 미국 국립 전파 천문대[NRAO]).

천문학의 여러 분야를 하나 하나 살펴보자.

참고 문헌

1. '한국천문학사', 나일성 지음, 서울대학교 출판부 (2000)
2. '중국천문학사', 유경로 편역, 전파과학사 (1985)
3. '하늘의 과학사', 나카야마 시게루 지음, 김 향 옮김, 가람 기획 (1991)
4. '시간의 역사', 스티븐 호킹 지음, 현정준 옮김, 삼성 이데아 (1987)
5. '인간과 우주', 박창범 지음, 가람 기획 (1995)
6. '과학사', 김영식, 박성래, 송상용 지음, 전파 과학사 (1992)
7. 우주론 및 우주구조, 홍대용 기념 워크숍 논문집, 천문대 (1994)

2
천문학의 기초

천문학에서 다루는 대상은 우리가 일상생활에서 겪을 수 있는 것과는 그 크기, 질량, 물리적 성질 등이 크게 다르다. 그렇기 때문에 일상생활에서 사용하는 물리량의 단위로 천체를 기술하기란 아주 어렵다.

천체를 연구하는 것이 천문학이다. 밤하늘에 모두 비슷한 것처럼 보이는 천체에는 실제로 여러 종류가 있다. 이 장에서는 앞으로 이 책 전체에서 사용하게 될 물리량들의 단위나 천체의 종류, 그리고 용어 등에 대해 간단히 살펴본다.

1. 천문학의 단위

천체에 적용되는 물리량을 우리가 보통 사용하는 단위를 써서 표현할 경우 그 숫자가 너무 커서 문제가 된다. 물론 경우에 따라 큰 숫자를 완전히 피할 수는 없지만 적절한 단위를 사용해서 아주 큰 숫자의 사용을 줄일 수 있다. 따라서 흔히 사용하는 거리나 질량의 경우에 보다 편리한 새로운 단위를 사용하게 된다.

할 수 없이 큰 숫자를 써야 되는 경우에는 다음과 같은 방법을 사용한다. 10만이라는 수는 100000으로서 1 다음에 0이 다섯 개이다. 이 때 0을 일일이 열거하는 것보다는 10^5이라 표현하여 단순화시킬 수 있다. 이 같은 방법으로 1억은 10^8, 1조는 10^{12} 등으로 표현할 수 있다.

1.1 거리

우리는 지상에서 km나 마일, 리 등의 단위를 사용하여 거리를 표현한다. 그러나 천체까지의 거리를 이런 단위로 표시하는 것은 그다지 편리하지 않다. 우선 우리와 가장 가까이 있는 천체인 달까지의 거리는 38만 km, 태양까지의 거리는 1억 5천만 km, 태양의 행성 중에서 가장 바깥쪽에 있는 행성인 해왕성은 태양으로부터 약 45억 km, 그리고 태양계의 천체가 아닌 별까지의 거리는 태양까지 거리의 약 30만배 정도 된다. 따라서 우리가 평소에 사용하는 거리의 단위로 천체까지의 거리를 표현한다면 너무 큰 숫자가 된다.

우선 태양계 천체 사이의 거리를 표현하기 위해서는 천문단위(Astronomical Unit : AU)라는 단위를 사용하면 편리하다. 1 AU는 태양과 지구 사이의 평균거리로 정의되고 앞에서 말한 대로 약 1억 5천만 km이다. 이 단위를 사용하면 태양으로부터 해왕성까지의 거리는 약 30 AU에 해당한다. 간혹 거리를 빛이 달려가는 데 걸리는 시간으로 나타낼 때가 있다. 빛은 1초에 약 30만 km를 달려가므로 빛이 1초 동안 가는 거리를 광초(light second)라고 표현할 때 1 AU는 약 500광초에 해당한다. 즉 태양으로부터 나온 빛은 500초 후에 지구에 도달한다는 뜻이다.

천문단위는 태양계 밖에 있는 천체까지의 거리를 나타내기엔 역시 불편하다. 태양으로부터 가장 가까이 있는 별은 알파 센타우루스라는 것으로 그 거리는 약 28만 AU이다. 우리가 밤하늘에 볼 수 있는 별들은 대개 이 거리보다 훨씬 멀리 떨어져 있음은 물론이고 망원경을 통해서만 볼 수 있는 별들은 더욱더 멀리 떨어져 있다.

이렇게 먼 천체들까지의 거리를 나타낼 수 있는 단위로서 광년(light year)을 쓰면 편리하다. 빛이 1초에 30만 km를 달린다는 사실을 이용하면 1광년은 대략 63300 AU가 된다. 앞서 예를 든 알파 센타우루스까지의 거리는 약 4.2광년이고 우리가 밤하늘에서 볼 수 있는 별들은 대략 수천 광년 이내의 거리에 놓여 있다.

그러나 천문학자들은 광년이라는 단위보다 파섹(parsec : pc)이라는

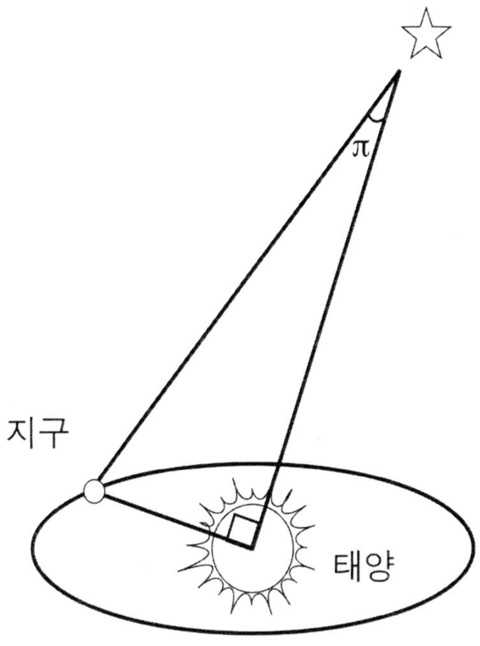

그림 2-1. 삼각 시차를 이용한 거리 측정 방법.

단위를 더 많이 사용한다. 그 이유는 삼각 시차[1](trigonometric parallax, 그림 2-1) 방법을 이용해 거리를 측정할 경우 쉽사리 pc의 단위로 환산할 수 있기 때문이다(부록 1 참조). 1 pc은 약 20만 AU이고 광년으로 표현하면 약 3.26 광년이다. 따라서 우리가 광년으로 편리하게 별까지의 거리를 표현할 수 있다면 pc으로 표현하여도 편리할 것이다.

별들 중에는 아주 멀리 있는 것들도 있어 pc의 1000 배인 kpc(kilo parsec)을 사용하기도 한다. 또 별의 무리인 은하와 은하 사이의 거리는 더욱더 크기 때문에 pc의 백만 배인 Mpc (mega parsec)를 사용하기도 한다. 참고로 우리 우주의 크기는 수천 Mpc 정도로 추정하고 있다(제 7장 참조).

별까지의 거리는 너무 멀기 때문에 측정하기가 쉽지 않다. 거리를 직접 측정할 수 있는 거의 유일한 방법은 위에서 본 삼각 시차를 이용하는 것인데 이 방법을 적용할 수 있는 별은 가까이 있는 수천 개 정도에 지나지 않는다. 대형 망원경으로 볼 수 있는 별의 수는 수억 개가 넘기 때문에 이 많은 별들의 거리는 대개 간접적 방법으로 측정할 수밖에 없다. 그러나 간접적 거리 측정 방법의 기초를 제공하는 것은 역시 삼각 시차를 이용해 측정한 별들이다. 간접적 방법에서는 대개 고유 밝기를 알고 있는 천체를 찾아 겉보기 밝기와 비교함으로써 거리

---

[1]. 연주시차(annual parallax)라 부르기도 한다.

를 추산한다. 이 방법은 글상자 2-3에서 설명한다.

1.2 질량

지구 질량은 지구 표면에서의 중력 가속도와 지구 반지름을 알면 구할 수 있는 양이다(**글상자** 2-1). 지구의 질량은 약 6×10^{24} kg으로서 더 큰 단위인 톤을 사용한다 해도 0이 21개나 필요하다. 지구는 태양계에서 비교적 질량이 작은 천체에 속하지만 가장 작은 질량을 가진 명왕성은 지구 질량의 약 0.002배, 가장 질량이 큰 행성인 목성은 지구 질량의 약 300배이기 때문에 지구 질량은 행성의 질량을 나타내는데 적당한 단위가 된다.

더 큰 천체인 은하나 은하단의 질량을 구하는 방법은 글상자 4-4와 5-1에 기술되어 있다.

태양의 질량은 지구나 다른 행성의 운동을 이용해서 아주 정확히 측정할 수 있다. 즉 지구는 태양의 중력과 태양에 대한 원운동의 원심력이 서로 균형을 이루기 때문에 태양으로부터 멀어지거나 태양으로 끌려 들어가지 않고 50억 년 가까이 안정되게 유지되고 있다. 이 때 태양에 의한 중력 가속도는 태양의 질량에 비례하고 궤도 반지름의 제곱에 반비례한다. 반면 원심 가속도는 태양의 질

글상자 2-1. 천체 질량 측정 방법

지구 표면에서의 중력 가속도는 g=980cm/sec^{2}이다. 질량 M인 질점으로부터 R만큼 떨어진 곳에서의 중력 가속도는

$$g=\frac{GM}{R^2}$$

이므로 g와 R을 알면 M을 구할 수 있다. 위 식에서 G는 뉴튼의 중력 상수이다. 물체가 점질량이 아니더라도 그 물체의 밖에서는 질량 중심에 모든 질량이 집중되어 있다고 가정해도 무방하다. 물체 내에서는 M은 관측자보다 안쪽에 있는 질량의 합이다. 천문학에서는 질량을 대개 위와 같은 방법으로 측정한다. 예를 들어 태양의 질량은 지구가 태양으로부터 받는 중력 가속도를 구하고 이를 위 식에 대입시킴으로써 구할 수 있다.

량에는 관계없고 단순히 궤도 반지름과 궤도 속도에만 관계하므로 지구 궤도 반지름과 공전 속도를 알면 태양 질량을 구해낼 수 있다.

이렇게 구한 태양의 질량은 지구나 목성의 것보다 훨씬 큰 2×10^{30} kg이다. 따라서 천체의 질량을 kg이나 톤으로 표현하기 위해서는 아주 큰 수가 필요하다. 이런 불편함을 피하기 위해 천문학에서는 태양 질량을 질량의 단위로 표현하고 이를 $M_\odot$으로 나타낸다. 여기서 ⊙는 태양을 나타내는 기호이다.

태양을 제외한 별의 질량은 쌍성의 경우에만 직접 측정이 가능하다. 쌍성이란 두 개의 별이 서로의 중력에 의해 묶여져 있으면서 궤도 운동을 하는 항성계를 말한다. 예컨대 태양계에서 지구를 비롯한 모든 행성이 하나의 별로 뭉쳐 태양 둘레를 돌고 있으면 쌍성계라고 볼 수 있다.

쌍성계에서 별의 질량을 구하는 방법은 태양계에서 지구의 운동을 이용해 태양 질량을 구하는 것과 같다. 다만 지구의 질량은 태양에 비해 무시할 수 있을 정도로 작아 태양은 정지해 있고 지구만 궤도 운동을 한다고 가정할 수 있다. 그러나 쌍성계의 경우 두 별의 질량이 크게 차이나지 않기 때문에 두 별이 모두 운동하는 것을 고려해 주어야 한다. 이런 방법으로 구한 별 개개의 질량은 대체로 태양 질량의 0.1배에서 100배 사이에 놓여 있다.

전체 별 중 반 이상은 쌍성계에 속한다. 쌍성계를 이루는 별이라 해서 이들의 질량을 모두 측정할 수 있는 것은 아니라서 직접적인 질량 측정이 가능한 별 역시 그다지 많지 않다. 그러나 우리는 질량의 직접 측정이 가능한 별에서 질량과 다른 물리량들과의 관계를 찾아낸 후 이를 이용해 임의의 별에 대해서도 질량을 추정할 수 있다.

1.3 별의 광도와 밝기

별이 단위 시간에 내는 에너지의 총량을 '광도'라 한다. 태양은 매 초당 4×10^{26} Joule라는 에너지를 낸다. 이는 지구에 살고 있는 50억의 전 인구가 1 kw 전열기를 모두 하나씩 사용한다고 할 때 약 250만년 동안 사용할 수 있는 막대한 양이다. 일반적으로 별의 광도는 태양 광도의 단위로 사용하고 이를 $L_{\odot}$로 나타낸다. 별들 중 아주 밝은 것은 태양 광도의 약 100만 배 정도의 빛을 내는데 이를 태양 광도의 단위로 표시하면 $10^6L_{\odot}$이 된다. 반면 아주 어두운 별은 거의 무시할 수 있을 정도로 광도가 작은 것도 있다.

광도가 별의 고유 밝기를 나타낸다고 하면 우리가 눈으로 느낄 수 있는 별의 밝기를 나타내기 위해 '겉보기 등급'이라는 것을 사용한다. 등급이라는 개념은 고대 그리스에서 나온 것으로서 밤하늘에서 볼 수 있는 별 중 가장 밝은 것을 1등급, 가장 어두운 것을 6등급으로, 나머지 별들을 1과 6의 중간 값들로 정해준 것이다.

이러한 등급을 현대의 측정 기기로 측정해 본 결과 1등급 별은 6등급 별에 비해 100배 밝다는 사실이 밝혀졌다. 또 한 등급이 작아질 때마다 일정한 비율로 밝아진다. 이러한 사실을 이용하면 1등급씩 작아질 때마다 2.512배씩 밝아짐을 알 수 있다. 즉 1등급 별은 2등급 별에 비해 2.512배 밝고 1등급 별은 3등급 별에 비해 2.512×2.512배 밝아진다는 뜻이다.

천체 망원경으로 별을 보았을 때 아무리 배율을 높인다 해도 별은 크게 보이지 않는다. 그 이유는 별의 크기가 워낙 작아 현재 만들 수 있는 망원경의 분해능으로서는 별의 크기를 분해할 수 없기 때문이다(**글상자** 2-2). 따라서 천체 망원경의 주 목적은 어두운 별을 밝게 보는 것이다. 별에서 오는 빛을 얼마나 모을 수 있는가 하는 것이 집광력이다. 즉 천체 망원경의 지름을 크게 함으로써 이 안에 들어온 모든 빛을 한데 모아 볼 수 있게 해 주는 것이다.

사람의 눈에서 빛이 들어오는 부분의 지름은 약 7mm라 한다. 지름이 70cm인 망원경은 눈으로 직접 들어오는 양의 약 10,000배의 빛을 한데 모아준다. 따라서 맨눈으로 볼 수 있는 별의 한계 등급이 6등급이라 한다면 이 망원경은 16등급까지(100배 어두워질 때 5등급씩 커짐) 볼 수 있는 것이다.

글상자 2-2. 별의 각크기와 망원경의 분해능

별들 중 아주 큰 것은 태양 크기의 수천 배 정도 되지만 워낙 멀리 떨어져 있어 각크기가 아주 작다. 가장 큰 별 중 하나인 베텔규스는 태양의 1000배 정도이며 태양(또는 지구)으로부터 430 pc 떨어져 있다. 따라서 이 별의 각크기는 약 0.022초이다. 지름 D인 망원경이 광학적으로 완벽하게 제작되었을 때 파장 λ에서의 분해능은 $\theta = 1.22\frac{\lambda}{D}$이다. 현재 지상에서 가장 큰 망원경인 $D = 10\mathrm{m}$의 켁(Keck) 망원경(그림1-8)을 가시 광선 영역인 $\lambda = 0.55\mu\mathrm{m}$에서 관측할 때 분해능은 0.014초로서 베텔규스를 분해하는 것이 가능하다. 그러나 지상에서는 대기의 요동 때문에 점광원의 시상이 약 1초 내외 크기의 원반 모양으로 변해 실제 망원경의 분해능을 100% 활용할 수 없는 경우가 많다. 허블 우주 망원경의 경우 대기에 의한 효과는 없으나 지름이 2.4 m이기 때문에 실제 분해능은 약 0.05초 정도가 된다. 대부분의 별은 베텔규스보다 훨씬 작거나 멀리 떨어져 있어 망원경으로 그 크기를 구별할 수 있는 별은 태양 말고는 극히 드물다. 그러나 최근에는 간섭 망원경을 이용해 별을 확대해 볼 수 있는 연구가 활발히 진행되고 있다.

겉보기 등급은 별의 고유 밝기와 거리에 의해 결정된다. 즉 빛의 밝기는 거리의 제곱에 반비례하므로 밝은 별이라도 아주 멀리 있으면 어둡게 보인다. 별의 고유 밝기를 비교하기 위해 모든 별이 지구로부터 10pc 거리에 놓여 있다고 가정하여 정해준 등급이 절대등급이다. 물론 우리가 임의로 별을 10pc이라는 거리에 옮겨 놓을 수는 없으므로 절대등급은 측정 가능한 양이 아니다. 오히려 거리를 알아야 측정한 겉보기 등급으로부터 절대등급을 계산할 수 있다. 그러나 경우에 따라 별의 거리를 모르더라도 별의 절대 등급을 알 수 있다. 예를 들어 우리가 어른과 어린이를 거리를 알 수 없는 위치에 놓고 관찰하면 거리를 몰라도 어른과 어린이는 구별할 수 있다. 따라서 키라든지 몸무게라든지 하는 물리량을 추정할 수 있는 것이다. 이와 비슷하게 별로부터 나온 빛을 분석함으로써 별 고유의 특성을 추정할 수 있는 경우가 많이 있다. 이렇게 간접적인 방법으로 추정해 낸 고유 밝기 또는 절대등급은 관측한 겉보기 등급과 비교하여 그 별까지의 거리를 추정하는 데 사용할 수 있다(**글상자** 2-3).

글상자 2-3. 절대등급과 거리 지수

광도가 L이고 거리가 d 인 별로부터 오는 빛의 플럭스(단위 시간에 단위 표면적을 통과하는 빛의 양)는

$$F=\frac{L}{4\pi d^2}$$

이다. 따라서 이 별의 겉보기 등급은

$$m=-2.5\log F+\text{상수} \qquad (1)$$

로 주어진다. 여기서 상수는 일반적으로 표준 별의 등급에 의해 결정된다. 이 별을 $d_0=10\text{pc}$이라는 거리에 옮겨 놓았다고 가정할 때의 등급을 절대등급(M)으로 정의하므로

$$M=-2.5\log\frac{L}{4\pi d_0^2}+\text{상수} \qquad (2)$$

가 된다. 따라서 식(1)에서 식(2)를 빼면

$$m-M=-5\log\left(\frac{d_0}{d}\right)=5\log\left(\frac{d}{10\text{pc}}\right)=5\log d(\text{pc})-5 \qquad (3)$$

가 되어 거리의 함수가 된다. 만약 겉보기 등급이 측정된 별에 대해 어떤 방법으로든 절대등급을 알아낼 수 있으면 위의 식으로부터 그 별까지의 거리를 계산할 수 있다. 이런 이유로 $m-M$을 거리 지수라 한다.

등급을 측정할 때 측정기기는 모든 파장에서 똑같이 민감하지 않다. 측정기가 가장 민감하게 반응하는 파장을 '유효 파장'이라 하고 겉보기 등급은 유효 파장에 따라 조금씩 달라질 수 있다. 특히 우리 눈이 민감하게 반응하는 파장은 약 550nm이고 일반적인 사진 건판은 보통 450nm 정도에서 가장 민감하게 반응한다(1 nm는 10억분의 1 m, 또는 천만분의 1 cm에 해당한다).

두 개의 서로 다른 파장에서 측정한 등급의 차이를 '색지수'라 한다. 색지수는 별빛의 색깔에만 관계하고 거리에는 무관하다. 별의 색깔은 표면 온도에 의해 주로 결정되기 때문에 색지수를 측정함으로써 별의 표면 온도를 추정할 수 있다. 푸른 별의 표면 온도는 붉은 별의 표면 온도보다 높다. 색지수는 일반적으

로 임의의 두 파장 사이에서 정의할 수 있으며 짧은 파장의 등급에서 긴 파장의 등급을 빼는 것이 일반적인 관행이다. 보통 많이 사용하는 색지수는 450nm의 등급에서 550nm의 등급을 뺀 것이며 이를 B-V로 표시한다. 그 이유는 B가 450nm에서의 등급을 나타내고 V가 550nm에서의 등급을 나타내기 때문이다. 붉은 별은 B-V가 크고 푸른 별은 B-V가 작다. B-V=0인 별의 표면 온도는 절대온도 10,000도(10,000K로 표시함)이며 B-V가 음수인 별은 온도가 10,000K보다 높고 반대인 경우에는 온도가 10,000K보다 낮다.

2. 빛의 종류

천체에 대한 직접적인 정보는 거의 대부분 빛을 통해 들어온다. 빛의 본질에 대해서는 파동으로 설명하는 설과 입자로 설명하는 설이 있으나 현대의 양자역학적 관점에서 보면 두 가지 성질을 모두 포함하고 있다. 그러나 천문학에서는 빛을 '전자기파'라고 정의하는 것이 편리할 때가 많다. 즉 빛이란 전기장과 자기장이 파동을 치며 전달되는 것을 말한다.

파동의 특성을 기술하는 물리량으로는 파장, 또는 진동수를 들 수 있다. 이들 물리량은 서로 독립적인 것이 아니고 서로 반비례한다. 이러한 파동성을 지닌 빛은 파장에 따라 그 특성이 달라진다. 예를 들어 사람의 눈이 볼 수 있는 빛을 가시광선이라 하고 그 파장의 범위는 대략 300nm부터 800nm 범위에 놓여 있다. 그것을 짧은 파장의 빛부터 긴 파장의 빛 순서로 늘어놓으면 보라색에서 시작해서 빨간색으로 끝나는 무지개 배열이 된다. 별은 대부분의 에너지를 가시광선 영역에서 방출한다. 그 중 파장이 짧은 빛을 주로 내는 별을 '푸르다'고 하고 파장이 긴 빛을 주로 내는 별을 '붉다'고 한다. 실제 별을 자세히 보면 어떤 것은 유난히 푸르고 어떤 것은 유난히 붉게 보인다. 이러한 색깔의 차이는 주로 별 표면 온도의 차이에서 온다는 점은 앞에서 지적하였다. 별로부터 나오는 빛의 강도가 파장에 따라 어떤 분포를 하는가에 대한 예가 그림 2-2에 나타나 있다. 이 그림에서 볼 수 있듯이 별 빛은 흑체복사[2)]로 근사시킬 수 있으나 파장 영역에 따라 흑체복사로부터 약간씩 벗어남을 볼 수 있다.

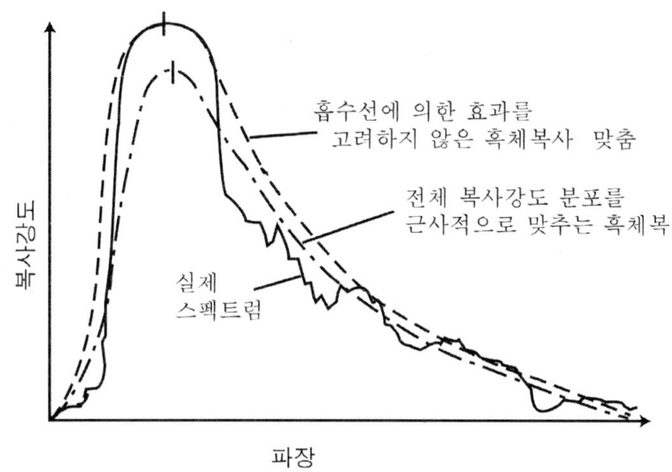

그림 2-2. 별로부터 나오는 빛의 파장에 따른 복사 강도 분포의 예. 흑체복사와 거의 비슷하나 일부 파장 영역에서는 대기에 있는 원자나 분자에 의해 흡수가 일어남을 볼 수 있다. 흑체로 근사시키기 위해 흡수된 영역을 고려해 적분된 복사 강도를 맞출 수도 있고 가능한 한 넓은 파장 영역에서 흑체복사를 맞출 수도 있다.

가시광선보다 긴 파장의 빛을 '적외선'이라 하고 짧은 파장의 빛을 '자외선'이라 한다. 적외선의 영역은 대략 1000nm에서 0.1mm까지이다. 자외선 중 파장이 가장 짧은 부분을 XUV, 그 다음으로 짧은 부분을 EUV, 그리고 나머지 부분을 단순히 UV라고 나누어 표시하기도 한다(그림 2-3). 파장이 0.1mm보다 긴 빛은 전파라 부른다. 예를 들어 FM 방송에서 사용되고 있는 초단파 중 진동수가 100MHz인 전파의 파장은 3m이다. 반면 자외선은 파장 10nm부터 약 300nm의 범위에 놓여 있고 1 nm에서 10 nm의 빛을 X-선, 1 nm 이하의 파장을

---

2). 물체가 주변으로부터 오는 빛을 완전히 흡수하고 내부적으로 열역학적 평형에 이른 후 스스로 빛을 내는 것을 흑체복사라 한다. 흑체복사의 중요한 특징은 파장에 따른 복사 강도 분포가 물체의 온도에만 관계한다는 것이다.

가지는 빛을 감마선이라 부른다.

이렇게 파장에 따른 빛의 분류는 단순히 편의를 위해 만들어졌지만 물질과의 반응 등도 파장에 따라 상당히 다르게 나타난다. 예컨대 가시광선은 지구 대기를 뚫고 자유롭게 표면에 도달하기 때문에 천체 관측에 가장 쉬운 파장이 된다. 반면 자외선, X-선, 감마선 등은 거의 대기에 흡수되어 지상에서는 관측이 불가능하다. 또 적외선의 경우에도 지구의 대기에서 대부분 흡수되고 특별한 파장대만 지구 대기를 통과한다. 전파는 지구 대기에서 부분적으로 흡수 또는 전리층에서의 반사가 일어난다.

이렇게 대기에서 흡수가 많이 되는 파장의 빛을 '불투명'하다고 한다. 그림 2-3에는 각 파장별로 빛의 이름과 지구 대기의 투명도를 보여주고 있다.

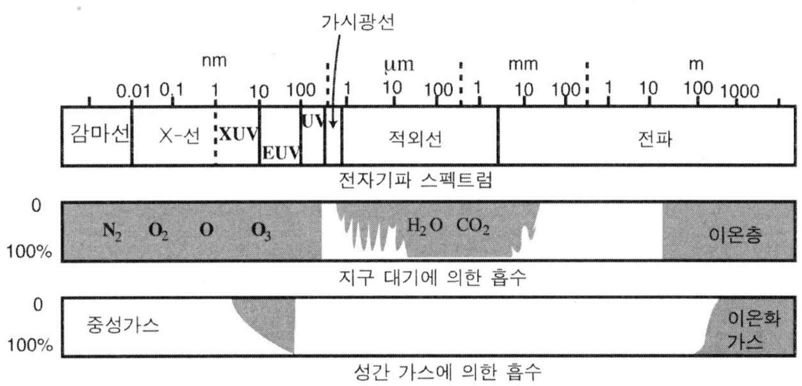

그림 2-3. 빛의 파장에 다른 지구 대기와 우리 은하내 성간 물질의 투명도.

3. 천체의 관측

천문학은 관측에 기초한 학문이다. 모든 천문학적인 발견은 천체의 관측으로부터 이루어졌고, 모든 이론은 관측을 통하여 검증되어왔다. 지구중심설과 태양중심설의 지겨운 논쟁에 종지부를 찍은 것도 갈릴레이에 의한 목성의 위성 관측과 금성의 위상 변화에 대한 관측에 의해서이고, 우리가 살고 있는 우주가

정적인 우주가 아니라 팽창하고 있는 동적인 우주라는 것도 허블에 의한 은하의 관측에 의해서다.

3.1 별자리와 좌표계

천체의 관측을 위해서는 천체의 위치를 알아야 한다. 천체의 위치를 나타내는 고전적인 방법은 이들이 속한 별자리를 이용하는 것이다. 별자리 이름은 별들의 분포가 나타내는 모양을 따라 동물이나 신화에 나오는 인물이나 동물 등의 이름으로 지어졌다. 각 문명권에서는 문화의 역사나 신화에 따라 다른 별자리를 가지고 있으며 밝은 별의 경우 독자적인 고유한 이름을 가지기도 한다. 별자리가 여러 시대를 거쳐 문명권 마다 독자적으로 만들어졌기 때문에 경계가 모호했으나 1922년 국제천문연맹 총회에서 전 하늘을 88개의 별자리로 나누고 그 경계를 정하였다.

별자리를 구성하는 별의 이름을 붙이는 방법은 밝기 순서대로 별자리 이름 앞에 α, β, γ 등을 붙여서 부른다. 예를 들면 오리온자리에서 가장 밝은 별은 *a Ori*가 되고, 황소자리의 일등성은 *a Tau*가 된다. 그러나 이러한 방법으로 모든 별의 이름을 붙이는 것은 한계가 있으므로 별의 목록을 만들 때는 목록 이름 다음에 일련번호를 붙임으로서 별의 이름을 대신하게 한다. 대표적인 예로서 20세기 초 하버드 대학에서 별의 분광형을 분류하여 만든 목록인 헨리 드레이프(Henry Draper) 목록에는 225,300개의 별이 수록되었으며 *a Ori*은 HD 39801이다. 이 별은 예일대학에서 출판된 밝은 별 목록서에는 HR 2061으로, 스미소니언 천문대에서 출판된 SAO 목록서에서는 SAO 113271로 불린다.

망원경을 사용하지 않는 육안 관측에서는 찾고자 하는 별이 밝은 별일 경우 어느 별자리에 속해 있는 지만 알아도 쉽게 찾을 수 있으나 흐린 별의 경우는 밝기가 비슷한 별이 많기 때문에 보다 정확한 별의 위치를 기술할 필요가 있다. 이러한 목적으로 천문학에서는 예로부터 천체의 위치를 나타내기 위해 좌표계를 도입하였다. 가장 흔히 사용되는 좌표계는 지평좌표계와 적도좌표계로서 지평좌표계는 관측자의 지평면을 기준면으로 하고, 적도좌표계는 천구의 적도를 기준면으로 한다.

지평좌표계에서 천체의 좌표는 고도와 방위각으로 나타내며, 고도는 지평면으로부터 떨어진 정도를 잰 각이고, 방위각은 기준점인 북점으로부터 천정과 별을 잇는 대원이 지평면과 만나는 점까지 동쪽으로 잰 각도이다. 적도좌표계에서는 별의 위치를 적경(α)과 적위(δ)로 표시하는데, 적경은 춘분점으로부터 별까지의 각거리를 동쪽으로 잰 각도이며, 적위는 천구의 적도면으로부터 떨어진 각거리를 나타낸다. 적경은 지표상의 위치를 나타낼 때 사용되는 경도에 상응하고, 적위는 위도에 상응한다.

천체를 맨눈으로 관측할 때는 천체의 고도와 방위각을 사용하는 지평좌표계가 더 편리하나 관측자에 따라 다른 좌표 값을 갖는 단점이 있어 전문적인 천체 관측에서는 적도좌표계가 주로 사용된다. 지평좌표계와 적도좌표계 외에 황도좌표계와 은하좌표계도 많이 사용되는데 행성들의 관측에는 황도면을 기준면으로 하는 황도좌표계가 편리하고, 천체의 위치를 은하계의 구조와 관련하여 기술할 때는 은하좌표계가 더 편리하다.

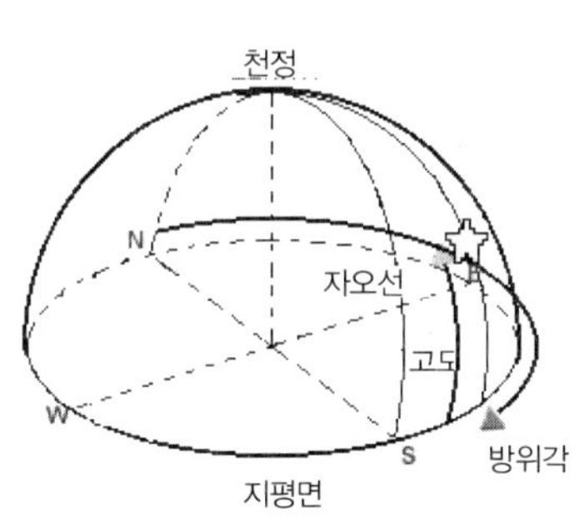

그림 2-4. 지평좌표계.

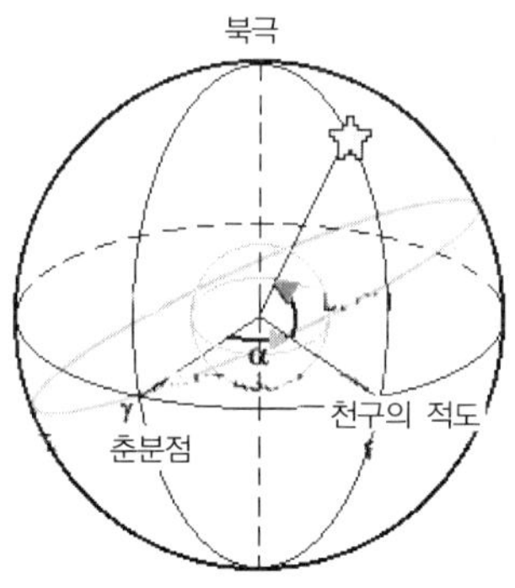

그림 2-5. 적도좌표계.

3.2 시간

고대로부터 사용되어온 해시계는 태양의 위치에 따라 결정되는 태양의 그림자가 지시하는 방향과 길이의 변화를 이용한 시계이다. 오늘날 사용하고 있는 표준시의 기준도 크게 다르지 않아 태양이 자오선으로부터 얼마나 떨어져 있는가에 따라 시간이 정해졌다. 태양과 자오선 사이의 각도를 시간각이라 부르며 자오선으로부터 서쪽 방향으로 잰다.

우리가 일상생활에서 사용하고 있는 표준시는 각 지방의 대표적인 자오선을 정하고 그 자오선에 대한 태양의 시간각을 기준으로 정한 지방표준시다. 이 때 눈에 보이는 실제 태양인 시태양의 시간각을 사용하지 않고 적도 위를 원운동하는 가상의 천체인 평균 태양을 사용하며, 평균 태양의 시간각에 12시간을 더한 값이 각 지방의 표준시가 된다. 이렇게 평균 태양을 도입한 이유는 태양의 운동은 태양 주위를 타원 궤도를 따라 움직이는 지구의 운동을 반영한 것이기 때문에 시태양은 황도 위를 불균일한 속도로 움직이게 되고 이에 따라 시태양의 시간각이 일정하게 변하지 않기 때문이다. 춘분날에는 시태양과 평균 태양이 모두 춘분점에 있기 때문에 시태양의 시간각으로 정해지는 시태양시와 평균 태양시가 같아지나 춘분점을 지나면서 황도를 따라 운행하는 시태양의 각속도가 균일하지 않기 때문에 시태양시와 평균 태양시는 차이를 보이며 이를 균시차라 한다.

우리나라에서 사용하는 표준시는 동경 135°의 자오선을 기준으로 하기 때문에 춘분날 12시에 시태양이나 평균태양이 남중하지 않고 관측자의 경도와 동경 135°와의 차이만큼 늦어진다. 예를 들어 동경 128°인 지방에서는 춘분날 12시 28분에 태양이 남중하게 되고 이 때 해 그림자의 길이가 가장 짧아진다.

하루의 길이는 평균 태양이 남중한 후 다음날 다시 남중할 때까지의 시간으로 정의되는데 이를 태양일이라 한다. 반면 항성일은 춘분점이 남중한 후 다시 남중할 때까지의 시간으로 태양일 보다 4분 정도 짧다. 그 이유는 지구가 자전하면서 공전하기 때문에 태양이 보이는 방향이 지구가 하루 동안 공전 궤도를 이동한 각도만큼 변했기 때문이다. 이에 반해 춘분점은 무한히 멀리 있는 점이므로 지구의 위치가 변해도 보이는 방향이 변하지 않아 항성일은 지구의 자전 주기와 같아진다.

천체의 관측에서는 태양시와 함께 항성시를 사용하는데 항성시는 춘분점의 시간각으로 정의된다. 일상생활에서 사용하는 표준시에서는 태양의 시간각에 12시간을 더한 값을 사용하나 항성시의 경우에는 춘분점의 시간각 자체가 항성시가 된다. 표준시에서 태양의 시간각에 12시간을 더한 이유는 낮에 날짜가 바뀌는 번거로움을 피하기 위해서이나 항성시는 천체의 관측이 밤에 이루어지므로 춘분점의 시간각을 그대로 사용하는 것이 편리하기 때문이다. 또한 항성시는 천체의 적경과 시간각의 합과 같기 때문에 항성시를 알면 천체가 어디 있는지 파악하기에 편리하다.

일 년의 길이는 태양이 춘분점을 지나 다시 춘분점에 오는데 까지 걸린 시간이며 이를 회귀년이라 한다. 1 회귀년은 365.2524일이므로 평년에는 일 년의 길이를 365일로 하고 4년마다 한 번씩 윤년을 두어 일 년의 길이를 366일로 한다. 이렇게 하면 4년의 길이가 4 회귀년 보다 조금 길어지므로 400년에 3번은 윤년을 두지 않는다.

3.3 천체망원경

천체에는 별 뿐 아니라 성운이나 성단도 있고, 우리 은하계처럼 별과 성간물질로 이루어진 외부은하도 있다. 이러한 천체들은 태양보다도 훨씬 먼 곳에 있으며 이러한 천체를 관측하는데 사용되는 망원경을 천체망원경이라 부른다. 천체의 대부분은 가시광선 영역에서 빛을 내므로 가시광선을 이용하는 광학망원경이 천체의 관측에 가장 폭넓게 이용된다. 이 때문에 흔히 망원경이라 하면 광학망원경을 염두에 두게 된다.

은하를 이루고 있는 성간물질은 온도가 낮아 주로 전파 영역에서 에너지를 방출하므로 이들을 관측하기 위해서는 전파망원경이 필요하고, 태양의 코로나나 은하의 코로나를 이루는 가스는 온도가 높아 주로 X-선을 방출하므로 X-선 망원경으로 관측해야 한다.

광학망원경의 경우 구경이 작은 망원경은 주로 굴절망원경이지만 구경이 1미터 이상인 망원경은 대부분이 반사망원경이다. 반사망원경은 반사경을 사용하므로 한 면만 연마해도 될 뿐 아니라 경통의 밑바닥에 놓을 수 있어 반사경을 고정시키기가 쉽다. 반사망원경은 주경과 부경의 곡면 특성에 따라 결정되는 초점면의 위치에 따라 종류가 달라진다. 대표적인 광학망원경은 초점이 경통 아래에 맺히는 카세그레인식 반사망원경으로 관측 기기를 이용한 천체의 관측에 가장 많이 이용된다. 그러나 초점면이 경통 밑에 놓이기 때문에 천체의 육안 관측에는 적합하지 않다. 뉴턴식 반사망원경은 초점을 경통의 위쪽 부근에 둘 수 있기 때문에 관측자가 편안한 자세로 초점면을 볼 수 있어 천체의 육안 관측에 많이 이용된다.

망원경의 중요한 기능은 집광력과 분해능으로서 집광력이 클수록 흐린 천체를 보는 데 유리하고, 분해능이 높을수록 서로 가까이 있는 물체를 분리해 볼 수 있다. 천체의 육안 관측에서 집광력은 망원경 구경의 제곱에 비례하여 커지고, 분해능은 초점거리가 길수록 높아진다. 따라서 망원경의 특성은 구경과 초점거리에 의해 결정되며, 초점거리를 구경으로 나눈 값을 초점비라 하며 흔히 F수라 부른다. 초점비는 사진기에서와 마찬가지로 사진 건판이나 CCD를 이용하여 천체의 영상을 찍을 때 노출 시간을 결정하게 된다. 점광원의 경우 노출 시간은 구경의 제곱에 반비례하지만, 면적이 있는 천체의 경우 노출 시간은 초점비의 제곱에 반비례한다.

접안렌즈를 사용하는 육안관측에서 배율은 천체를 확대해 볼 수 있는 정도를 나타내며 대물렌즈의 초점거리와 접안렌즈의 초점거리의 비로 정의된다. 이 때문에 초점거리가 다른 접안렌즈를 사용함으로서 배율을 바꿀 수 있으나 이를 무작정 크게 할 수는 없다. 그 이유는 접안렌즈를 통과한 빛에 의해 만들어지는 사출 동공의 크기가 눈의 수정체 크기보다 같거나 작아야만 접안렌즈를 통과한 빛이 눈의 망막에 모두 들어오기 때문이다. 따라서 최대 배율은 사출 동공의 크기가 수정체의 크기와 같을 때가 된다.

망원경은 구경이 커질수록 집광력이 커지므로 더 흐린 천체를 볼 수 있게 된다. 따라서 망원경의 구경에 따라 볼 수 있는 천체의 등급이 제한되는데 어떤 망원경으로 볼 수 있는 가장 흐린 천체의 등급을 그 망원경의 한계등급이라 부른다. 천체의 육안 관측이 아니라 사진 건판이나 CCD로 천체를 관측할 경우에는 노출 시간을 길게 함으로서 육안 관측 때 보다 더 흐린 천체를 관측할 수 있다.

망원경의 시야는 망원경을 통해 상의 왜곡 없이 볼 수 있는 하늘의 입체각을 말한다. 시야와 분해능은 반비례 관계를 가지나 같은 구경과 초점비를 가져 분해능이 같아도 주경과 부경의 곡면 특성에 따라 시야가 달라진다. 대부분의 광학망원경이 1° 보다 좁은 시야를 가지는데 반해 전천 탐사에 사용된 슈미트 망원경의 시야는 6° x 6° 이다.

3.4 광검출기

별의 밝기는 천체 관측의 초기에는 주로 육안 관측에 의존했으나 19세기 말 사진술이 발달하면서 사진 건판이 광검출기로서 천체의 관측에 폭넓게 사용되었다. 사진 건판을 이용한 천체 관측은 노출 시간의 조정이 가능해 망원경을 통한 육안 관측으로는 볼 수 없는 흐린 천체도 관측이 가능하다. 그러나 측광 정밀도가 떨어져 정밀한 측광을 요하는 관측에서는 사진 건판대신 광전 효과를 이용한 광전증배관이 천체 측광의 중요한 도구로 사용되었다. 1970년대 말에 도입된 CCD는 광전증배관의 장점과 사진 건판의 장점을 골고루 가져 거의 대부분의 천체 관측에 사용되고 있다.

CCD의 기본 원리는 광전 측광에서와 같이 반도체의 표면에 입사된 빛에 의해 방출되는 전자를 각 화소별로 구별하여 축적하였다가 각 화소의 순서대로 읽어 저장하는 것이다. CCD는 보통 한 화소의 크기가 10μm 내외인 화소들을 2차원으로 배열한 것으로 1024x1024나 2048x2048의 배열을 갖는 경우가 많이 있다. 일상생활에서 흔히 사용하는 디지털 카메라도 같은 원리로 만들어진 CCD를 사용하나 전자를 저장하고 읽어들이는 방법 등의 특성이 조금 다를 뿐이다.

CCD는 사진 건판에 비해 여러 가지 장점이 있다. 사진 건판을 이용하여 천체의 영상 사진을 찍었을 경우 현상하는 과정을 거쳐야 하고, 이를 다시 농도계로 읽어 자료를 수량화 하여야 하나 CCD 영상은 수량화된 값으로 저장되기 때문에 자료 환선 과정이 단순하고 보다 정확한 값을 얻을 수 있다. 이 뿐 아니라 CCD는 사진 건판에 비해 양자효율이 수 십 배 이상 높아 더 흐린 천체를 관측할 수 있으며, 감응 범위가 넓어 10등급 이상 밝기의 차이가 나는 천체의 영상을 동시에 관측할 수 있다. 입사된 광자의 수와 이에 반응하여 만들어진 전자의 개수 사이의 선형성도 사진 건판에 비해 훨씬 좋아 천체 관측에서는 거의 모든 경우에 CCD가 사진 건판을 대체하였다. 다만, 크기가 큰 CCD의 제작이 어려워 CCD로 담을 수 있는 시야의 크기가 사진 건판보다 훨씬 작아 광시야 관측에서는 여전히 사진 건판이 사용되고 있으나 멀지 않은 장래에 광시야 관측도 CCD에 의해 이루어질 것이다.

3.4 측광 관측과 분광 관측

천체로부터 얻을 수 있는 정보는 천체의 위치와 천체로부터 오는 빛이 전부다. 이 때문에 천문학의 태동기에는 주로 천체의 위치를 정확하게 측정하는 것이 천문학자의 주된 일이었으나 과학의 발달과 함께 빛의 성질을 이해하게 됨에 따라 빛을 분석함으로서 천체의 물리적 특성을 알 수 있게 되었다.

천체로부터 오는 빛의 분석 방법은 크게 두 가지로 나눌 수 있다. 한 가지는 천체가 방출하는 광량을 측정하는 것이고 다른 한 가지는 천체가 방출하는 빛의 파장에 따른 에너지 분포를 측정하는 것이다. 전자를 위한 관측을 측광 관측이라 하고 후자를 위한 관측을 분광 관측이라 부른다.

천체의 측광에 가장 많이 사용되는 측광계는 UBV 측광계로서 자외 필터, 청색 필터, 안시 필터를 사용하여 U, B, V 삼색 등급을 구한다. B등급은 사진 등급에 가까운 값이고, V등급은 안시 등급에 가까운 값으로 흔히 청색 등급과 안시 등급으로 부른다. 삼색 측광에서 파장이 짧은 등급에서 파장이 긴 등급을 뺀 것을 색지수라 부르며 흔히 B등급과 V등급의 차이인 B-V나 U등급과 B등급의 차이인 U-B 색지수가 많이 사용된다. B-V 색지수는 주로 별의 온도에 의해 결정되기 때문에 온도의 지표로 많이 사용되고, U-B 색지수는 별의 온도 뿐 아니라 중원소 함량에도 민감하게 반응하기 때문에 U-B 색지수로부터 별의 중원소 함량에 대한 정보를 알 수 있다.

천체의 분광 관측은 천체의 스펙트럼을 얻어 천체가 방출하는 파장에 따른 에너지 분포와 흡수선이나 방출선을 조사하여 천체의 화학조성과 함께 천체의 운동 특성을 아는 것이 목적이다. 천체의 분광 관측은 천체분광기를 이용하여 이루어지며, 빛을 파장에 따라 분산하는 정도에 따라 고분산 분광 관측과 저분산 분광 관측으로 나누어진다. 별의 분광형을 구별하기 위해서는 흡수선의 종류나 상대적인 세기를 알 수 있는 저분산 분광 관측으로 가능하지만 천체의 화학조성이나 시선 속도를 알기 위해서는 고분산 관측이 필요하다.

4. 천체의 종류

천체에는 여러 가지 종류가 있다. 밤하늘에 반짝이는 천체는 거의 별이고 대부분 가시광선 영역에서 빛을 낸다. 그러나 눈으로는 볼 수 없고 전파 망원경이나 적외선 망원경, 자외선 망원경, 또는 X-선 망원경을 통해서만 관측이 가능한 천체도 있다. 이제 앞으로 다루게 될 여러 천체들을 간략히 알아보자.

4.1 태양계

태양계는 스스로 빛을 내는 별인 태양이라는 항성과 8개의 행성, 각 행성에 속한 위성, 그리고 아주 많은 수의 소행성과 혜성 등으로 이루어져 있다. 행성의 질량은 태양의 질량에 비해 극히 작다. 태양이 가스로 이루어진 반면 행성 중 일부는 전체가 고체로 되어 있고(수성, 금성, 지구, 화성) 일부는 고체 핵과 가스로 이루어져 있다(목성, 토성, 천왕성, 해왕성). 태양계에 대해서는 제 8장에서 상세히 다룬다. 밤하늘에 보이는 천체 중 항성은 지구의 자전에 의한 운동을 제외하고는 시간이 지나더라도 그 위치가 변하지 않으나 행성은 궤도 운동에 의해 위치가 변한다. 행성(行星)이라는 이름은 이들이 이렇게 하늘에서 움직이기 때문에 붙여진 것이다.

4.2 별(항성)

별은 가스로 된 공 모양의 천체로서 태양이 그 예이다. 별의 에너지원은 중심 부분에서 일어나는 핵융합 반응이다. 핵융합은 수소 원자핵 4개를 합쳐 헬륨 원자핵 하나를 만드는 과정으로 이 때 나오는 에너지로 별이 빛나게 된다. 별을 구성하는 수소의 양은 제한되어 있어서 중심 부분의 수소가 소진되면 이 반응을 일으킬 수 없게 된다. 중심에서 수소를 연소하는 단계를 주계열 단계라 하고 연료의 소진에 따라 별은 진화한다. 수소 소진 후의 진화 단계를 후주계열 진화라 하며 별은 일생의 대부분을 주계열 단계에서 지내게 된다. 별은 진화의 최종 단계에서 잔해별로 바뀌는 데 이러한 잔해별의 종류에는 백색왜성, 중성자별, 블랙홀 등이 있다.

별의 질량과 광도 범위는 이미 살펴본 바와 같고 표면 온도는 대략 3,000K에서 100,000K 범위에 있다. 표면 온도가 낮은 별일수록 붉게 보이고 높은 별일수록 푸르게 보인다. 별의 특성을 결정짓는 가장 중요한 물리량은 질량이다. 별의 질량이 클수록 주계열 광도는 높고 수명은 짧으며 표면 온도는 높다.

별은 단독으로 존재하는 것도 있고 두 개나 세 개 이상이 서로 궤도 운동을 하는 것도 있어서 이를 다중 항성계라 한다. 태양 주변의 별 중 반 이상은 이러한 다중 항성계에 들어 있다.

경우에 따라 많은 별이 집단으로 모여 있는데 이런 별의 무리를 성단이라 한다. 성단에는 새로이 무리 지어 수십 개 이상의 별이 태어나고 있는 성협, 수백 개에서 수만 개의 별이 모여 있는 산개성단, 그리고 수십만 개에서 수백만 개의 별이 모여 있는 아주 나이가 오래된 구상성단등이 있다. 성단은 동시에 태어난 별이 지구에서 같은 거리에 놓여 있는 집단이라서 항성 진화 이론을 검증하거나 별의 물리적 성질을 연구하는데 중요한 천체이다. 별에 대해서는 제 3장에서 더 상세히 다룬다.

4.3 은하와 은하단

별과 성간 물질이 모여 섬 모양의 집단을 이루는 것을 은하라 한다. 은하들은 똑같은 것이 하나도 없을 정도로 그 모양이나 물리적 성질이 다양하다. 태양이 속한 은하를 '우리 은하' 또는 은하계라 하며 그 밖의 은하들을 '외부 은하'라 한다.

앞에서 설명한 바와 같이 우리 은하에는 별들이 약 1,000억개 정도 모여 있다고 추정되며 크기는 지름이 최소한 30kpc(약 10만 광년) 정도이다. 우리 은하는 비교적 질량이 큰 은하에 속하며 작은 것들은 질량이 우리 은하의 100분의 1 이하인 것들도 많다. 반면 우리 은하보다 질량이 약 10～100배 정도 되는 무거운 은하도 있다.

은하에는 별이나 성단이 많이 존재하며 별과 별 사이의 빈 공간에는 성간 물질이 있다. 성간 물질은 주로 가스로 이루어져 있으나 성간 티끌이라 불리는 크기 0.1μm 정도의 작은 고체 알갱이도 포함하고 있어 별로부터 오는 빛을 차단하는 역할을 한다. 성간 물질은 성간 공간에 균일하게 존재하지 않고 덩어리로 존재하며 이러한 성간 물질의 덩어리를 '성간구름'이라 한다. 성간구름의 크기나 질량도 여러 가지여서 어떤 것은 태양 질량의 수십 내지 수 백 배 정도 되며 어떤 것은 100만 배까지 이른다. 성간구름은 별이 탄생하는 곳이다. 성간구름을 관측하기 위해 주로 사용되는 도구는 전파 망원경이다. 왜냐하면 성간구름에 있는 CO, H_2O, HCN 등의 여러 가지 분자들이 전파를 방출하기 때문이다.

은하는 우주를 이루고 있는 기본 단위이다. 즉 우리가 물질의 기본 단위를 원자나 분자로 하는 것과 마찬가지이다. 우주에는 은하들이 약 1,000억 개 정도 있는 것으로 추정한다. 은하 역시 독자적으로 존재하는 것이 있는가 하면 쌍을 이루거나 여러 개가 모여 집단을 이루는 것도 있다. 은하 집단에는 수 십 개의 은하로 이루어진 은하군과 수백부터 수 만개를 포함하는 은하단까지 아주 다양하다.

은하들이 모여 우주를 이루기 때문에 우리는 우주의 구조를 이해하기 위해 은하의 분포를 연구한다. 현대 천문학은 별이나 은하의 정체에 대하여 이미 상당한 지식을 쌓았으며 우주의 탄생과 진화의 수수께끼를 풀어가고 있다. 새로운 관측 장비의 개발에 힘입어 우주의 아주 먼 곳에 있는 은하들도 차츰 관측하고 있다. 이제 이 책의 나머지에서는 우주를 구성하고 있는 크고 작은 천체들에 대해 보다 상세히 알아본다.

참고 문헌

이 장에서 다룬 내용은 대부분의 천문학 개론서에 공통적으로 포함되어 있다. 국내에 나와 있는 입문서 중 비교적 쉽게 쓰인 것들은 다음과 같다.

1. 교양 천문학, 민영기, 윤홍식, 우종옥 지음, 형설출판사 (1993)
2. 우주의 발견, 마틴 하위트 지음, 강용희 옮김, 민음사 (1991)
3. 그래도 지구는 돈다, 박석재 지음, 소학사 (1990)
4. 새 천문학, 나일성 지음, 정음사 (1987)
5. 인간과 우주, 박창범 지음, 가람 기획 (1995)

천문학을 본격적으로 공부하기 위한 천문학 개론서로는 다음과 같은 것들이 있다.

6. 기본 천문학, 카투넨 등 지음, 강혜성, 김성수, 민영기, 윤홍식, 이수창, 장헌영. 홍승수 옮김, 시스마프레스
7. 천문학 및 천체물리학 서론, 자일릭, 그레고리, 스미드 지음, 유경로, 현정준, 윤홍식, 이시우, 홍승수, 이상각, 최승언 옮김, 대한교과서주식회사 (2000)
8. 교사를 위한 천문학의 이해, 최승언 지음, 서울대학교 출판부 (1992)

3

별의 구조와 진화

별은 은하와 더불어 천문학에서 다루는 가장 기본적인 천체중 하나이다. 물론 별이라는 것은 밤하늘에 반짝이는 모든 것을 한꺼번에 일컫는 말이기도 하지만 여기서는 '항성'에 국한시켜 별이라 부르기로 한다.

항성을 간단히 표현하면 스스로 빛을 내는 별이다. 이에 반해 태양계를 이루고 있는 행성들은 대부분 밝게 보이지만 스스로 빛을 내는 천체가 아니고 단지 태양 빛을 받아 반사시킬 뿐이다. 반면 태양은 1초에 약 4×10^{26}Joule이라는 엄청난 빛을 스스로 내고 있다. 태양은 우리로부터 가장 가까우므로 항성에 대한 연구는 대개 태양을 기준으로 시작한다. 또 항성은 은하를 구성하는 주요 구성체이다. 외부은하가 우리에게 관측되는 것도 수많은 별들이 내는 빛 때문이다.

항성의 내부는 지구상에서 만들어낼 수 있는 어느 실험 환경보다도 극단적인 온도, 밀도, 압력 등을 가지고 있어 우리는 항성 내부를 훌륭한 실험실로 사용할 수 있다. 다시 말해 우리의 물리적 지식을 별의 환경에 적용함으로써 확인 할 수 있다는 뜻이다.

항성은 일정한 수명을 가지고 있다. 즉 항성은 태어나서 계속 변화를 겪고 궁극적으로는 최후를 맞게 된다. 별은 성간 물질에서 태어나 별을 구성하던 대부분의 물질은 다시 성간 물질로 돌아간다(제 4장 참조). 별 속에 있다가 성간 물질로 돌려보내지는 물질은 원래 별을 만들 때의 물질과는 화학적으로 다르다. 별은 핵융합 반응을 하면서 '무거운 원소'를 만들어내기 때문에 별을 만들 때의 물질에 비해 별로부터 성간 물질로 돌아가는 물질은 무거운 원소를 더 많이 포함하게 된다. 우주 탄생 초기에는 수소와 헬륨 그리고 약간의 가벼운 원소(베릴륨, 리튬 등)로 구성되어 있었다. 천문학에서는 이들보다 원자량이 큰 원소를 전체적으로 무거운 원소 또는 '금속'이라 부른다. 이들은 모두 별에서 핵융합을 통해 만들어 진다. 우리 몸은 대부분 물로 이루어져 있으며 물에 포함되어 있는 원소는 수소와 산소이다. 그밖에 생명체를 구성하는 주요 원소는 탄소와 질소이다. 산소, 탄소, 질소 그리고 기타 지구를 이루고 있는 주요 원소는 모두 별에서 만들어진 것이다. 따라서 사람을 비롯한 생명체를 이루고 있는 물질 중 상당량은 별 내부에서 만들어진 것이다. 이런 의미에서 별의 진화는 인류의 생성과도 밀접하게 관계되어 있다고 할 수 있다.

이 장에서는 항성의 물리적 성질들과 내부 구조의 결정 요인들을 살펴본 후 별들이 어떤 원인으로 어떤 경로를 통해 진화하는가를 기술한다.

1. 항성의 물리적 성질

항성의 물리적 성질을 이야기하기 위해서 우선 태양을 자세히 살펴볼 필요가 있다. 왜냐하면 태양은 우리에게 가장 가까이 있어 상세히 관측할 수 있을 뿐 아니라 물리적 성질이 어느 극단에 치우쳐 있지 않은 전형적인 특징을 갖는 별이기 때문이다. 따라서 모든 항성의 물리량은 태양을 기준으로 표현하면 편리하다.

1.1 질량

태양의 질량은 약 2×10^{30} kg으로 지구 질량의 약 30만 배 정도이다. 태양계를 이루고 있는 행성 중 가장 질량이 큰 것은 목성인데 이 역시 태양 질량의 1/1000 정도이다. 제 2장에서 살펴본 것처럼 별의 질량은 안시 쌍성의 궤도를 이용해 구할 수 있다. 안시 쌍성이란 궤도 반지름이 크고 거리가 가까워서 궤도 운동을 직접 관측할 수 있는 쌍성을 말한다. 이러한 쌍성의 수는 많지 않아 질량을 직접 측정할 수 있는 별의 수도 제한되어 있다. 그러나 몇몇 별에 대하여 질량과 함께 광도와 색지수와 같은 다른 물리량을 정확히 알고 이들의 상호 관계를 알 수 있다면 이들 사이의 관계식을 이용해 질량을 구할 수 있다. 일반적으로 질량이 큰 별은 밝고 푸르며 작은 별은 어둡고 붉다. 그러나 이런 관계는 별의 진화 단계와도 밀접한 관계가 있으므로 조심스럽게 적용해야 한다.

별의 질량 범위는 대략 0.1$M_{\odot}$ 부터 100$M_{\odot}$ 정도인 것으로 알려져 있다. 별 질량의 낮은 한계는 별이 스스로 빛을 낼 수 있는 질량으로 결정된다. 즉 질량이 0.1 $M_{\odot}$보다 훨씬 작은 별은 중심의 밀도와 온도가 너무 낮아서 핵융합 반응을 일으키지 못한다. 설사 이들이 존재한다 하더라도 너무 어두워 관측이 아주 어렵다. 별 질량의 최대 한계는 아주 불확실하다. 우선 직접 질량 측정이 가능한 별 질량의 상한 값이 반드시 실제 별 질량의 상한 값이라 볼 수는 없다. 따라서 직접 관측되는 별보다 더 극단적 물리량을 가지고 있는 별의 존재 가능성은 이론적 모형에 의존할 수밖에 없다. 이런 이유로 인해 별을 만들 수 있는 최대 질량이 얼마인지는 정확치 않다. 이론적 모형에 의하면 질량이 약 100 $M_{\odot}$ 보다 커지면 복사압에 의해 팽창하려는 힘이 수축하려는 중력에 비해 커져 안정된 별을 만들 수 없다. 이렇게 무거운 별은 만들어지더라도 곧 파괴되거나 수축해 블랙홀로 바뀔 수 있다. 실제 관측되는 별 가운데 질량이 100$M_{\odot}$보다 훨씬 무거운 것은 거의 없다.

1.2 반지름

우리는 이미 글상자 2-2에서 별 크기 판독이 얼마나 어려운 일인가 살펴 보았다. 태양을 제외한 별의 크기 결정에는 많은 오차가 포함되어 있다. 태양의 반지름은 약 7×10^{10}cm 이며 $R_{\odot}$ 로 표시한다. 주계열별의 반지름은 약 0.1$R_{\odot}$부터 수십$R_{\odot}$ 까지 변한다. 별의 반지름은 질량에 의해 주로 결정이 되나 진화 상태에 따라 많이 변한다. 가장 안정된 진화의 시기인 주계열 기간 동안에는 질량이 큰 별일수록 반지름도 커진다.

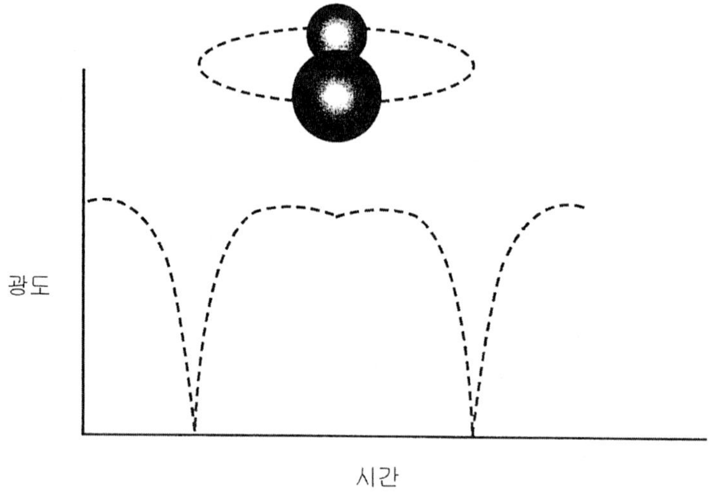

그림 3-1. 식쌍성의 궤도와 광선 곡선. 광도가 가장 어두운 때를 주극소라 하고 두번째로 어두운 지점을 부극소라 한다.

여러 가지 간접적인 방법을 동원하더라도 반지름을 구할 수 있는 별의 수는 극히 제한되어 있다. 만약 쌍성계의 궤도 평면이 시선 방향과 일치한다면 주기적으로 한 별이 다른 별을 가리게 된다. 쌍성계까지의 거리가 너무 멀어 두 별로 구별되지 않는다 해도 한 별이 다른 별을 가릴 때 밝기는 그렇지 않을 때보다 어둡게 된다. 이러한 연유로 쌍성계임을 알 수 있는 것을 '식쌍성'이라 부른다. 그림 3-1은 식쌍성의 기하학적 모양과 밝기가 변화하는 모습을 보여준다.

글상자 3-1. 쌍성과 별의 반지름

식쌍성인 동시에 분광쌍성인 경우 궤도 속도 v의 측정이 가능하다. 주극소나 부극소(그림 3-1 참조)가 시작되어 끝나는 시간 간격을 Δt라 하면 이는 두 별의 반지름을 각각 R_p와 R_s라 할 때

$$2(R_s + R_p) = v\Delta t$$

로부터 $R_s + R_p$를 구할 수 있다. 만약 한 별의 반지름(R_s)이 다른 별에 비해 현저히 작다면 주극소가 깊게 패인 모습으로 보여 $R_p \approx R_p + R_s$임을 알 수 있다.

만약 식쌍성을 구성하는 별의 궤도 속도를 알게 되면 우리는 한 별이 다른 별에 가려져 어두워지는 시간과 궤도 속도를 이용해 별의 지름을 계산할 수 있다. 쌍성의 궤도 속도는 별의 스펙트럼을 측정하고 도플러 효과를 이용해 구할 수 있는데 이처럼 궤도 속도 측정이 가능한 쌍성을 '분광쌍성'이라 한다(글상자 3-1).

대개 식쌍성은 분광쌍성을 겸한다. 그 이유는 속도 측정은 시선 속도만이 가능하며 시선 속도가 가장 크게 나타나는 경우는 궤도 평면이 시선 방향과 나란할 때이며 이는 식쌍성으로 관측될 조건과 같기 때문이다.

중심에서 연소 가능한 수소가 모두 소모되면 별의 반지름은 증가하고 표면 온도는 떨어진다. 이러한 단계의 별을 붉은거성이라 하며 반지름은 수천 배까지 증가한다. 진화의 마지막 단계인 백색왜성이나 중성자별이 되면 보통의 별과 비교할 수 없을 정도로 작아진다. 참고로 백색왜성의 반지름은 약 3,000km, 중성자별의 반지름은 약 30 km 도이다.

질량과 반지름으로부터 우리는 평균 밀도를 구할 수 있다. 이러한 평균 밀도는 대개 질량이 작을수록 크다. 태양의 경우 약 1.4 g/cm^3이다. 그림 3-2는 주계열 별의 질량과 평균 밀도 관계를 보여준다.

1.3 광도

광도는 별의 표면에서 단위 시간에 내는 빛 에너지의 양이다. 광도는 별이 주계열에 존재하는 동안 질량에 가장 민감한 양이다. 주계열 단계에서의 질량-광도 관계에 의하면 질량이 두 배 바뀔 때 광도는 10배 내외로 바뀐다(그림 3-3). 태양의 광도는 약 4×10^{26}Joule/sec 이며, 0.1$M_\odot$의 별은 태양 광도의 약 1/1000 정도의 빛을 내고 태양 질량의 20배 정도인 별은 태양 광도의 약 100,000배 정도의 빛을 낸다. 광도 역시 진화 단계에 민감하여 거성의 경우 질량에 별로 상관없이 태양 광도의 약 1,000배 정도의 광도를 낸다.

별이 빛을 내는 원천은 별 중심의 핵융합 반응에서 나오는 에너지이다. 따라서 태양이 표면을 통해서 1초에 약 4×10^{26}Joule의 빛을 낸다는 것은 핵융

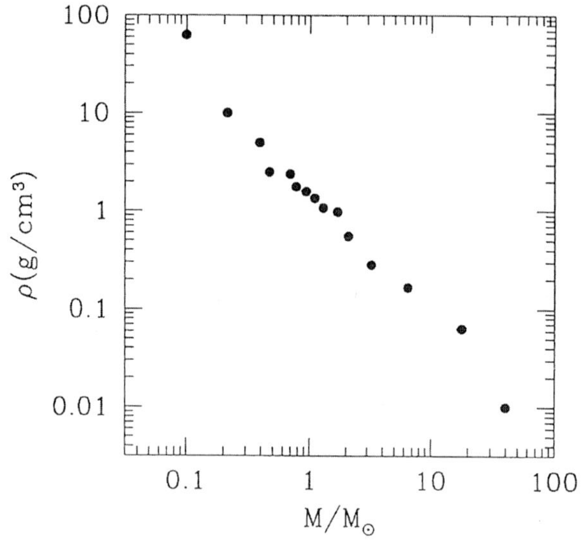

그림 3-2. 주계열 별의 질량-평균 밀도 관계. 질량이 클수록 평균 밀도가 작아짐을 알 수 있다.

합 반응을 통해 그만한 에너지가 중심에서 발생한다는 뜻이다. 이 사실을 이용하면 태양 속에서 매 초당 소모되는 수소는 약 6억 3000만톤 임을 알 수 있다. 이를 다시 연소 가능한 수소의 총량으로 나누면 별의 수명을 구할 수 있다. 핵융합 반응이나 별의 수명에 대해서는 이장의 3절에서 다시 상세히 설명한다.

1.4 표면 온도와 내부 온도

별의 표면 온도는 약 3,000K부터 50,000K 정도까지 변화한다. 태양의 표면 온도는 약 5,800K이다. 별 표면 온도는 그 별의 색깔을 결정해준다. 온도가 높은 별들은 색깔이 푸르게 보이고 온도가 낮은 별들은 붉게 보인다. 이러한 별의 색깔을 정량화 시킨 것이 색지수임은 이미 밝힌 바 있다(제 2.1.3절 참조). 따라서 색지수를 이용하면 별 표면 온도를 추정할 수 있다. 주계열의 경우 별 표면 온도는 질량에 따라 결정된다. 질량이 클수록 표면 온도가 높다. 붉은 거성이나

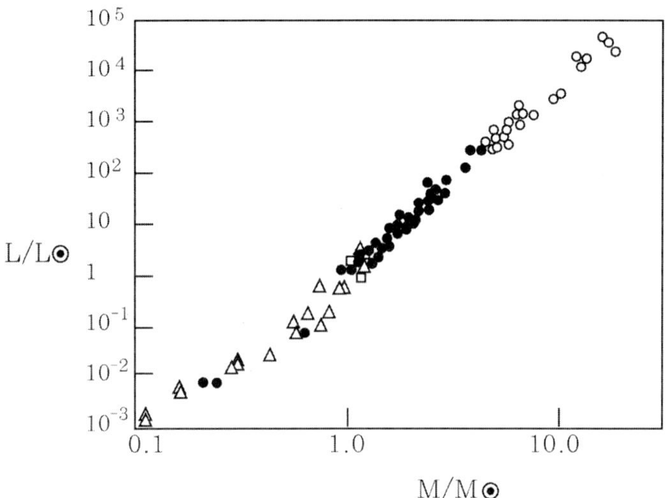

그림 3-3. 주계열 별들의 질량-광도 관계. 질량이 10배 변할 때마다 광도는 1000배 또는 그 이상 변함을 알 수 있다.

초거성 단계에서 온도는 진화 단계에 의해 결정되며 질량에는 거의 무관하다. 백색왜성의 표면 온도는 10^5K 정도로 시작되어 시간이 지남에 따라 천천히 식어간다.

별의 물리적 상태를 가장 간단히 표현하는 그림은 H-R도이다. 이는 1910년대에 유럽의 헤르츠스프룽(Hertzsprung)과 미국의 러셀(Russell)이 독립적으로 사용하기 시작해서 그들 이름의 머리 글자인 H와 R을 딴 것이다. H-R도는 그림 3-4와 같이 가로축을 표면 온도의 대수(log), 세로축에 광도의 대수값을 그린 것이다. 관측되는 별들에 대해 H-R도를 그려보면 그림 3-4와 같다. 이 그림에서 별들은 일정한 위치에 모여 있음을 알 수 있다. 이러한 H-R도 위에서의 별의 위치는 별의 물리량과 진화 상태에 따라 다르게 나타난다. 이에 대해서는 별의 진화를 다루면서 다시 자세히 설명한다.

별의 내부 온도는 직접 측정 가능한 양이 아니며 이론적 계산에 의해 추정할 수 있다. 태양의 중심 온도는 약 1,500만K 정도이고 질량이 더 큰 별들의 중심 온도는 더 높다.

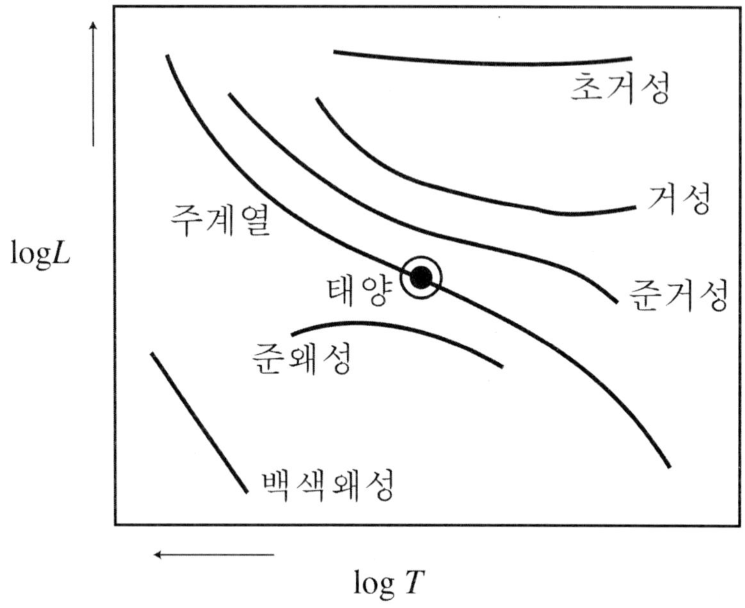

그림 3-4. H-R도 위에서 별의 종류에 따른 위치.

1.5 기타 물리량

지금까지 살펴본 바에 의하면 별의 구조나 진화를 결정하는 가장 중요한 요소는 질량임을 알 수 있다. 질량 이외에도 별을 구성하는 화학 조성비(각 원소의 존재비) 역시 이들을 결정하는 또 다른 중요한 요소이다. 일반적으로 우주를 구성하고 있는 물질은 대부분 수소이고 헬륨이 질량비로 따져 약 25% 정도 되고 2% 미만이 헬륨보다 무거운 원소의 형태로 존재한다. 이러한 우주의 화학적 원소 함량비는 별의 표면에서 나오는 스펙트럼을 분석하여 얻어진 것이다.

여러 원소의 함량비 중 수소와 헬륨의 양은 거의 고정되어 있고 단지 무거운 원소만이 변한다. 무거운 원소는 아주 적은 양이지만 별의 구조를 결정하는 데 중요한 역할을 한다. 무거운 원소가 아주 적은 별들은 태양의 1/1000 정도밖에 되지 않고 무거운 원소가 많은 별들은 태양의 약 2배 정도이다. 무거운 원소들도 각 원소별로 조금씩 불규칙하게 존재하는 것으로 알려져 있다. 예를 들어 어떤 별은 유난히 탄소가, 어떤 별은 유난히 산소가 많다. 이 장에서는 이러한 구체적 사실보다 별 구조의 전반적 원리에 대해 주로 설명할 것이다. 이제 별의 탄생과 진화, 그리고 구조 등을 좀더 자세히 알아보자.

2. 별의 탄생과 원시별

별은 성간구름이 수축하여 만들어진다. 그러나 실제로 성간구름이 수축하는 과정은 아직 자세히 모른다. 특히 수축 과정에서 회전과 자기장은 어떠한 역할을 하는지 등이 불확실하다. 성간구름의 수축 과정은 제 4장에서 좀 더 자세히 다루고 이 장에서는 성간구름이 수축하여 원시별의 단계를 거쳐 주계열의 안정된 상태에 이르는 과정을 살펴본다.

2.1 성간구름의 수축

성간구름이 수축한다는 것은 더욱 낮은 에너지 상태로 간다는 뜻이다. 따라서 수축하는 성간구름은 에너지를 방출하게 된다. 그러나 초기 수축 단계에서는 성간구름 전체가 투명해 빛이 자유롭게 빠져나가기 때문에 수축에 의해 방출되는 에너지는 별의 온도를 높여주지 못한다. 이러한 수축과정에서는 온도가 변하지 않기 때문에 등온 수축이라 한다. 그러나 차츰 밀도가 높아짐에 따라 불투명도가 증가해 중심 온도가 올라가게 된다. 수축하는 초기 성간운은 대부분 수소 분자(H_2)로 이루어져 있으나 온도가 1,800K 정도 되면 수소 분자가 해리[1] 된다. 수소 분자의 해리 과정에서는 에너지를 흡수하므로 온도가 올라가지 않아 수축이 가속적으로 일어난다. 해리가 끝난 후 다시 온도가 올라가 20,000K 정도에 이르면 중성 수소에서 전자가 떨어져 나가는 전리가 일어나고 10만K가

[1]. 분자가 원자로 분해되는 것

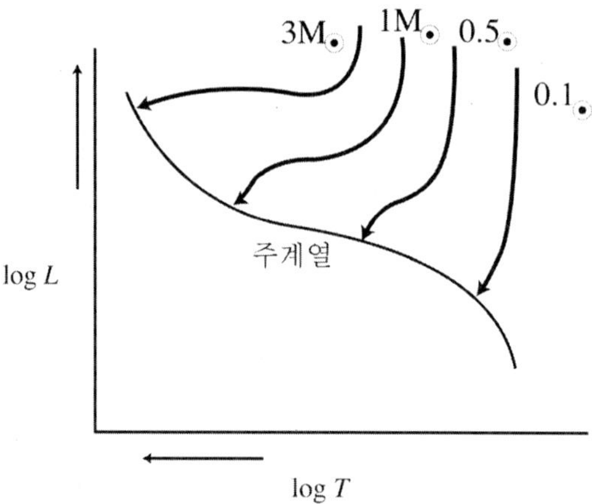

그림 3-5. 별 수축 단계 중 H-R도 상에서의 진화 경로. 오른쪽 위에서 처음에는 거의 수직으로 이동하며 이를 하야시 경로라 한다.

되면 원자로부터 대부분의 전자가 분리된다. 전리 역시 에너지를 흡수하는 과정이므로 수축을 가속시킨다.

2.2 원시별의 탄생과 진화

해리와 이온화가 완전히 끝나고 나면 온도가 더욱 올라가 압력이 중력과 평형을 이루게 되고 수축이 멈춘다. 이렇게 압력에 의한 힘과 중력이 서로 평형을 이루는 것을 '정유체 역학적 평형'(**글상자** 3-2)'이라 하고 정유체 역학적 평형 상태에 도달한 별을 '원시별'이라 한다. 원시별은 일반적으로 성간구름의 중심부에 있어 주위는 기체로 둘러싸여 있다. 주변 물질이 원시별 표면에 떨어져 쌓여 원시별의 질량이 서서히 증가하게 되면 온도와 밀도도 증가한다.

원시별의 중심 온도는 바깥쪽보다 높아서 별의 에너지는 중심에서 바깥쪽으로 전달된다. 에너지 전달에는 복사, 대류, 전도의 세 가지 형태가 있다. 복사는 빛의 형태로 에너지가 전달되는 것으로서 어느 정도 투명해야 가능하다. 그러나 원시별은 불투명도가 높으므로 빛이 자유롭게 빠져나가지 못한다. 이러한 상황에서는 에너지를 밖으로 전달하기 위해 물질이 직접 이동하는 대류 현상이 일어난다. 대류에 의해 뜨거운 중심 부분의 에너지가 밖으로 나와 별 표면이 서서히 밝아지기 시작한다.

원시별은 대류를 하면서 에너지가 밖으로 빠져나감에 따라 서서히 수축을 계속한다. 수축은 중심 온도를 계속 증가시킨다. 이러한 과정을 거쳐 중심 온도가 약 400만K 정도에 이르면 중심에서 핵융합 반응이 일어나기 시작한다. 정유체 역학적 평형이 근사적으로 이루어진 상태에서 별이 느리게 수축할 때 H-R도에서의 위치는 오른 쪽 위로부터 거의 수직으로 아래쪽으로 이동한다. 즉 표면 온도는 거의 변하지 않으면서 수축한다. 이러한 H-R도 위에서의 이동 과정을 하야시(Hayashi) 경로라고 부른다. 그림 3-5에는 H-R도 위에서의 원시별의 진화 경로를 표시하였다.

별의 중심부에서 핵융합 반응이 일어나기 시작하는 초기 단계에서는 에너지 공급은 주로 수축 에너지에 의해 이루어진다. 차츰 온도가 올라감에 따라 핵융합 반응에 의한 에너지 공급이 커지고 천천히 진행되는 준 평형 상태에서의 수축이 완전히 멈추면 우리는 별이 주계열에 이르렀다고 말한다.

원시별에서 주계열에 이를 때까지를 전주계열이라 한다. 이때는 별 주변에 여전히 많은 가스와 성간 티끌이 존재하기 때문에 관측하기도 어렵다. 그러나 별이 주계열에 이름에 따라 표면 온도가 올라가고 별 표면으로부터 나오는 항성풍에 의해 주변을 둘러싸고 있던 물질들이 차츰 밀려나가 정상적인 별로 관측되기 시작한다. 주계열은 앞서 언급한 바와 같이 별의 진화 단계에서 가장 오래 머무르는 단계이다. 이제 주계열에 이른 별의 구조를 알아보자.

3. 주계열 별의 구조

지구의 나이가 약 45억 년 정도 되었다는 사실로부터 우리는 태양의 수명이 아주 길다는 사실을 쉽게 유추할 수 있다. 별이 이렇게 오랫동안 안정되게 존재하기 위해서는 여러 가지 평형 조건을 만족시켜 주어야 한다. 우선 역학적으로 안정되기 위해선 수축하려는 중력과 팽창하려는 압력이 서로 평형을 이루어야 한다. 물론 팽창하려는 힘은 압력 이외에도 원심력이 있으나 별들은 원심력이 중요한 역할을 할 만큼 빠른 속도로 회전하지 않기 때문에 무시할 수 있다. 압력에 의한 힘과 중력에 의한 힘이 서로 평형을 이루는 것을 '정유체 역학적 평형'이라는 사실은 이미 밝힌 바 있다(**글상자** 3-2).

별은 끊임없이 많은 양의 빛을 낸다. 이러한 복사 에너지는 결국 별의 내부에서 발생하는 것이며 단위 시간에 내는 빛의 양은 단위 시간에 발생하는 에너지의 양과 평형을 이루어야 한다. 그렇지 않으면 별은 계속 식거나 뜨거워진다. 이러한 평형을 '에너지 평형'이라 한다.

위의 두 가지 평형은 별을 안정되게 유지시켜 주는 기본 원리이다. 별 구조를 이해하기 위해서는 여기에다 구체적으로 에너지가 어떻게 생성되고 어떻게 안쪽에

글상자 3-2. 정유체 역학적 평형

어느 물체건 질량이 있으면 중력의 영향을 받는다. 중력은 항상 잡아당기기만 하는 힘이라 물체를 수축시키려고 한다. 따라서 수축하지 않으려면 크기는 중력과 같고 방향이 반대인 힘이 존재하여야 한다. 유체의 경우 이러한 중력에 반대되는 힘은 압력으로부터 나오는데 중력과 압력에 의한 힘이 평형을 이루어 안정되게 하는 것을 정유체 역학적 평형이라고 한다.

어느 위치에서의 중력 가속도를 $\boldsymbol{g}$라 한다면 단위 체적이 받는 중력은 $\boldsymbol{g}\rho$이고 압력에 의한 힘은 ∇P 이다. 이 두 힘이 서로 평형을 이루기 위해서는

$$\boldsymbol{g}\rho = -\nabla P$$

라는 관계를 만족시켜 주어야 한다. 이 식을 정유체 역학적 평형 방정식이라 부른다. 별은 공모양을 하고 있기 때문에 모든 물리량은 중심으로부터의 거리 r만의 함수가 된다. 이 경우 정유체 역학적 평형 방정식은 다음과 같이 쓸 수 있다.

$$\rho(r)\frac{GM(r)}{r^2} = -\frac{dP(r)}{dr}$$

여기서 $M(r)$은 반지름 r이내의 질량이다.

이러한 정유체 역학적 평형은 별 내부에서 정확히 유지된다. 만약 태양의 정유체 역학적 평형이 깨지면 불과 1시간 만에 완전히 수축될 수 있다.

정유체 역학적 평형의 또 다른 예는 지구 대기이다. 지구의 대기를 이루고 있는 공기 분자가 지구 표면으로 떨어지지 않는 것도 이러한 평형이 이루어져 있기 때문이다.

서 바깥으로 전달되어 표면에서 복사를 하게 되는지에 대한 과정을 알아야 한다.

별이 어떻게 에너지를 발생시키는지 알게 된 것은 핵 물리학이 태동한 1930년대부터이다. 그 전까지는 에너지 발생 기구를 설명하기 위한 좋은 물리적 이론은 없었고 다만 태양이 막대한 중력 에너지를 가지고 있어 서서히 수축한다면 에너지를 방출할 수 있을 것이라는 생각을 할 수 있었다. 이 과정을 좀 더 자세히 살펴보면 대략 태양의 수명을 추정할 수 있는데 약 1000만년 정도이다(**글상자** 3-3).

지구의 나이에 대한 신빙성 있는 추정 값은 방사성 동위 원소의 붕괴를 이용해 구한 것이다(제 8.2절 참조). 지층의 두께 등을 이용한 지질학적 연대 측정 결과 지구의 나이가 수억 내지 수 십 억년 정도 되었다는 주장은 예전에도 있었으나 대단히 불확실하였다. 따라서 태양의 수명이 천만년 정도라는 위의 결과

글상자 3-3. 중력 에너지를 방출하는 별의 수명

질량 M, 반지름 R인 공 모양 천체의 중력 에너지는 대략

$$E \approx -0.5\frac{GM^2}{R}$$

이다. 이는 물체를 완전히 파괴하는 데 필요한 에너지를 말한다. 따라서 중력체를 수축시키면 에너지는 감소 (절대값은 증가)하게 되고 이 여분의 에너지를 밖으로 방출하여야 한다. 이러한 방법으로 에너지를 방출시킨다면 관측되는 태양의 광도로부터 태양이 단위 시간에 얼마만큼씩 수축해야 하는지를 계산할 수 있다. 즉,

$$L = \frac{dE}{dt} \approx 0.5\frac{GM^2}{R^2}\frac{dR}{dt} = -E\frac{dR/dt}{R}$$

이며 여기서부터

$$\frac{1}{R}\frac{dR}{dt} = \frac{L}{E}$$

라는 관계식을 얻는다. 여기에 태양의 반지름, 질량 그리고 광도를 대입하면 $\frac{R}{dR/dt} = 10^7$ 년을 얻게 되고 이는 태양 반경이 상당히 줄어드는 데 걸리는 시간이 약 1000만년이라는 뜻이다. 따라서 중력 에너지의 방출에 의해 태양이 유지된다면 나이가 1000만년 정도라고 추정할 수 있다.

는 암석 나이를 정확히 추정하기 이전까지는 다른 실험 또는 관측 사실에 정면으로 배치되는 것은 아니었다.

현대 물리학의 기초가 되는 상대성 이론과 양자 물리학이 발달하면서 태양 내부에서 막대한 에너지를 내는 핵융합 반응이 일어날 것이라는 추측이 1930년대에 제기되었다. 특수 상대성 이론에 의하면 질량 M의 에너지는 Mc^2이다. 태양의 대부분을 이루고 있는 수소 핵이 서로 충돌하여 헬륨 핵을 만들 경우 약간의 질량 결손이 생기며 이 결손된 질량이 에너지로 변한다. 만약 핵 융합 반응을 통해 태양이 에너지를 낸다면 태양은 현재의 광도로 약 100억년동안 안정되게 유지될 수 있음을 알 수 있다(**글상자** 3-4).

현재 추정되고 있는 지구의 나이는 45억 년 정도이다(**글상자** 8-3 참조). 태양과

글상자 3-4. 핵융합 반응에 의해 유지되는 별의 수명

수소 핵 4개와 헬륨 핵 1개 사이에는 다음과 같은 질량 차이가 있다.

$$4m_H - m_{He} = 0.007 \times 4m_H$$

이러한 질량 차이가 에너지로 바뀐 것이므로 질량 M의 수소가 헬륨으로 바뀔 때의 질량 차이는 $\Delta M = 0.007M$이고 이 때 내는 에너지는$0.007Mc^2$이다. 태양은 1초에 약 4×10^{33} erg/sec의 에너지를 방출하므로 매 초당 없어지는 질량 결손량은

$$\dot{M} = \frac{L}{c^2} \approx 4.4 \times 10^{12} \mathrm{g/sec}$$

이다. 이를 단위 시간에 소모되는 수소의 양으로 환산하면

$\dot{M}_H = \dot{M}/0.007 \approx 6.3 \times 10^{14} \mathrm{g/sec}$이다.

태양의 전체 질량중 수소는 약 75%이다. 그러나 핵 융합 반응은 온도와 밀도가 높은 중심 부분에서만 이루어지므로 전체 수소가 다 연소될 수 있는 것은 아니며 약 15%만이 연소 가능하다. 따라서 태양이 지금과 같은 율로 계속 수소를 소모한다면 수명은 다음과 같다.

$$\tau \approx 0.75 \times 0.15 \times \frac{M_\odot}{\dot{M}_H} \approx 10^{10} \text{년}$$

이는 글상자 3-3에서 살펴본 중력에너지의 방출에 의해 유지되는 별의 수명에 비해 약 1000배나 긴 시간이다.

지구는 거의 같은 시기에 만들어졌을 것이므로 태양의 나이 역시 이 정도일 것이다. 따라서 태양은 아직도 50억 년 이상 현재와 같은 안정된 상태를 유지할 수 있을 것으로 보인다.

별의 중심에서 수소가 헬륨으로 변화하는 과정에는 여러 가지가 있으나 크게 보아 양성자와 양성자가 직접 충돌하는 양성자-양성자 연쇄 반응 (Proton-proton chain reaction)과 탄소나 질소를 촉매로 하여 일어나는 CNO 순환 반응이 있다(**글상자** 3-5).

글상자 3-5. 양성자-양성자 연쇄반응과 CNO 순환반응의 반응식

양성자-양성자 연쇄 반응의 반응식은

$$^{1}H + {}^{1}H \rightarrow {}^{2}H + e^{+} + \nu_{e}$$

$$^{2}H + {}^{1}H \rightarrow {}^{3}He + \gamma$$

$$^{3}He + {}^{3}He \rightarrow {}^{4}He + 2{}^{1}H$$

이다. 여기서 e^{+}는 양전자 (전자와 모든 물리적 성질은 같고 전하만 반대인 입자)이고, ν_{e}는 중성미자, 그리고 γ는 빛을 나타낸다. 결과적으로 수소 원자핵 4개가 합쳐져 헬륨 핵 하나와 중성미자 2개, 양전자 2개, 그리고 빛을 낸다. 중성미자는 물질과 거의 반응을 하지 않기 때문에 별 밖으로 빠져 나오지만 빛이나 양전자는 주변 물질과 상호작용하면서 에너지를 전달해준다.

CNO 순환 반응의 반응식은

$$^{12}C + {}^{1}H \rightarrow {}^{13}N + \gamma$$

$$^{13}N \rightarrow {}^{13}C + e^{+} + \nu_{e}$$

$$^{13}C + {}^{1}H \rightarrow {}^{14}N + \gamma$$

$$^{14}N + {}^{1}H \rightarrow {}^{15}O + \gamma$$

$$^{15}O \rightarrow {}^{15}N + e^{+} + \nu_{e}$$

$$^{15}N + {}^{1}H \rightarrow {}^{12}C + {}^{4}He$$

이다. 이 반응 역시 결과적으로는 수소 원자핵 4개가 헬륨 원자핵 하나를 만들고 양전자 두 개, 중성미자 두 개, 그리고 빛을 낸다. CNO 순환반응에는 탄소나 질소가 촉매로 사용되는 반응이다.

이 두 가지 반응 중 양성자-양성자 연쇄 반응은 중심 온도가 비교적 낮은 별에서 주로 일어나고 CNO 순환 반응은 주로 온도가 비교적 높은 별에서 일어난다. 태양 질량의 1.5배가 되는 별에서는 이 두 가지 반응이 비슷하게 에너지를 만들어 낸다. 질량 1.5$M_{\odot}$ 이하의 별은 주로 양성자-양성자 연쇄반응에 의해 에너지를 내는 반면 이보다 무거운 별은 주로 CNO 순환반응에 의해 에너지를 낸다. CNO 순환 반응은 양성자-양성자 연쇄 반응에 비해 그 반응율이 온도에 훨씬 민감하다. 별의 구조나 진화는 이 두 가지 반응 중 어느 것이 중요하느냐에 따라 달라진다.

별의 중심에서 발생한 에너지는 표면을 통해 밖으로 빠져나간다. 따라서 별의 구조를 결정하는 요소로서 에너지 전달을 들 수 있다. 에너지가 발생하는 부분은 지극히 작은 부분이며 대부분의 위치에서는 단순히 에너지를 전달해 주기만 한다. 에너지 전달의 세 가지 방법 중 전도는 백색왜성이나 중성자별과 같이 밀도가 높은 상태에 있는 별들에서만 일어날 수 있는 현상이고 일반적인 별에서는 별로 중요하지 않다.

에너지 전달 효율은 대개 온도 경사와 물질의 불투명도에 크게 좌우된다. 온도 경사가 클수록 에너지 전달이 잘 되며 복사 전달의 경우 불투명도가 작을수록 에너지 전달이 잘 된다. 그러나 복사 전달 효율이 충분치 못하여 중심에서 발생되는 에너지를 제대로 전달하지 못하게 되면 물질이 직접 이동하여 에너지를 전달하는 대류 현상이 일어나게 된다. 예를 들어 태양의 경우 중심 부분에서 거의 표면까지는 복사에 의해 에너지를 전달해 준다. 그러나 표면 가까이에서는 온도가 급격히 떨어지면서 이온화돼 있던 수소는 대부분 중성 수소로 바뀐다. 그러나 이온화 에너지가 작은 탄소 등의 원소는 이온화되어 있어 상당량의 자유 전자가 떠돌기 때문에 결합이 느슨한 수소의 음이온 (H^-), 즉 중성 수소의 가장자리에 전자가 느슨히 결합된 상태의 이온이 생기게 된다. 이러한 H^- 이온은 가시광선 영역의 빛을 잘 흡수하므로 갑자기 불투명도가 올라가게 된다. 이런 경우에는 복사 전달만으로는 충분히 에너지를 전달하지 못하여 대류 현상이 나타나게 된다. 별 표면 가까이에서 일어나는 대류의 모습 중 하나가 바

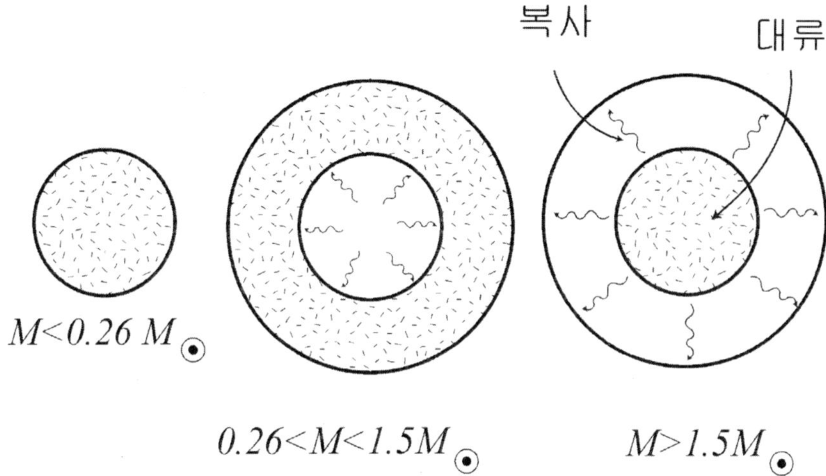

그림 3-6. 에너지 전달 방식은 질량에 따라 조금씩 다르다. 질량이 아주 작은 별은 별 전체가 대류를 하고 질량이 큰 별은 중심에서만 대류를 한다. 중간 정도의 질량을 가진 별은 표면 근처에 대류층이 있다.

로 태양 표면의 사진에서 볼 수 있는 쌀알 조직이다.

태양보다 질량이 현저히 작은 별은 대부분 대류에 의해 에너지를 전달하는 반면 태양보다 질량이 큰 별들은 대부분 복사에 의해 에너지를 전달해 준다. 질량이 작은 별은 비교적 불투명도가 높아 복사에 의한 열 전달이 효율적이지 못하기 때문이다. 반면 질량이 큰 별은 너무 많은 에너지가 중심 부분에 집중되어 발생하므로 복사에 의해서만 전달하기가 어려워 중심에서 대류 현상이 일어나게 된다. 이러한 에너지 전달 방식이 질량에 따라 어떻게 차이가 나는지 그림 3-6에서 보여주고 있다. 질량이 대략 $1.5M_{\odot}$ 이하인 별은 바깥 부분에 대류층이 있는 반면 이보다 큰 별은 중심에 대류층이 있다. 낮은 질량 별의 바깥 대류층은 질량이 작아지면서 점점 두꺼워져 대략 $0.26M_{\odot}$에 이르면 별 전체가 대류를 하게 된다.

에너지 전달 방법에 따라 별의 구조도 달라진다. 대체로 대류에 의한 에너지 전달이 중요한 별은 복사에 의한 에너지 전달이 중요한 별보다 중심 집중도, 즉 평균 밀도에 대한 중심 밀도의 비가 작다.

4. 주계열과 그 이후의 진화

별이 안정된 상태로 수소를 연소시킴으로써 빛을 내는 시기를 주계열이라 하며 별은 일생 중 가장 많은 시간을 이러한 주계열에서 보내게 된다. 주계열에 머무는 시간은 별의 질량에 따라 다르다. 우선 주계열에 있는 별들은 일정한 질량 – 광도 관계를 만족시키며 이를 그림 3-3에 나타낸 바 있다. 질량 – 광도 관계는 질량과 거리를 모두 측정할 수 있는 별에 한해서만 구할 수 있기 때문에 그림 3-3에 있는 질량 – 광도 관계는 삼각 시차 관측이 가능한 안시 쌍성으로부터 구한 것이다. 질량 – 광도 관계와 핵융합 반응에 의한 에너지 소모율을 이용하면 별의 주계열 수명은 질량이 클수록 짧다는 사실을 알 수 있다(**글상자** 3-6).

핵융합 반응은 별을 안정된 상태로 유지시키는 과정이면서 또한 별의 화학적 조성을 바꾸어 진화를 일으키게 하는 원동력이기도 하다. 그러면 과연 별 중심부에서 중요한 연료인 수소를 모두 헬륨으로 바꾸고 난 후에는 어떠한 일이 일어나게 될 것인가?

연료의 소진은 갑자기 일어나는 현상이 아니다. 수소의 양이 중심 부분에서 현저하게 줄어들면서 에너지 발생률은 떨어질 것이며 별은 이에 대해 구조를

글상자 3-6. 별의 질량과 수명과의 관계

그림 3-7에 보인 질량 광도 관계는 다음과 같은 멱함수로 근사할 수 있다.

$$L \propto M^{\alpha}$$

여기서 α는 상수로서 대략 3 에서 5 사이에 변화하는 양이다. 이 사실과 질량의 약 15% 정도를 소모한 후 주계열을 떠나게 된다는 사실로부터 우리는 주계열에 머물 시간을 다음과 같이 추정할 수 있다. 즉,

$$\tau_{MS} \propto \frac{M}{L} \propto M^{1-\alpha}$$

이다. 따라서 α가 3인 경우 주계열 수명은 질량의 제곱에 반비례한다. 별의 수명은 별이 낼 수 있는 총에너지를 단위 시간에 내는 에너지로 나눈 값이 되므로 질량이 큰 별일수록 전체 에너지에 비해 높은 광도를 가지고 있으므로 수명이 짧다.

서서히 바꿈으로써 적응하려고 할 것이다. 에너지 발생률이 줄어듦에 따라 중심 부분의 온도와 압력이 함께 떨어지게 된다. 이에 따라 역학적으로 안정 상태에 있던 별이 수축하게 된다. 이런 수축 과정에서 방출되는 중력 에너지는 다시 바깥 부분을 팽창시킨다. 따라서 중심에서의 수소가 소진되면서 별의 표면 온도는 약간 떨어지는데 반해 광도는 오히려 약간 증가한다. 이러한 변화는 그림 3-7에서처럼 주계열 직후의 진화 경로로부터 볼 수 있다.

그림 3-7에서 볼 수 있듯이 주계열을 떠난 후의 진화 양상은 별의 질량에 따라 크게 다르다. 이러한 차이를 보기 위해 $1M_{\odot}$와 $5M_{\odot}$인 별의 주계열 이후 진화를 살펴보자. 질량이 큰 별과 질량이 작은 별의 구별 기준은 대략 $1.5M_{\odot}$이다. 따라서 $1M_{\odot}$인 별은 질량이 작은 별의 진화 경로를 대표하고 $5M_{\odot}$인 별은 질량이 큰 별의 진화 과정을 대표한다고 하겠다. 주계열 이후의 진화는 아주 빠른 속도로 진행된다.

4.1 질량이 작은 별의 진화 : $1M_{\odot}$

중심핵에서 수소가 소진되지만 이를 둘러싼 껍데기에서는 수소 융합이 계속 일어난다. 에너지원이 없어진 중심핵은 중력을 이기지 못해 수축하며 이 때 나오는 중력 에너지가 껍데기의 온도를 높여준다. 그리하여 중심핵 껍데기에서의 수소 융합은 더 빨리 일어나 이 에너지에 의해 별의 바깥 부분은 팽창하고 표면 온도는 떨어진다. 바깥 부분에서의 온도 감소는 별 내부의 불투명도를 증가시킨다. 앞서 설명한 바와 같이 불투명도가 커지면 복사에 의한 에너지 전달이 어려워져 에너지 전달은 거의 모든 영역에서 대류에 의해 이루어진다. 광도는 중심 부분의 온도 상승으로 인한 더욱 빠른 수소 융합 때문에 계속 올라간다. 하지만 별은 전체적으로 팽창해 표면 온도는 매우 서서히 떨어진다. 이 때 H-R도 위에서의 별의 위치는 원시별이 수축할 때 따르는 하야시 경로를 거꾸로 거슬러 올라간다. 이 단계의 별을 붉은 거성이라 한다(그림 3-7).

질량이 $1.5M_{\odot}$보다 작은 경량급 별의 경우에는 계속 수축하는 중심핵의 밀도가 높아지면서 전자의 축퇴압(**글상자** 3-7)이 중요해진다. 축퇴 전자에 의한 압력은 온도에 무관하다는 특색을 가지고 있다. 이러한 상태에서 온도가 1억도 이상 되면 헬륨 세 개가 합쳐져서 탄소가 되는 '삼중 알파(α)반응'이 일어난다. 이 반응 역시 많은 에너지를 발생시키게 되어 중심부의 온도가 올라간다. 핵융합 반응은 온도가 올라감에 따라 더 빨리 일어난다. 일반적으로 온도가 올라가면 압력이 높아지고 높아진 압력에 의해 중심부가 팽창해 다시 온도를 내려줘 안정된 상태를 유지시킨다. 그러나 축퇴압이 중요한 때에는 압력이 온도와 무관하기 때문에 온도가 올라가더라도 팽창하지 않아 핵융합 반응을 가속시키는 역할만 하게 된다. 이렇게 걷잡을 수 없이 급격히 일어나는 헬륨의 연소를 헬륨 섬광이라 한다. 헬륨 섬광이 끝나는 것은 궁극적으로 온도가 너무 올라가 더 이상 축퇴압이 중요한 역할을 하지 않게 되는 때이다. 헬륨 섬광은 몇 분 이내에 끝나는 불안정한 과정이다. 이 때 발생되는 에너지가 별 구조를 바꿀 수 있을 정도로 크기 때문에 별은 H-R도에서 거성 계열 위의 새로운 점으로 옮겨진다.

다시 안정된 상태로 바뀐 별은 헬륨 중심핵이 서서히 연소하면서 탄소와 산소 등으로 바뀐다. 중심핵에서 헬륨이 소진되면 차츰 바깥 부분으로 연소 영역이 옮겨져 간다. 이는 중심핵에서 수소 연소가 끝난 후 일어나는 현상과 아주 비슷하다. 즉 별은 다시 거성 계열을 따라 광도는 증가하면서 온도는 약간씩 떨어

글상자 3-7. 축퇴압

전자를 비롯한 입자들은 똑같은 위치에서 똑같은 운동량을 가질 수 없다는 파울리의 배타 원리의 지배를 받는다. 여기서 똑같은 위치나 운동량은 정확히 같아야 할 필요는 없고 하이젠버그의 불확정성 원리를 만족시키는 정도의 같은 양을 말한다. 즉 두 입자의 위치가 Δx만큼, 운동량이Δp만큼 다르다고 하면 이 두 양 사이에는 $\Delta x \cdot \Delta p \geq \frac{h}{2\pi}$라는 관계가 성립한다. 여기서 h는 플랑크 상수이다. 압력은 기체가 가지고 있는 단위 체적당 운동 에너지에 해당하는데 기체의 밀도가 높아지면 온도가 낮더라도 위의 배타 원리와 불확정성 원리에 의해 빠른 속도의 운동을 하는 입자가 불가피하게 나타나게 된다. 이런 이유에 의해 생기는 압력을 축퇴압이라 한다. 별 중심핵의 밀도가 높아짐에 따라 축퇴압이 나타나는데 무거운 입자인 양성자나 중성자보다는 가벼운 입자인 전자가 먼저 축퇴된다. 축퇴압은 온도에는 무관하고 밀도에만 관계한다는 특징을 가지고 있다.

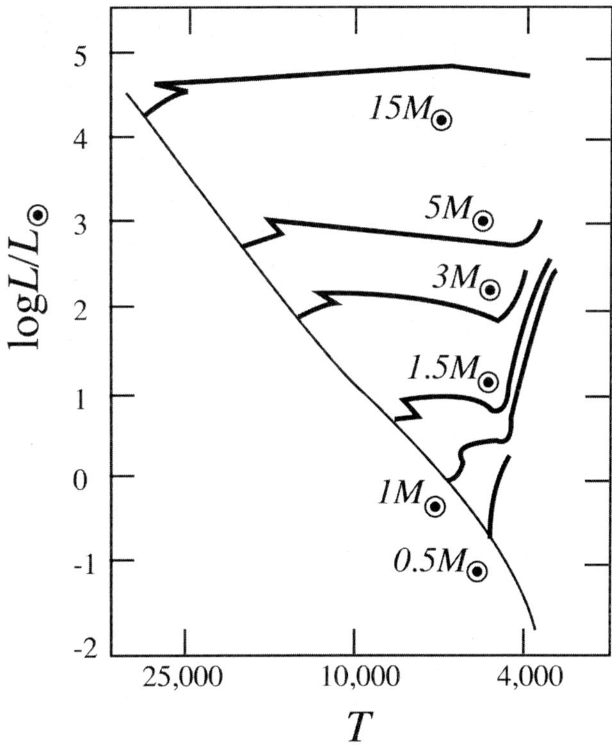

그림 3-7. H-R도 상에서 주계열 이후 별의 진화 경로.

지는 변화를 반복하면서 다시 붉은 거성이 된다.

헬륨 연소 과정인 삼중 알파 과정은 수소 연소보다 온도에 더 민감하기 때문에 온도 변화를 겪는 껍질 부근에서의 헬륨 연소는 별을 불안정하게 만든다. 중심핵의 수축 등에 의해 껍질 부근의 온도가 올라가면 헬륨 연소율이 급격히 증가한다. 이러한 폭발적 헬륨 연소를 열적 펄스라 한다. 이 현상은 수십년 정도의 주기로 일어나고 전체 광도에 상당한 변화를 불러온다.

이 단계에서 별의 광도는 아주 높고, 지름이 크기 때문에 중력은 아주 작다. 따라서 별 표면으로부터 강력한 항성풍이 일어 물질을 바깥으로 뿜어낸다. 이렇게 별 바깥의 껍데기 부분이 부풀어 나간 후 중심별에서 나오는 강한 자외선에 의해 뜨거워진 가스 공을 행성상 성운이라 한다(그림 3-8). 가운데 남아 있는

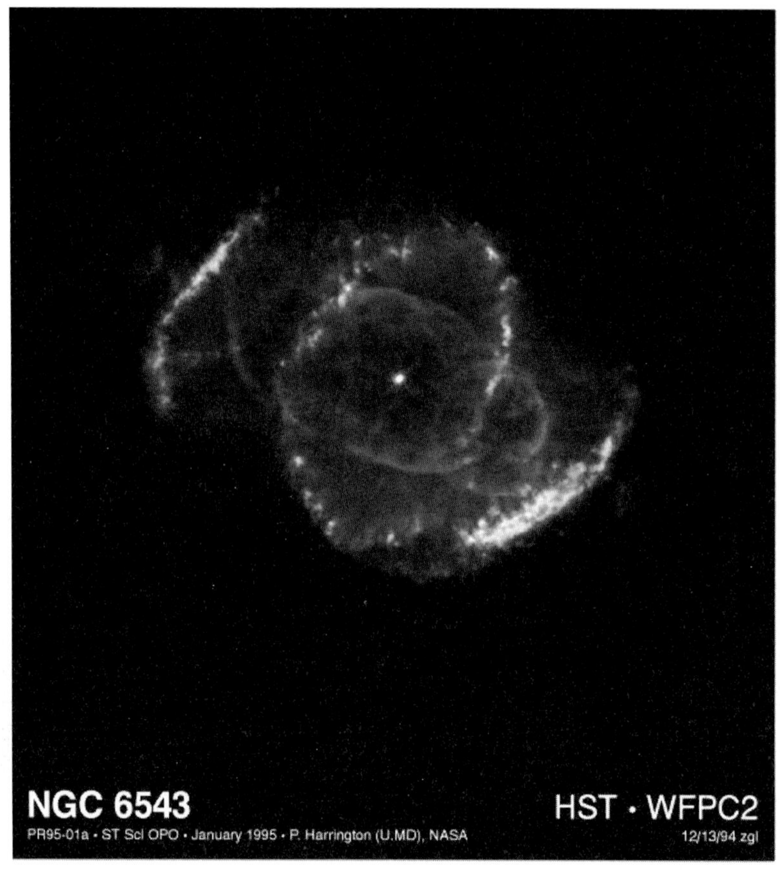

그림 3-8. 허블 우주 망원경이 촬영한 행성상 성운 NGC6543의 모습. 가운데 밝은 별로부터 나온 가스가 밝게 빛나고 있다(사진 출처 : http://hubblesite.org/).

부분은 탄소나 산소로 이루어진 별의 중심핵으로서 표면 온도와 밀도가 매우 높다. 핵 융합 반응이 일어나지 않아 수축하지만 어느 정도 밀도에 이르면 전자의 축퇴압 때문에 더 이상 수축하지 않는다. 행성상 성운을 이루는 팽창된 가스 껍데기는 서서히 밀려 나가 결국 주변의 성간 물질과 동화된다. 가운데 남아 있는 별은 처음에는 표면 온도가 높아 '백색왜성'이라 불리며 시간이 지남에 따라 서서히 식어 보이지 않게 된다. 이와 같이 별이 주계열을 떠난 후부터 상당한 질량을 항성풍을 통해 잃기 때문에 최후에 남는 백색왜성의 질량은 주계열에 있을 때의 질량에 비해 훨씬 작다. 예를 들어 태양이 백색왜성이 될 때에는 약

$0.65M_\odot$ 정도가 될 것으로 추정된다.

4.2 질량이 큰 별의 진화 : $5M_\odot$

주계열의 마지막 단계에서 중심부분의 수소가 소진된 후에는 질량이 작은 별의 경우와 마찬가지로 중심핵 바로 바깥의 껍질 부분에서는 수소가 연소한다. 이 과정에서 바깥 부분이 팽창해 광도는 거의 값이 일정하지만 표면 온도는 많이 떨어져 H-R도 위에서는 거의 수평으로 움직인다. 떨어지는 표면 온도로 인해 바깥 부분에 대류층이 형성된다. 대류층은 그 후 점점 두꺼워져 거의 별 전체가 대류하게 되면 하야시 경로인 수직선을 따라 움직인다. 수축하는 헬륨 중심핵의 온도는 계속 올라가 삼중 알파 과정에 의한 헬륨 연소가 시작된다.. 중심부 헬륨의 연소가 끝나면 다시 바깥 껍데기의 헬륨이 연소하고 중심부에서는 탄소가 연소한다. 질량이 작은 별과 달리 질량이 비교적 큰 별($M > 1.5M_\odot$)은 중심 온도가 높아 축퇴가 일어나지 않는다. 따라서 헬륨 중심핵은 서서히 탄소와 산소로 바뀐다. 이 시기는 약 1000만년 정도 지속되어 7000만년 정도 지속되는 주계열 다음으로 안정되어 있다. 중심핵의 헬륨이 소진되면 주계열 직후와 마찬가지로 중심핵은 수축한다. 수축에 의한 에너지에 의해 바로 바깥 껍데기의 헬륨이 연소하고 아주 바깥 부분은 팽창해 다시 붉은 거성이 된다. 중심핵을 둘러싼 바깥 부분에서의 헬륨 연소는 역시 불안정해 열적 펄스를 겪으면서 바깥 껍데기가 밀려나가 행성상 성운을 만든다. 초기 질량의 대부분을 잃고 난 중심핵은 질량이 $1.4M_\odot$에 약간 못 미치는 백색왜성이 된다.

4.3 아주 질량이 큰 별의 진화

질량이 $M > 10M_\odot$ 에 해당하는 별은 중심핵의 온도가 높아서 탄소로 이루어진 중심핵은 축퇴되지 않는다. 따라서 탄소핵은 핵융합을 통해 실리콘으로 연소하고 탄소 핵 바로 바깥의 헬륨 껍데기는 탄소로, 그 바깥쪽의 수소 껍데기는 헬륨으로 바뀐다. 이 과정은 다시 반복되어 중심핵의 실리콘은 핵융합을 통해 철로 바뀌고 그 바깥에는 실리콘, 탄소, 헬륨 층이 만들어진다. 이런 구조를 양파 구조라 하며 그림 3-9에 그 모습을 도식적으로 보여주고 있다.

핵융합 반응을 통해 만들 수 있는 가장 무거운 원소는 원자번호가 56인 철이다. 철까지는 융합을 하면서 에너지를 방출하지만 더 무거운 원소를 만들기 위해서는 에너지를 흡수해야 한다. 철로 이루어진 핵은 에너지를 내지 못하므로 바깥 층이 누르는 중력에 대항하지 못한다. 따라서 중심핵은 아주 빠른 속도로 수축하고 이때 막대한 에너지를 방출하면서 별 전체가 폭발하는 초신성이 된다. 이러한 과정을 통해 별 바깥 부분은 성간 물질에 편입되고 중심핵은 더욱더 수축해 밀도가 아주 높은 중성자별이나 블랙홀이 된다.

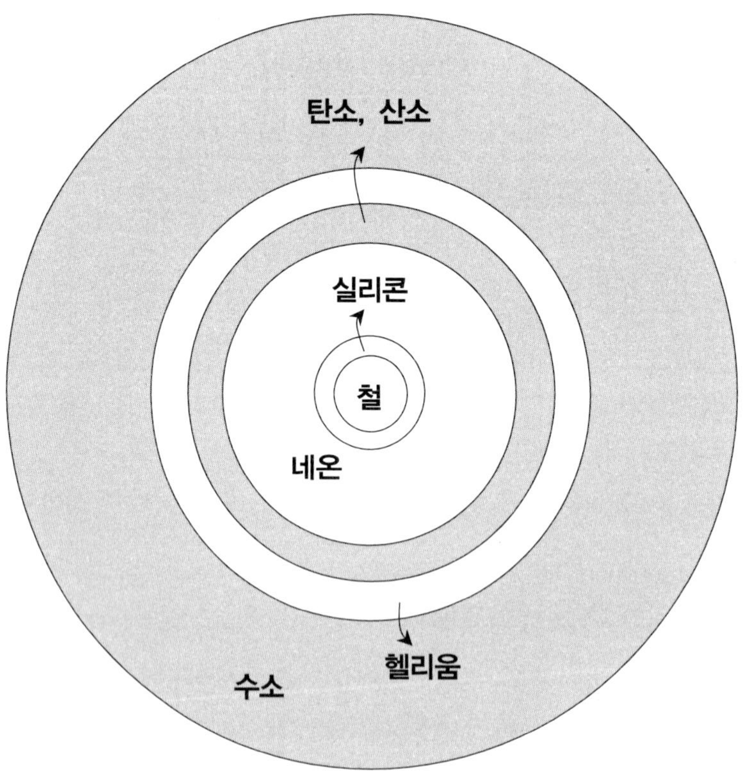

그림 3-9. 무거운 질량이 초신성으로 폭발하기 직전의 내부구조. 안으로 갈수록 무거운 원소로 이루어져 있다.

5. 별의 최후 : 잔해별의 종류

별의 진화는 주로 핵융합 반응에 의해 일어난다. 모든 핵융합 반응이 끝나면 별은 그 수명을 다했다고 할 수 있다. 별은 진화 과정에서 여러 요인에 의해 질량을 잃는다. 특히 주계열 이후에는 별 표면 중력이 상대적으로 약해져 내부에서의 활동에 의해 쉽사리 물질이 표면으로부터 밀려 나갈 수 있다. 따라서 진화가 끝난 후 남는 잔해는 별이 태어나던 당시에 비해 훨씬 질량이 작다. 이렇게 진화 후에 남는 별을 '잔해별'이라 한다. 잔해별에는 백색왜성, 중성자별, 그리고 블랙홀이 있다.

5.1 백색왜성

약 5M$_\odot$ 이하의 질량을 가진 별은 붉은 거성 단계를 거쳐 중심핵에서는 헬륨이 탄소와 산소로 바뀌면서 바깥 부분이 안쪽에서의 불안정한 헬륨 연소에 의한 열적 펄스 때문에 항성풍으로 밀려나 행성상 성운을 만든다는 사실을 알았다. 가운데 남는 별의 중심핵은 밀도와 표면 온도가 높은 백색왜성이 된다.

백색왜성을 유지하는 압력은 전자의 축퇴압이다(**글상자** 3-7). 축퇴압으로 지탱되는 별은 질량이 커질수록 지름이 작아진다. 따라서 질량이 어떤 한계를 넘어서면 축퇴압만으로 중력을 지탱할 수 없게 된다. 이런 한계 질량을 '챤드라세카(Chandrasekhar) 질량'이라 부르며 그 값은 1.4M$_\odot$이다.

백색왜성은 별의 중심부에서 만들어지므로 처음에는 표면온도가 높지만 (약 10^5 K)스스로 에너지를 만들어내지 않으므로 시간이 지남에 따라 차차 식어간다. 백색왜성의 온도가 식는 데 걸리는 시간은 수십억 년 정도로 알려져 있다.

백색왜성은 천문학의 고대 유물이다. 백색왜성의 밝기와 온도로부터 이들이 만들어진 시기를 추정할 수 있으며, 궁극적으로 과거에 있었던 별 탄생 활동 역사를 재구성할 수 있기 때문이다. 백색왜성의 반지름은 지구 반지름보다 작은 수천 km이다. 따라서 백색왜성의 밀도는 $10^9 g/cm^3$정도로 보통의 물질보다 훨씬 높다. 백색왜성은 헬륨 연소의 산물인 탄소와 산소로 이루어져 있다. 북반구의 밤하늘에서 가장 밝게 빛나는 시리우스의 짝별은 만들어진지 그다지 오래되지 않은 백색왜성이다.

5.2 중성자별

질량이 대략 5 ~ 10 $M_\odot$ 범위에 있는 별은 질량이 작은 별에서 일어나는 헬륨 섬광과 비슷한 현상인 탄소나 산소의 섬광을 겪게 된다. 이 때 나오는 에너지는 헬륨 섬광보다 훨씬 커서 별 전체를 파괴시키는 초신성 폭발을 일으키게 한다. 이러한 종류의 초신성은 별 전체를 분해시켜 잔해별을 남기지 않는다.

태양 질량의 10배보다 훨씬 무거운 별은 진화 과정을 거치면서 연속적인 핵융합 반응을 통해 양파 모양의 구조가 된다는 사실을 보았다. 핵융합을 통해 만들어지는 원소 중 가장 원자량이 큰 것은 철이다. 철은 단위 핵자당 결합 에너지가 가장 크기 때문에 더 이상 핵융합 반응을 하면서 에너지를 방출하지 않는다. 따라서 중심핵이 모두 철로 바뀌고 나면 중심 부분에서는 열 발생이 멈춘 대신 주변에서 융합 반응이 계속해 일어나는 기형적 구조가 된다. 이 과정에서 철 중심핵의 질량이 커지고 중력에 의한 수축과 주변 껍데기로부터의 에너지 유입에 의해 온도는 점점 높아진다. 중심핵을 이루는 철은 이제 에너지를 흡수하면서 가벼운 원소로 붕괴한다. 철과 같은 무거운 원소는 양성자와 중성자로 분리된다. 또 핵 붕괴는 융합과 반대로 열을 흡수하는 과정이라서 압력을 점점 작게 만들어 중심핵은 점점 중력적으로 불안정해진다. 더구나 중심핵을 유지하는 압력에 일정한 기여를 하던 축퇴 전자도 양성자에 흡수돼 중심핵은 중력을 이기지 못하고 중력적으로 불안정해지면서 빠른 속도로 수축한다. 이 때의 중심핵은 크기가 아주 작고 밀도가 높아 수축하는데 걸리는 시간이 아주 짧다(약 1초). 상대적으로 밀도가 낮은 바깥 부분 물질의 자유 낙하 시간은 훨씬 길어 중심이 수축하는 짧은 시간 동안 아무런 변화도 일어나지 않는다.

중심핵이 수축하면서 밀도가 핵자의 밀도인 약 10^{14} g/cm^{3}보다 더 높아지면 핵자들끼리 밀쳐내는 힘이 작용해 수축은 멈추고 오히려 약간 팽창하여 바깥으로 나가는 파동을 만들어낸다. 이 파동은 아주 빠른 속도로 바깥을 향해 움직이면서 '충격파'를 형성한다. 바깥 부분에서 떨어지는 철 같은 무거운 원소는 충격파의 에너지를 흡수하면서 계속 붕괴한다. 위로부터 떨어지는 물질과 바깥으로 달려가는 충격파가 충돌하면서 별의 바깥 부분 전체를 날려 보내는 초신성을 만들어낸다. 이 때 나오는 에너지의 대부분은 무거운 핵의 붕괴와 전자 포획 때 나오는 중성미자에 의해 빠져 나간다. 중성미자는 물질과 거의 상호작용을 하지 않지만 충격파 바로 뒤에는 밀도가 아주 높기 때문에 중성미자가 가지고 있는 에너지의 일부가 물질로 전달되어 초신성 폭발에 중대한 기여를 한다.

중심핵 바깥에 있던 물질은 모두 초신성 폭발에 의해 성간 공간을 향해 아주 빠른 속도로 날아가고 별이 있던 자리에는 중성자로 이루어진 중심핵만 남는다. 만약 이 잔해별의 질량이 중성자의 축퇴압으로 유지되는 별의 상한값인 오펜하이머-볼코프 (Oppenheimer-Volkov) 질량보다 작으면 중성자별이고 이보다 크면 중력에 대항하는 충분한 압력을 가지지 못해 더욱 수축하여 블랙홀이 된다. 아직 우리는 정확히 오펜하이머-볼코프의 질량을 알지 못하고 대략 $2M_{\odot}$ 이하일 것으로 추측하고 있다. 중성자별의 평균 밀도는 핵자의 밀도인 10^{14}g/cm^3 정도로서 아주 높다. 중성자별의 질량은 백색왜성의 최대 질량인 찬드라세카의 질량보다 크기 때문에 실제 질량 범위는 아주 좁다. 반지름은 약 30km 정도이다.

중성자별 자체는 빛을 내지 않지만 별 수축 과정에서 강한 자기장이 주변에 남게 된다. 이 자기장은 상대론적 속도를 가지는 전자들과 상호 작용을 함으로써 싱크로트론 복사로 전파 영역의 빛을 낸다. 중성자별 역시 자기장의 북극과 남극이 있어 이 부근에서만 좁은 각도로 강한 전파를 방출한다. 따라서 자기장 축이 우리 시선 방향과 일치하거나 수직이 아니면 마치 등대에서 빛을 비추는 것과 같이 중성자별이 한 바퀴 돌 때마다 한 번씩 지구 방향으로 전파를 보내게 된다. 이런 별을 펄사(pulsar)라고 하며 1965년 첫 펄사가 발견된 이래 수 백 개의 펄사가 현재 알려져 있다. 펄사의 주기는 중성자성의 자전 주기와 같고 1000분의 1초부터 수십 초에 이르기까지 다양하다. 중성자별이 처음 만들어진 때는 자전 주기가 매우 짧으나 펄스를 내면서 회전 에너지를 잃어 주기가 길어진다. 자전 주기가 너무 길어지면 더 이상 펄사로 관측되지 않는다.

우리 은하에서 초신성 폭발은 수십 년에 한 번 정도 일어날 것으로 짐작되나 우리 은하의 일부분에서 폭발하는 초신성만을 관측할 수 있어 훨씬 드물게 관측될 것이다. 가장 최근 관측된 우리 은하 초신성은 1604년에 보인 케플러(Kepler)의 초신성이다. 이미 중국 기록에 상세히 나와 있는 1054년 초신성은 태양에서 가장 가까우며 별로부터 나온 가스가 퍼져 나가 만들어진 초신성 잔해인 게성운이 관측된다(그림 3-10). 이 자리에는 그 후 펄사가 만들어져 오늘날에도 0.033초 정도의 주기로 관측되고 있다. 또 우리에게서 가까운 은하인 대마젤란 성운에서 폭발하는 과정이 1987년 2월 상세히 관측된 초신성인 SN 1987A 자리에도 이미 펄사가 만들어졌다. 특히 SN 1987A에서 빠져 나온 중성미자가 검출되면서 초신성 폭발 이론을 검증하는 계기를 제공해 주었다.

오펜하이머-볼코프 질량보다 큰 질량의 잔해는 블랙홀이 된다는 사실은 이미 지적하였다. 블랙홀은 물질이 슈바르츠실트(Schwarzschild) 반지름 이내에 모여

$$R_s \equiv \frac{2GM}{c^2}$$

있는 것을 말한다. 슈바르츠실트 반지름은 중력 반지름이라고도 하는데 빛조차 빠져 나올 수 없는 거리이다. 태양 질량의 블랙홀이 있을 경우 슈바르츠실트 반지름은 약 3km이다.

블랙홀 자체는 빛을 내지 않기 때문에 관측하기 어려우나 쌍성계에 속해 있으면 그 증거를 찾을 수 있다. 쌍성계의 두 별 중 질량이 큰 별이 빨리 진화해서 블랙홀이 되어 있고 질량이 작았던 짝별은 이제 주계열 진화를 끝내고 거성 단계에 접어들었다고 가정하자. 짝별이 커지면서 바깥 부분이 블랙홀에 의한 중

그림 3-10. 1054년에 폭발한 초신성의 잔해인 게성운. M1이라고 불리우며 가운데 펄사가 있다 (허블 우주망원경 사진(사진 출처 : http://hubblesite.org).

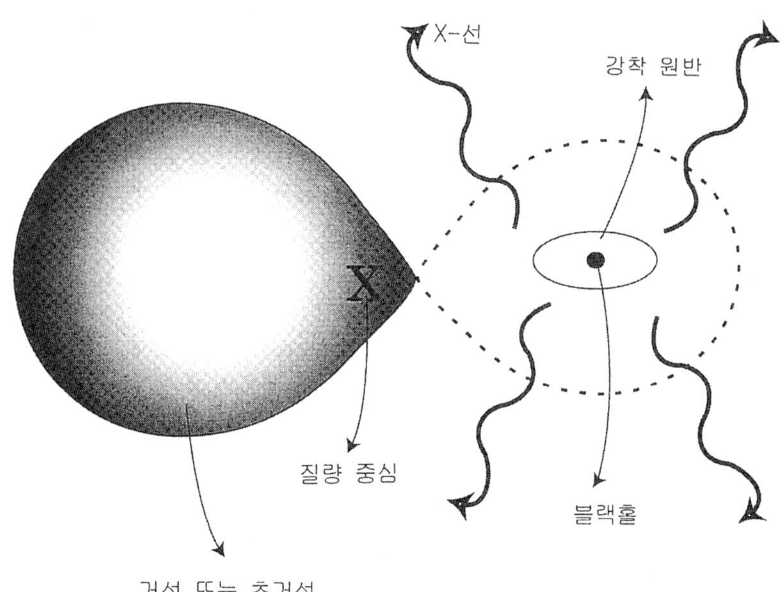

그림 3-11. 짝별이 거성이나 초거성이 된 후 흘러나온 물질이 블랙홀 주변에 강착원반을 만들면서 블랙홀로 빨려 들어가는 모습.

력장의 영향을 받아 블랙홀 쪽으로 끌려간다. 블랙홀의 중력장으로 끌려들어간 물질은 블랙홀 주변을 회전하면서 원반을 형성하고 원반 가스 입자들은 서로 마찰하면서 궤도 에너지를 잃어 천천히 블랙홀로 빨려 들어간다. 이렇게 중심 질량으로 서서히 빨려 들어가는 회전 원반을 강착원반이라 한다(그림 3-11). 평형에 가까운 상태에 있는 강착원반은 핵융합에 의한 에너지 방출보다 훨씬 효율적으로 에너지를 낸다(**글상자** 6-1 참조). 물론 블랙홀이 아닌 중성자별로 물질이 빨려 들어갈 때도 비슷한 현상이 일어난다. 초신성 폭발 후 만들어질 수 있는 블랙홀 주변의 강착원반에서는 주로 X-선이 많이 방출될 것으로 기대된다. 현재까지 알려져 있는 X-선을 내는 광원의 수는 아주 많으며 그중 상당수는 쌍성계에 속한다. 쌍성계의 경우에는 그 계의 질량을 추정할 수 있으며, 물질을 빨아들이는 천체의 질량이 $2M_{\odot}$ 이상이면 중성자별이라고 보기 어렵다. 이런 쌍성계의 X-선원으로서 블랙홀을 동반하고 있다고 믿어지는 천체는 이미 여러 개 관측되었다.

6. 성단과 별의 진화 이론

우리가 지금까지 다룬 별의 진화는 모두 이론적 계산에 의한 것이다. 이를 실험적으로 검증할 수 있는 방법은 없을까? 진화 단계에서 초신성 폭발과 같이 아주 급격하게 일어나는 현상은 관측이 가능하나 대부분의 변화는 인간의 수명에 비해 훨씬 긴 시간 동안 일어나기 때문에 우리가 별의 진화 모습을 직접 본다는 것은 불가능하다. 따라서 별이 진화하는 과정은 간접적인 방법을 통해서만 검증할 수 있다. 이 때 가장 유용하게 사용되는 것이 성단에 있는 별에 대한 관측 자료이다.

성단 안에 있는 별들까지의 거리는 모두 같다고 가정해도 무방하다. 다시 말해 성단 자체의 크기는 지구에서 성단까지의 거리에 비하면 거의 무시할 만하다는 뜻이다. 또 성단 내에 있는 별들은 모두 같은 시기에 태어났다고 가정할 수 있다. 성단을 이용해 어떻게 별 진화 이론을 검증할 수 있는지 알아보자.

6.1 색-등급도

별 개개의 색지수를 횡축으로, 겉보기 등급을 종축으로 하여 관측된 별에 대해 그림을 그린 것을 '색-등급도'(Color-Magnitude diagram; 간단히 C-M도라 함)라 한다. 성간 물질에 의한 성간 적색화 현상(제 4장 참조)을 무시할 수 있는 경우, 색지수는 별까지의 거리에 무관한 양이고 겉보기 등급과 절대 등급의 차이는 거리가 일정하면 별마다 모두 같으므로, 겉보기 등급을 종축으로 한 C-M도는 절대등급을 종축으로 한 C-M도를 위 아래로 평행 이동 시킨 것과 같다. 즉 성단의 C-M도 모양은 절대등급을 사용한 경우와 실시 등급을 사용한 경우가 같다는 뜻이다. 또 색지수는 별의 표면 온도와 일대 일 대응 관계가 있으므로 C-M도는 3.3절에서 소개한 H-R도와 비슷한 그림이며 실제 모양도 거의 비슷하다. 따라서 H-R도 상에서 표시된 별의 진화는 C-M도에서도 표시할 수 있다. 그림 3-12는 구성 상단과 산개 성단의 C-M도를 보여주고 있다.

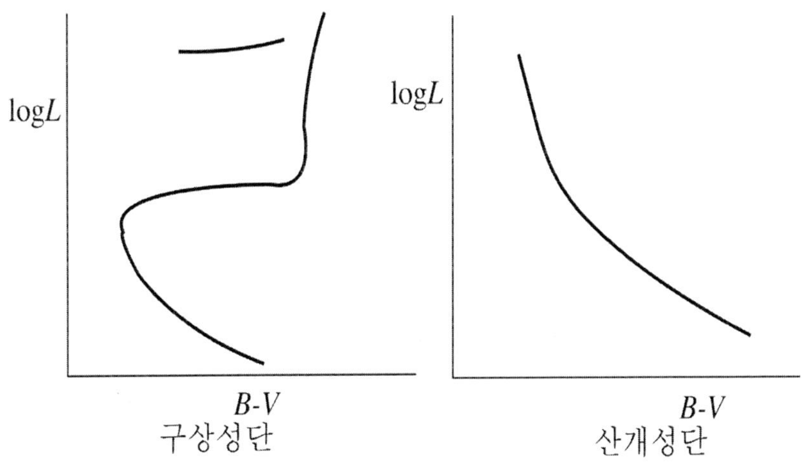

그림 3-12. 구상성단과 산개성단 C-M도. 구상성단에서는 질량이 비교적 큰 별은 모두 주계열을 떠난 반면 산개성단에는 뜨겁고 밝은 별이 아직도 주계열에 남아 있다.

이 그림에서 볼 수 있는 중요한 사실은 성단마다 C-M도가 조금씩 다를 뿐 아니라 구상 성단과 산개 성단 사이에는 일정한 차이가 있다는 것이다. 이러한 차이가 어디에서 오는지 알아보자.

6.2 C-M도 위에서의 별의 진화와 성단의 나이

C-M도에 나타나는 별의 진화 경로는 H-R도와 비슷하다. 질량이 다른 별들의 진화 경로들을 모아 동시에 태어난 별들이 시간이 경과한 후에 C-M도나 H-R도 상에서 어떻게 배열되는가를 나타낸 그림을 '등시간도(isochrone)'라 한다. 만약 성단의 별들이 동시에 태어났다고 하면 이들의 C-M도 상에서의 분포는 등시간도를 따를 것이다.

그림 3-13에는 1억년, 10억년, 그리고 100억년에 해당하는 등시간도를 보여주고 있다. 나이에 따라 등시간도는 각각 다르게 나타나며 그림 3-12에 보인 성단의 C-M도들은 모두 등시간도와 비슷한 모양임을 알 수 있다. 따라서 등시간도와 C-M도와의 유사성은 항성 진화 이론의 타당성을 나타내주는 간접적 증거이며 주어진 성단에 대한 C-M도와 비교함으로써 성단의 나이를 구할 수 있게 해 준다.

시간이 지남에 따라 C-M도 위에서 주계열의 마지막 점이 점차 왼쪽 위로부

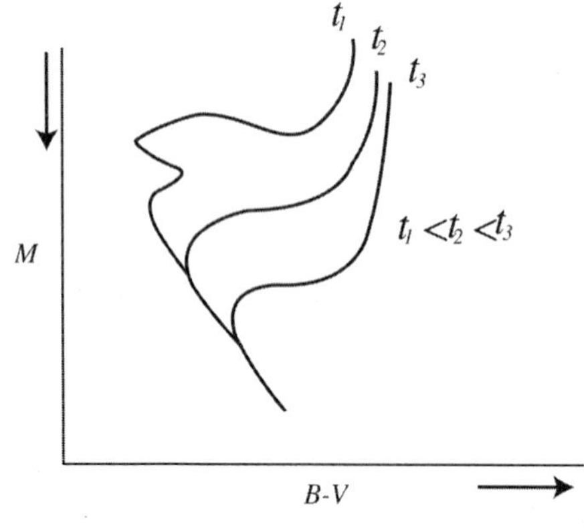

그림 3-13. 질량이 다른 별들이 동시에 탄생하였다고 가정할 때 주어진 시간에서의 C-M도인 '등시간도'. t=1억년, 10억년, 그리고 100억년일 때의 등시간도이다.

터 오른쪽 아래로 옮겨감을 볼 수 있다. 이러한 C-M도에서 마지막 주계열의 위치를 '전향점'이라 한다. 단순하게 생각하면 성단의 나이는 전향점에 해당하는 주계열 별의 수명과 같다고 할 수 있다. 다만 실제 성단의 C-M도 상에서는 전향점의 위치가 정확히 정의되지 않는 경우가 많아 전반적인 C-M도와 등시간도의 비교를 통해 보다 정확한 성단의 나이를 추정할 수 있다.

우리는 별의 밝기를 아주 정확하게 측정할 수 있다. 관측 기술이 발달되면서 이러한 정교한 관측을 통해 얻어지는 C-M도는 성단의 나이뿐 아니라 거리, 성단을 구성하는 별의 화학조성, 그리고 성단 방향에 놓여 있는 성간 물질의 양까지 알려주는 중요한 관측 자료이다.

7. 변광성

우리가 눈으로 별을 보고 있으면 반짝 반짝하는 것을 느낄 수 있는데 이는 별 자체의 밝기 변화에 의한 것이 아니고 주로 대기의 요동에 의해 나타나는 현상이다. 그러나 어떤 별은 장기간 정교하게 관측해 보면 밝기가 주기적으로 변한다. 이렇게 밝기가 시간에 따라 변하는 별을 변광성이라 부른다. 별의 밝기 변화 요인은 여러 가지가 있으며 가장 중요한 원인은 별의 맥동 현상이다.

대부분의 별은 역학적 안정 상태에 놓여 있기는 하지만 자세히 보면 조금씩 진동을 하고 있다. 이러한 진동의 원인은 주로 별 내부적인 요인에 의한 것이다. 태양의 경우에도 약 5분의 주기를 가지고 맥동을 하는 것으로 알려져 있다. 그러나 맥동의 폭이 상당히 큰 별에서만 밝기의 주기적인 변화를 관측할 수 있다.

변광의 또 다른 중요한 요인은 폭발 현상이다. 초신성 폭발은 순간적으로 태양 광도의 천 억 배에 가깝게 밝기를 증가시킬 수 있다. 초신성보다 훨씬 적은 정도의 광도 변화를 일으키는 신성은 백색왜성의 표면에서 가끔 일어나는 국지적인 폭발로부터 야기된다고 생각되고 있다. 그 밖에도 태양에서의 플레어 폭발 현상과 비슷한 방법으로 밝기를 아주 빠르게 변화시키는 현상도 있어 이런 별을 플레어 별이라 부른다.

변광성에서는 변광하지 않는 별에 비해 다양한 관측 현상이 일어나기 때문에 별 내부를 이해하는데 아주 중요한 단서를 제공해 준다. 우선 맥동 변광성의 경우에는 맥동 주기와 별의 밀도 사이에 밀접한 관계를 가지고 있다. 변광 주기가 길수록 밀도가 작고 짧을수록 밀도가 크다. 변광성의 관측을 통해 주기만 결정해도 그 별의 밀도를 추정할 수 있다. 또 별 대기의 맥동 현상을 일으키는 대기의 운동은 도플러 효과를 통해 직접 관찰할 수 있으므로 별의 크기나 거리 등을 측정할 수 있게 해 준다.

별에서 맥동 현상이 일어나는 이유는 대개 에너지 전달 과정에서 일부 에너지가 수소나 헬륨의 이온화에 사용되면서 복사 에너지가 일시적으로 저장되었던 것이 다시 유출되고 하는 현상이 반복되면서 나타난다고 알려져 있다. 이런 현상은 모든 별에서 일어나지 않고 그림 3-14에 보인 것과 같은 H-R도 상의 특정한 위치에 있는 별에서 주로 나타난다. 이렇게 맥동이 일어나는 위치를 맥동 불안정 띠라 부른다.

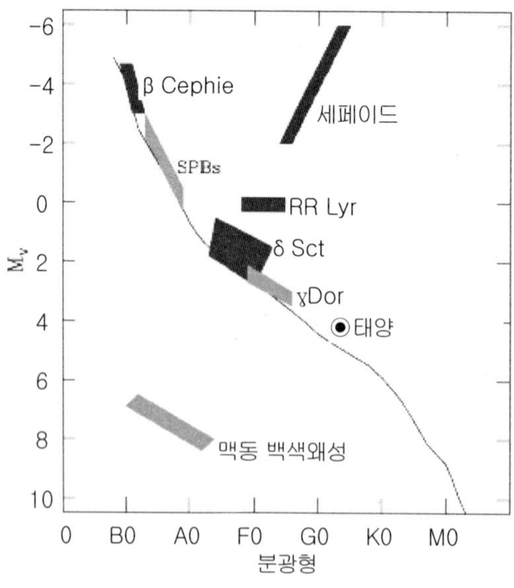

그림 3-14. H-R도상에서 각종 맥동 변광성의 위치.

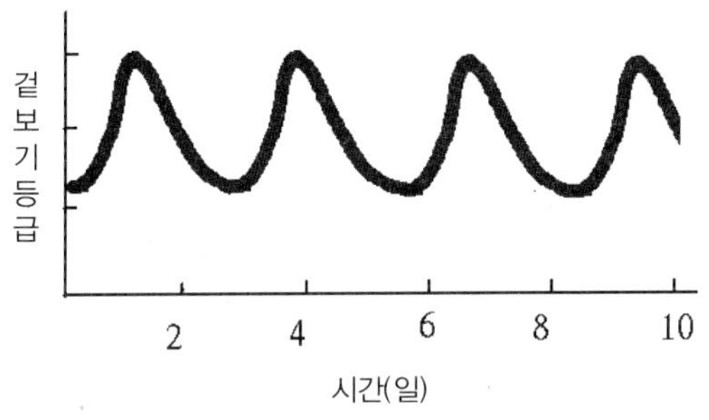

그림 3-15. 세페이드 변광성의 광고 곡선 모양.

변광성은 대개 주기, 변광 곡선의 특성 등에 따라 여러 가지로 분류된다. 변광성은 대개 처음 발견된 변광성 이름을 따서 부른다. 예를 들어 세페우스 자리의 델타별과 같은 모양의 광도 곡선을 가지는 일련의 변광성을 세페이드 변광성이라 부른다. 이들의 주기는 1일에서 50일 사이이고 대부분 아주 밝다. 그림 3-15에는 세페이드 변광성의 광도 곡선 모양을 보여주고 있다. 세페이드 변광성의 중요한 특징 중 하나는 주기와 절대 광도 사이에 아주 간단한 관계가 존재하며, 주기가 길수록 절대 광도가 크다는 것이다(그림 3-16). 이 사실은 천체까지의 거리를 측정하는데 아주 유용한 것이다. 성단이나 가까운 은하 내의 세페이드 변광성이 발견되어 그 주기가 측정된다면 바로 거리로 환산할 수 있게 된다. 외부 은하까지의 거리를 가장 정확히 측정할 수 있는 방법 중 하나가 세페이드를 이용한 것이다. 다만 가장 밝은 세페이

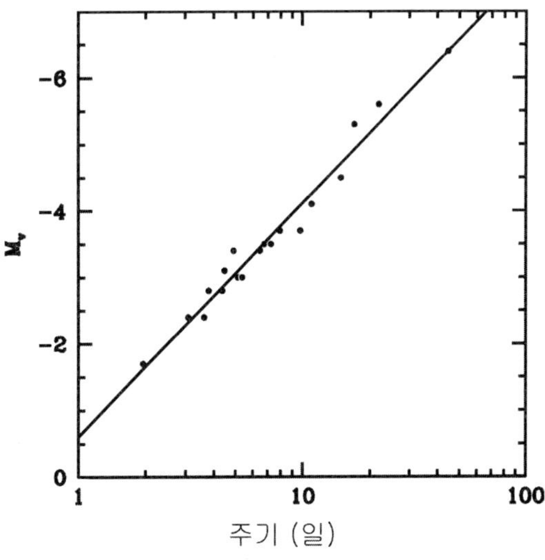

그림 3-16. 세페이드 변광성의 주기-광도 관계.

드 변광성의 절대 등급은 -6정도로서 약 20Mpc까지도 거리 측정이 가능하다. 세페이드 변광성과 함께 거리 측정에 자주 쓰이는 변광성으로 RR Lyrae 변광성을 들 수 있다. 이 변광성의 주기는 약 10시간~1일 정도이며 절대 등급이 0.6 정도로 일정하다. 따라서 RR Lyrae 변광성도 거리 측정에 널리 활용되고 있으나 가까운 천체에 대해서만 관측이 가능하다는 단점을 가지고 있다.

8. 맺는 말

이제 우리는 별의 탄생 과정과 구조 그리고 진화에 대하여 살펴보았다. 별의 진화를 일으키는 가장 중요한 요인은 핵융합 반응에 의한 화학적 조성의 변화이다. 이렇게 별은 진화를 마치면서 상당량의 가스를 다시 성간 공간으로 돌려보낸다. 그러나 성간 공간으로 돌아가는 가스는 별을 만들었던 가스와는 다른 화학적 조성을 가지고 있을 것이다. 별은 중심 부분에서 만들어 낸 많은 양의 무거운 원소를 포함하는 가스를 다시 성간 공간으로 돌려보내기 때문에 무거운 원소를 공급하는 공장이라고도 할 수 있다. 이런 의미에서 별은 은하라는 생태계를 유지시키고 변화시키는 원동력이라고 할 수 있다. 별의 구성 성분과는 달리 지구를 이루는 구성 물질 중 수소나 헬륨은 극히 적은 양이다. 또 우리 몸을 이루는 유기 물질도 주로 탄소, 질소, 산소 등 무거운 원소들로서 모두 별 내부에서 만들어진 것이다. 따라서 아득히 먼 곳에 존재하는 별들도 결국 따지고 보면 우리 지구나 인간과 아주 밀접한 관계에 놓여 있음을 알 수 있다.

참고 문헌

별의 진화를 특별히 자세히 다룬 책에는 다음과 같은 것이 있다.

1. 별의 진화, 하야시 편집, 이영범 옮김, 대학교재출판사 (1981)
2. 별과 인간의 일생, 이시우 지음, 신구문화사 (1999)

4

우리 은하와 성간 물질

초승이나 그믐같이 달이 없고 맑은 여름밤에 전기 불이 적은 교외에서 밤하늘을 보면 부옇게 보이는 긴 띠가 있어 이를 은하수라 한다[1]. 은하수는 제 2장에서 언급한 수많은 은하들 중 '우리 은하'를 태양이 속한 은하의 원반 가장 자리에서 은하 평면을 따라 중심부 쪽으로 볼 때 보이는 부분이다. 뿌옇게 보이는 것은 수많은 별들이 촘촘히 있어서 육안으로 분해되어 보이지 않기 때문이고, 작은 망원경으로 은하수를 보면 흐린 별들이 아주 많이 보인다.

우리 은하의 크기만 해도 최소한 지름이 30kpc(약 10만 광년)이고 약 2,000억 개 정도의 별을 포함하고 있다고 추정한다. 또 별과 별 사이의 공간에는 성간 물질이 존재한다. 우리 은하의 대략적 모양은 그림 1-5에서 보았다. 우리 은하 내에 있는 개개의 천체는 비교적 상세히 관측할 수 있으나 우리가 이 속에 속해 있기 때문에 외부 은하와 달리 은하 전체의 모습을 보기는 어렵다. 마치 거대한 숲 속에 살고 있는 개미가 숲 전체의 모습을 알아내기 어려운 것과 비슷하다. 우리 은하의 모습은 적외선을 통해 가장 정확히 볼 수 있다. 적외선은 티끌의 영향을 거의 받지 않기 때문이다. 그림 4-1은 적외선 천문위성 IRAS가 본 우리 은하의 옆 모습을 보여준다. 일반적인 은하의 전체 구조는 외부 은하를 중심으로 제 5장에서 다루고 여기서는 우리 은하를 이루는 각 성분을 중심으로 살펴본다.

---

[1]. 우리 고유의 말로는 미리내라 한다.

1. 은하의 구성 성분

우리 은하는 그림 1-6에서 보인 것 같이 크게 보아 회전 원반, 중앙 팽대부, 그리고 은하 전체를 둘러싸고 있는 헤일로 등 세 가지 성분으로 나눌 수 있다. 은하에 있는 수천억 개의 별은 낱낱으로 존재하기도 하고 성단에 속하기도 한다. 이미 제 2장과 제 3장에서 살펴본 대로 성단에는 구상 성단과 산개 성단 두 종류가 있다.

은하에 존재하는 천체들을 크게 두 개의 종족으로 나눌 수 있다. 종족 Ⅰ이라 불리는 천체들은 나이가 적고, 원반에 국한되어 있으며 주로 은하 중심에 대한 원운동을 하는 특징이 있다. 반면 종족 Ⅱ라 불리는 천체들은 나이가 많고, 중앙 팽대부나 헤일로에 분포하며 중심에 대해 비교적 길쭉한 타원 궤도를 그린다. 종족 Ⅰ의 별은 속도 분산이 작고 종족 Ⅱ의 별은 크다. 이들은 화학적으로도 구별되어 종족 Ⅰ의 별은 무거운 원소의 함량이 비교적 많은 반면 종족 Ⅱ의 별은 무거운 원소의 함량이 적은 편이다. 성단에도 이런 구분을 적용하면 산개 성단은 종족 Ⅰ에 속하고 구상 성단은 종족 Ⅱ에 속한다. 아직 별이 채 되지 않은 상태인 밀도가 높은 성간구름도 종종 종족 Ⅰ의 천체로 분류하기도 한다.

별과 별 사이의 공간에 존재하는 물질을 통틀어 성간 물질이라 부른다. 성간 물질은 주로 수소와 헬륨으로 구성된 가스이며 고체 상태의 티끌이 섞여 있다. 성간 물질에서 차지하는 비중으로 보아 가스가 훨씬 많지만 그 존재를 찾아내기가 쉽지 않다. 가스가 있다는 사실은 별의 스펙트럼 중 별의 운동에 전혀 영향을 받지 않는 흡수선이 관측되면서 알려졌다. 그러나 성간 가스의 본격적 연구는 제2차 세계 대전이 한창이던 무렵 군사용 레이더의 발전에 힘입어 전파 천문학이 태동하면서 부터다. 반면 성간 티끌은 별빛을 흡수하여 별이 멀리 있을수록 흐려지게 하는 역할을 하기 때문에 그 존재가 훨씬 일찍부터 알려졌다.

성간 물질은 은하 전체로 보아 별의 질량에 비하면 훨씬 적다. 그러나 성간 물질은 은하를 역학적으로 안정시키고 별을 만들어내는 중요한 역할을 맡고 있다. 별은 성간 물질에서 태어나고 진화를 마치면서 대부분의 물질을 다시 별 사이의 공간으로 되돌려 보낸다는 사실은 이미 앞 장에서 본 바 있다.

외부 은하의 성간 물질도 전파 관측과 광학 관측을 통해 성간 물질의 양이 은하의 형태학적 특성과 관계가 있음이 알려져 있다. 그러나 아무래도 우리 은하에 대해서보다 상세한 연구가 쉽지 않다. 특히 전파 망원경은 분해능이 나빠서 외부 은하에 존재하는 성간운의 구조적 연구는 훨씬 어렵다. 따라서 여기서 다루는 성간 물질의 분포, 역할, 구조 그리고 별의 탄생 과정 등은 대부분 우리 은하의 연구에서 얻어진 결과이다.

2. 성간 물질의 종류와 분포

이미 설명한 바와 같이 성간 물질에는 성간 가스와 성간 티끌이 있다. 이들은 모두 별 사이의 공간에 균일하게 퍼져 있지 않고 일반적으로 성간구름에 밀집되어 있다. 성간구름에는 여러 종류가 있어 온도, 밀도, 크기 등이 모두 다르지만 간단히 크게 네 종류로 나누어 표준 성간구름, 큰 성간구름, 거대 분자 구름, 뜨거운 성간구름(또는 코로나 성간구름이라 함) 등으로 구별할 수 있다. 이들의 물리적 성질은 표 4-1에 요약되어 있다.

표 4-1. 성간구름의 종류와 물리적 성질

이　　름	수소 개수 밀도 (cm^{-3})	온　도 (K)
거대 분자 구름	$10^4 - 10^6$	20
큰 성간구름	20	40
표준 성간구름	10	80
뜨거운 성간구름 (코로나 성간구름)	10^{-3}	$10^6 \sim 10^7$

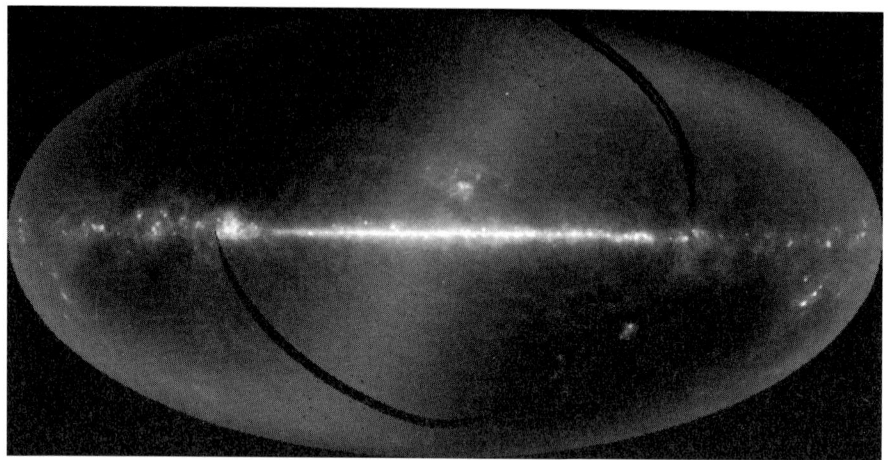

그림 4-1. 적외선 천문위성 IRAS가 본 우리 은하의 모습 (사진 제공: Infrared Processing and Analysis Center, Caltech/JPL. IPAC은 NASA의 적외선 천체물리 데이터 센터임 http://www.ipac. caltech.edu).

표준 성간구름을 이루는 주 성분은 중성 수소이며 대부분의 원소는 중성 상태에 놓여 있다. 중성 수소는 21.11 cm(또는 진동수 1420MHz)에서 강한 전파 방출선을 내기 때문에 쉽게 그 존재를 알 수 있다. 이 방출선은 중성 수소의 전자와 양성자가 같은 방향으로 스핀할 경우(흥분상태)가 반대로 스핀할 경우(바닥상태)에 비해 약 9.41×10^{-18} erg정도 에너지가 높기 때문에 나오는 것이다. 이는 아주 작은 에너지 차이로서 바닥상태에 놓인 중성 수소는 주변 입자와의 상호작용에 의해 쉽게 흥분 상태로 바뀐다. 흥분 상태는 불안정하기 때문에 자연천이에 의해 바닥 상태로 떨어지게 되며 이 때 에너지 차이에 해당하는 빛은 21.11 cm 파장의 전파 방출선이 나오는 것이다. 은하에 가장 흔한 것이 중성 수소이기 때문에 이 방출선은 우리 은하뿐 아니라 외부 은하에서도 쉽게 관측된다.

수소 분자(H_2)는 성간구름에 가장 많이 존재하는 분자이다. 특히 밀도가 높고 온도가 낮은 '거대 분자구름'의 수소는 대부분 분자 상태로 존재한다. 그러나 수소 분자는 전파 영역에서 거의 방출선을 내지 않아 검출하기가 아주 어렵다. 최근 적외선과 자외선 천문학이 발달함에 따라 적외선 방출선이나 자외선 흡수선을 통해 수소 분자가 직접 관측되고 있다.

성간구름에는 수소 분자 외에 많은 종류의 다른 분자가 있다. 가장 흔한 분자는 CO(일산화탄소)이다. 그 이유는 수소와 헬륨 다음으로 흔한 원소가 탄소(C), 질소(N), 산소(O) 등이며 특히 CO의 결합 에너지가 다른 분자의 결합 에너지보다 낮아 이 분자의 형성이 비교적 쉽게 일어나기 때문이다.

이러한 분자들은 대개 전파 영역에서 방출선을 내기 때문에 전파 망원경을 통해 쉽게 관측할 수 있다. 대부분의 분자들은 구조가 간단한 2원자 분자이지만 밀도가 높고 온도가 낮은 성간구름에서는 여러 개의 원자를 포함하는 복잡한 분자도 발견된다. 성간구름에서 발견되는 분자의 예를 표 4-2에 정리하여 놓았다.

표 4-2. 성간구름에서 관측되는 성간 분자의 예

원자의 수	분 자 식	원자의 수	분 자 식
2원자	H_2 OH CN CO	6원자	CH_3OH CH_3CN $HCONH_2$
3원자	H_2O HCN H_2S SO_2	7원자	$HCONH_3$ CH_3C_3N
4원자	NH_3 N_2CO HNCO HC_2H	8원자 이상	CH_3CH_2OH CH_3CH_2CN
5원자	CH_4 HCOOH HC_3N		

뜨거운 성간구름은 표 4-1에 보인 대로 온도가 수십만 도까지 올라가기도 한다. 이러한 성간구름에서는 원자끼리의 충돌에 의해 이온화된다. 특히 충돌에 의한 이온화는 온도에 매우 민감하여 여러 종류의 이온 흡수선을 연구함으로써 온도를 꽤 정확히 결정할 수 있다. 이온화된 원자들은 자외선 영역에서 강한 흡수선을 보이므로 검출이 비교적 쉽다.

뜨거운 성간구름은 은하 내에서 가끔 발생하는 초신성 폭발(제 3장 참조)에 의해 에너지를 공급 받고 있다고 추정한다. 일단 온도가 높아지면 복사 에너지를 내면서 천천히 차가와지지만 충분히 온도가 내려가기 전에 새로운 초신성이 다시 에너지를 공급하기 때문에 장시간 유지될 수 있다고 믿어진다.

성간티끌은 크기가 대략 0.1μm 미만의 작은 입자들로서 전체 성간구름 질량의 약 1/160 정도이다. 성간 티끌은 가시광선과 자외선 영역에서 많은 흡수나 산란을 일으킨다. 흡수나 산란의 정도는 대략 파장에 반비례한다. 성간 티끌은 지구상에서 직접 채취해 볼 수 있는 것이 아니라서 그 성분을 정확히 분석하는 것이 불가능하다. 그러나 성간 흡수나 산란을 자세히 연구하면 그 성분에 대해 어느 정도 짐작할 수 있다. 특히 자외선 영역인 0.22 μm와 적외선 영역인 9.7 μm 부근에 나타나는 강한 흡수띠는 성간 티끌의 구성 성분에 대해 중요한 단서를 제공해준다. 이러한 특성을 지구에서 발견되는 물질과 비교하여 0.22 μm 흡수는 주로 흑연(탄소)에 의한 것이고 9.7μm 흡수는 규산염에 의한 것이라는 추측을 하고 있다. 그 밖에 온도가 낮고 밀도가 높은 성간운에서 관측되는 성간 티끌에 의한 흡수 곡선에는 얼음에 의해 생기는 3.5μm 흡수띠가 있어 단단한 탄소나 규산염 티끌 주변을 둘러싼 얼음 껍데기가 있다는 증거가 된다.

가스와 티끌은 과연 어떻게 존재하고 있을까? 이들이 어떻게 섞여 있는지를 알기 위해서는 수소의 양을 대변해주는 중성 수소 방출선의 세기와 티끌의 양을 알려주는 성간 흡수 정도를 비교해 보면 된다. 여기서 주의할 점은 차가운 가스 구름의 대부분을 구성하는 수소는 중성 상태와 분자 상태로 존재한다는 점이다. 수소 분자는 전파 영역에서 관측될 만한 강한 방출선을 내지 않기 때문에 만약 수소의 대부분이 분자 상태라면 중성 수소는 아주 약하게 검출될 것이다.

그러나 수소 분자가 많이 존재하는 영역에서는 CO 등의 다른 분자도 많이 있을 것으로 기대되므로 관측이 용이한 CO양을 측정하여 수소 분자의 양을 간접적으로 추정한다. 가스 전체의 양을 구하기 위해서는 직접적으로 관측되는 중성 수소의 양에 간접적으로 알 수 있는 분자 수소의 양을 더해야 한다. 이러한 방법으로 구한 가스의 양과 성간 흡수 관측으로부터 구한 티끌의 양을 보면 가스와 티끌이 서로 잘 섞여 있음을 알 수 있다.

3. 성간구름의 구조

이제 다시 성간구름 하나 하나로 돌아와 어떤 구조를 하고 있는지 살펴보자. 지금까지 우리는 일반적 의미의 성간 물질을 논하였으며 외부 은하에도 성간 물질이 존재함을 알려주는 관측이 이루어지고 있음을 설명하였다. 그러나 성간 물질의 자세한 구조적 연구는 우리 은하의 성간 물질에 대해서만 가능하다.

성간 분자 방출선의 관측은 성간구름에 대해 많은 정보를 준다. 방출선은 분자의 구조에 의해 결정되는 특정한 파장에서 나오지만 도플러 효과에 의해 관측자와 광원의 상대 운동에 따라 관측되는 파장이 달라진다. 따라서 이러한 파장의 변화를 관측하면 성간구름이 우리에 대해 어떤 운동을 하고 있는지 알 수 있다. 예를 들어 성간구름이 회전 운동을 하고 있다면 성간구름의 위치에 따라 멀어지거나 가까워지는 운동으로 관측될 것이다(그림 4-2).

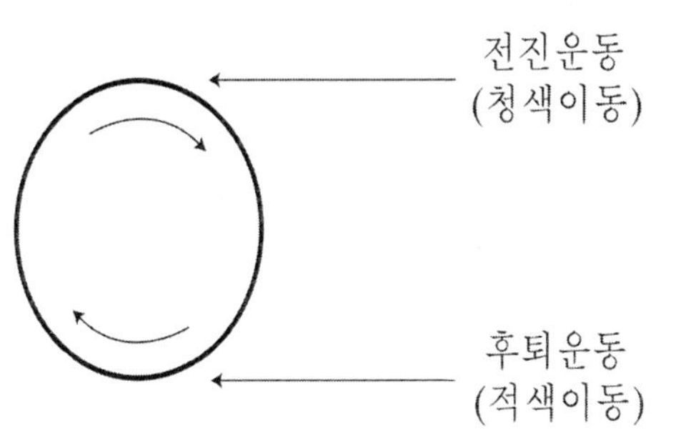

그림 4-2. 회전하는 성간구름의 운동학적 특성.

하나의 분자가 내는 방출선은 선폭이 아주 좁지만 분자 구름 전체로는 상당히 넓은 선폭으로 관측된다. 그 이유는 성간구름에 존재하는 분자가 서로 다른 방향의 운동을 하고 있어서이다. 분자들의 이런 임의의 운동은 크게 두 가지 요인에 의해 나타난다. 우선 '열적 운동'이라는 입자 운동은 성간구름의 온도에 따라 결정되며 온도가 높을수록 빠른 속도로 입자가 움직인다. 또 하나의 요인으로는 요동을 들 수 있다. 이 요동은 열적 운동보다 훨씬 큰 단위의 덩어리로 움직이는 것을 말하는 데 전파 망원경의 분해능으로 분리할 수 없을 정도의 작은 덩어리의 움직임에 의한 것이라면 열적 운동과 구별할 수 없게 된다. 또한 거시적으로는 분자의 자유 운동이 요동에 의한 것이건 열적 운동이건 역학적 효과는 같을 것이다. 이들은 모두 성간구름에 압력으로 작용하게 된다.

우리가 관측하는 성간구름은 일반적으로 수축이나 팽창을 하지 않는 근사적 안정 상태에 있을 것이다. 만약 그렇지 않다면 짧은 순간에 수축하거나 팽창해 버리기 때문에 성간구름을 관측하기 어려울 것이다. 회전하지 않는 성간구름이 역학적으로 안정되기 위해서는 수축하려는 중력과 팽창하려는 압력에 의한 힘이 서로 평형을 이루는 정유체 역학적 평형에 있어야 한다(글상자 3-2 참조).

성간구름은 기하학적 모양이 아주 복잡하다. 그림 4-3에는 성간구름이 있는 지역의 사진 위에 CO 분자 방출선의 강도 분포를 보였다. 이런 분자 구름은 보다 분해능이 높은 망원경으로 관측할수록 더 복잡한 구조를 보여준다. 지금까지의 전파 관측은 성간구름의 상세한 구조를 연구하기는 힘들지만 대체로 분자구름 속에는 수많은 고밀도 핵들이 있는 것으로 추정된다. 이런 고밀도 핵에서 별이 만들어질 수도 있다(제 4.5절).

4. 성간 티끌의 물리적 성질

이제 성간 물질 중 별빛의 흡수와 산란을 일으키는 성간 티끌에 대하여 살펴보자. 성간 티끌은 전체 성간구름에서 차지하는 비중이 질량으로 따져서 약 1/160 정도로 극히 작지만 성간 물질에 포함된 무거운 원소의 대부분을 가지고

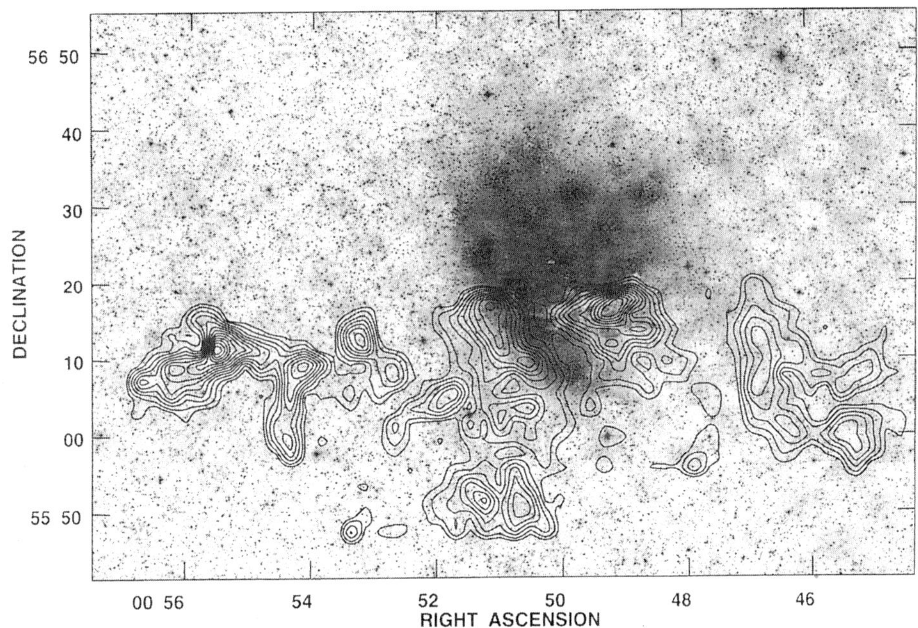

그림 4-3. NGC 281이라는 분자 구름의 CO 방출선 세기 분포를 사진위에 표시한 그림. 분자 방출선을 내는 지역의 모습이 아주 복잡하다. 사진에서 별이 적게 보이는 지역은 성간 티끌에 의해 별빛이 흡수된 곳이다(사진제공 : 대덕 전파 천문대 이영웅 연구원).

있는 것도 있다. 물론 각 원소에 따라 다르지만 많은 중원소의 상당량이 성간 티끌에 묶여 있어 극히 적은 분량만이 가스 상태로 남아 있다.

성간 티끌은 지상에서의 관측에 큰 영향을 미친다. 일반적으로 우리 은하에서 별빛이 1 kpc을 지날 때마다 평균 약 1등급씩 흐려진다. 이는 별빛이 1 kpc당 약 40%씩 줄어드는 것을 의미한다. 성간 티끌은 별빛의 일부를 흡수하고 일부를 산란시킨다. 흡수는 빛 에너지를 티끌의 내부 에너지로 바꾸는 것이고 산란은 단순히 빛의 방향만 바꾸는 것으로 물리적으로 분명히 다른 현상이다. 그러나 관측자의 입장에서 보면 흡수된 빛이나 산란된 빛이나 모두 없어져 보이기는 마찬가지이다. 따라서 흡수와 산란을 합쳐 '소광'이라 부른다.

성간 티끌이 별빛을 소광시키는 정도는 파장에 따라 다르며 가시광선 영역에서는 파장이 짧은 빛이 파장이 긴 빛보다 더 많이 소광된다. 그 이유는 성간 티끌의 둘레가 대체로 가시광선의 파장과 비슷하거나 작기 때문이다. 빛의 흡수와 산란은 입자 자체의 물리적 성질과 크기(정확히 말하면 둘레)와 파장과의 비율에 의해 결정된다. 입자의 둘레에 비해 파장이 아주 긴 경우에는 산란 정도가 대체로 파장의 네제곱에 반비례하는 레일라이(Reyleigh) 산란을 하고 흡수는 거의 일어나지 않는다. 이와 비슷한 현상이 지구 대기에서도 일어난다. 즉 대기 중의 공기 분자들은 레일라이 산란을 일으켜 푸른 빛이 붉은 빛에 비해 훨씬 효율적으로 산란되어 하늘이 푸르게 보인다. 반면 해가 뜨는 방향이나 지는 방향으로는 산란된 성분이 없어져 버려 노을이 붉게 보이는 것이다. 이와 반대로 파장이 입자의 크기보다 작으면 흡수나 산란의 정도가 파장에 크게 좌우되지 않는다. 성간 티끌이 공 모양을 하고 있지 않아서 크기를 정의하기 약간 어려우나 대체로 성간 티끌의 크기는 0.1μm 미만일 것으로 추측된다. 따라서 가시광선 영역에서 티끌의 소광은 파장이 길수록 적고 짧을수록 많다.

성간 티끌이 붉은 빛보다 푸른 빛을 많이 소광시키므로 성간 티끌을 통과한 별빛은 원래의 색깔보다 붉어지는데 이를 '성간 적색화'라 부른다. 이를 좀 더 정량화시키기 위해 '색초과'라는 물리량을 사용한다. 제 2장에서 설명한 바와 같이 별의 색이 붉거나 푸른 정도를 '색지수'를 이용해 나타낼 수 있으며 그 대표적인 예가 (B-V)이다. 색초과는 관측되는 색지수 $(B\text{-}V)_{obs}$와 실제 별이 가지고 있는 고유한 색지수 $(B\text{-}V)_{int}$의 차이를 의미하며 E_{B-V}로 표시한다. 위의 정의에 의하면 성간 적색화 현상은 반드시 별빛의 색지수를 증가시키는 방향으로 변화시키므로 E_{B-V}는 반드시 양의 값을 가져야 하고 성간 적색화가 많이 일어날수록 색초과의 양이 커지게 된다.

소광량이 파장에 따라 어떻게 변하는지 나타내는 소광 곡선이 그림 4-4에 있다. 이 그림에 의하면 성간 소광은 적외선부터 자외선 영역인 약 0.22μm 까지는 완만히 증가하다가 0.22 μm 부근에서 극대값을 가진 후 다시 원 자외선 영역에서 급격히 증가한다. 물론 이러한 곡선은 관측하는 방향에 따라 조금씩 다르며 이 그림은 많은 방향에 대해 얻은 결과를 평균한 것이다.

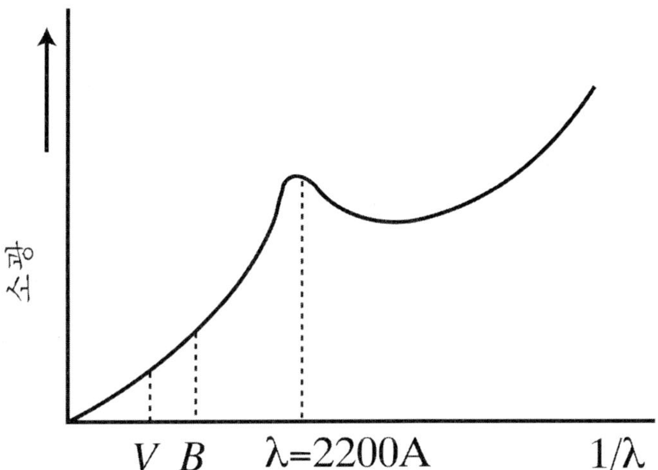

그림 4-4. 파장에 따른 소광량의 분포를 나타내는 성간 소광 곡선. 소광 곡선은 성간 구름에 따라 조금씩 다르나 전체적으로는 위에 보인 그림과 비슷한 양상을 보인다.

그림 4-4의 성간 소광 곡선은 성간 티끌 모형이 설명해야할 중요한 관측 자료의 하나이다. 특히 0.22μm 에서의 극대치는 흑연의 흡수띠와 같은 파장에서 일어나기 때문에 성간 티끌의 성분에 흑연이 포함되어 있으리라 짐작할 수 있다. 성간 티끌의 구성 성분에 관한 또 하나의 중요한 정보는 적외선 관측에서 찾을 수 있다. 적외선 소광 곡선에는 9.7μm 영역에서 또 하나의 흡수띠가 나타난다. 이는 지구상의 암석에 흔히 존재하는 규산염 화합물이 흡수하는 띠와 유사하다. 다만 지구의 규산염 화합물들은 천체 관측에서 보는 흡수띠 보다 훨씬 좁게 나타나기 때문에 정확히 같은 물질이라 보기는 어렵다.

이런 두 가지 중요한 흡수띠로 부터 우리는 성간 티끌이 흑연 입자와 규산염 화합물 입자로 이루어져 있음을 짐작할 수 있다. 흑연과 규산염이 성간 티끌을 이루는 또 다른 이유는 탄소, 산소, 질소, 실리콘 등 무거운 원소가 만들어내는 고체 물질이기 때문이다.

성간 티끌에 의해 일어나는 또 다른 중요한 현상은 성간 편광이다. 빛은 전기장과 자기장이 진행하는 방향에 대하여 수직으로 진동을 하는 것이다. 그중 자기장의 에너지는 전기장의 에너지보다 훨씬 작기 때문에 자기장의 존재는 생각하지 않아도 된다. 우리가 흔히 보는 빛은 전기장의 진동 방향이 빛이 진행하는 방향과 수직인 면의 모든 방향에 골고루 섞여 있으며 이러한 빛을 편광되지 않은 빛이라 하며, 특정한 방향으로 주로 진동하는 빛을 편광된 빛이라 한다(그림 4-5).

성간 소광이 많이 일어난 별은 편광 정도도 크다. 따라서 편광과 소광은 모두 성간 티끌에 의한 것임을 짐작할 수 있다. 성간 티끌이 편광 현상을 일으키는 이유는 편광되지 않은 빛이 진행하면서 특정 방향으로 진동하는 성분의 빛이 더 많이 소광되기 때문이다. 이런 방향에 따라 다르게 나타나는 소광은 길쭉한 모양의 티끌이 한 방향으로 정렬되어 있어야 나타나는 현상이다. 성간 티끌의 길쭉한 모양은 대체로 원반 모양이나 막대기 모양일 것이다. 이러한 티끌은 주변 원자나 분자와의 충돌에 의해 빠르게 회전하고 있을 것이다. 회전 능률은 일반적으로 회전축으로부터의 수직 거리의 제곱에 비례하기 때문에 원반 모양의 입자들은 원반의 축을 중심으로 회전할 것이며 막대 모양의 입자는 막대의 긴 방

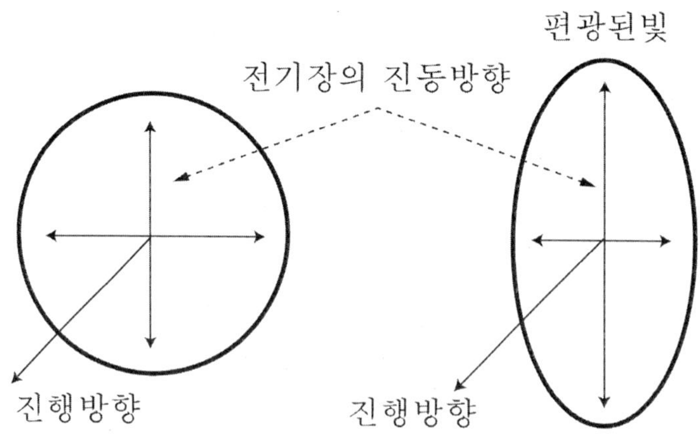

그림 4-5. 편광된 빛과 그렇지 않은 빛. 편광되지 않은 빛은 전기장의 진동이 모든 방향에서 같으나 편광된 빛은 어느 한 방향으로 진동 크기가 크다.

향에 수직이며 중심을 지나는 축에 대해 회전하게 된다. 회전축이 공간상에서 한 쪽을 향하고 있으면 보는 방향에 따라 입자는 정렬되어 보일 것이다. 이렇게 회전축을 고정시키는 역할을 할 수 있는 것으로 자기장을 들 수 있다. 자성을 띠는 물체의 경우 자기장을 거스르는 방향으로는 회전이 억제되게 되므로 회전축이 자기장과 정렬이 될 수 있다(그림 4-6).

자기장이 성간 티끌의 정렬에 중요한 역할을 한다는 증거는 또 다른 관측 사실로부터 찾을 수 있다. 성간 편광 방향을 은하 좌표계에 대하여 표시하면 은하의 나선 팔과 같은 방향으로 놓여 있음을 볼 수 있다. 이는 은하계의 자기장이 나선 팔을 따라 존재한다는 사실과 잘 맞는다.

그러나 구체적으로 성간 티끌이 어떻게 생겼는지, 어떻게 정렬이 되는지 등에 대한 답은 좀 더 상세히 연구되어야 할 과제들이다. 성간 티끌이 어떻게 형성됐는지도 정확히 알려져 있지 않다. 다만 별의 진화의 마지막 단계인 거성

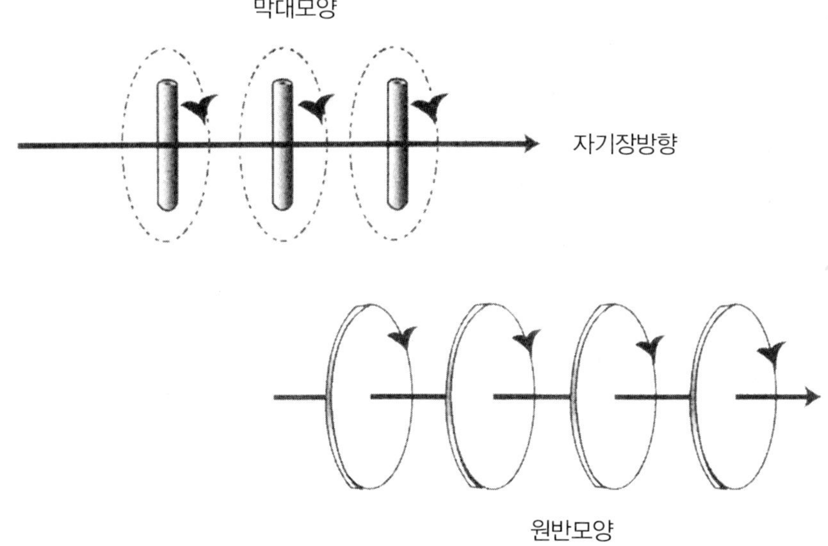

그림 4-6. 자기장에 의한 티끌의 정렬. 회전축이 자기장과 평행할 때 아무런 저항을 받지 않기 때문에 위와 같은 모습으로 정렬될 수 있다.

이나 초거성 시기에 온도가 낮은 대기에서 응결해 생긴 것이라고 짐작하고 있다.

성간 티끌은 별빛을 흡수하는 작용 외에 여러 가지 중요한 역할을 한다. 온도가 낮고 밀도가 높은 성간구름에 있는 수소의 대부분은 분자 상태(H_2)로 존재한다. 그러나 성간 공간에서 수소 원자 두 개가 서로 만나 분자를 형성할 확률은 아주 작다. 성간 티끌의 존재는 수소 분자 형성에 결정적 역할을 할 수 있다. 성간 티끌은 크기 때문에 원자와 충돌할 확률이 높고 충돌한 수소 원자는 티끌의 표면 위에서 움직이게 된다. 이렇게 성간 티끌 위에 있는 수소 원자들은 서로 쉽게 충돌하여 분자를 만들어낼 수 있다.

별이 형성되는 과정에서 성간 티끌들끼리 뭉쳐서 모인 것이 행성이라고 생각된다. 따라서 우리가 살고 있는 지구도 별 사이를 떠돌던 티끌들의 집합체인 셈이다. 행성의 생성 과정은 제 8장에서 더 상세히 설명한다.

5. 별의 탄생

우리 은하에는 나이가 아주 오래된 별이 있는 반면 아주 어린 것도 있다. 이는 별이 우리 은하에서 끊임없이 만들어지고 있음을 뜻한다. 별은 성간 물질로부터 만들어진다. 별이 만들어지는 곳은 밀도가 높은 성간구름의 중심부이다. 이곳에는 성간 티끌에 의한 빛의 흡수가 많이 일어나 별이 만들어지는 모습을 쉽게 관측할 수 없다. 최근 성간 흡수가 적은 적외선 기술이 발달하면서 별 탄생 활동이 활발한 지역에 대한 관측 연구가 급속히 진전되고 있다. 또 전파 관측으로부터도 별이 만들어지는 과정에 대해 많은 정보를 얻고 있다. 이 절에서는 성간구름에서 별이 만들어지는 과정을 살펴본다.

5.1 중력 수축의 조건

현대 천문학은 별의 생성과 소멸에 대해 많은 지식을 알려 주었지만 별 탄생 과정에는 아직 풀려지지 않은 문제점들이 많이 남아 있다. 우리가 제 3장에서 살펴본 별들은 모두 가스로 이루어져 있다. 따라서 별은 근본적으로 가스가 뭉쳐서 생겼다고 할 수 있다. 결국 현대 천문학에서 알고자 하는 별 탄생 과정은 어떤 가스가 어떻게 뭉쳐서 별이 생겨났느냐 하는 것이다.

가스 덩어리가 중력에 의해 수축하려면 팽창하려는 힘인 압력보다 수축하려는 힘인 중력이 더 커야 한다. 주어진 온도와 밀도가 있다면 중력은 전체 질량이 클수록 강해지므로 중력 수축을 시작할 수 있는 한계 질량이 존재하고 이를 '진즈의 질량'이라 부른다(**글상자** 4-1). 진즈의 질량은 온도가 높을수록 크고 밀도가 높을수록 작다.

이제 중력 수축을 시작한 가스가 수축을 멈출 수 있는지 생각해 보자. 우선 중력에 대항하여 밀치는 힘은 위에서 살펴본 압력 이외에 회전에 의한 원심력이 있으며 압력으로는 가스압, 복사압, 그리고 자기장에 의한 압력 등이 있다. 원심력은 회전하는 물체에만 적용되는 것이라서 이에 대한 논의는 뒤로 미루고 압력에 대해서만 살펴보자.

수축의 초기 단계에서는 성간구름의 가스 밀도가 낮으므로 중력 에너지가 복

글상자 4-1. 진즈의 질량

정유체 역학적 평형 상태에 있으려면 글상자 3-2에서 본 것과 같은 방정식을 만족시켜야 한다. 가스공 임의의 지점에서의 중력 가속도는

$g=\dfrac{GM}{r^2}$ 이므로 단위 체적당 작용하는 중력은 $g\rho \approx G\rho^2 r$로 쓸 수 있다.

여기서 우리는 $M \approx r^3\rho$라는 관계식을 이용하였다. 또 가스압은 대체로

$\rho\dfrac{kT}{\mu}$ 이므로 압력에 의한 힘은 $\dfrac{dP}{dr} \approx \dfrac{\rho kT}{\mu r}$ 이다. 여기서 k는 볼츠만 상수이고 μ는 입자 하나당 평균 질량이다. 만약 이 두 힘이 평형을 이룬다면 $G\rho r^2 \approx \dfrac{kT}{\mu}$라는 관계가 성립되고 r을 소거하면 $M \approx \left(\dfrac{k^3T^3}{G^3\mu^3\rho}\right)^{1/2}$ 를 얻는다. 만약 질량이 이러한 평형 질량을 초과하면 압력이 중력을 막을 수 없게 된다. 주어진 밀도와 온도에서의 이러한 한계질량을 진즈의 질량이라 한다. 진즈의 질량을 조금 구체적으로 구해보면 온도가 10 K, 단위 cm^3당 수소 원자의 수가 약 1,000개인 경우 약 $30M_{\odot}$ 이다.

사 에너지로 바뀌면서 성간구름에서 쉽게 빠져나간다. 따라서 수축 과정에서 온도의 변화가 거의 없다. 압력의 증가는 밀도의 증가에 의해서만 이루어지지만 이는 중력에 대항할 수 있는 정도가 되지 못한다. 이런 이유로 온도가 일정하게 유지되는 수축 과정에서는 수축을 멈출 수 없다.

수축이 진행되면서 밀도가 높아짐에 따라 불투명도가 증가하여 성간구름 안쪽에서 수축 에너지를 흡수함으로써 온도가 올라가기 시작한다. 압력은 밀도와 온도의 증가에 의해 빠른 속도로 커지게 돼 궁극적으로 중력 수축을 막을 수 있게 된다.

그러나 위에서 잠깐 언급한 원심력은 그 상황이 다르다. 지금까지 우리는 회전하지 않는 성간구름을 생각했으나 대부분의 성간구름은 아주 느리지만 회전하고 있다. 성간구름이 중력 수축을 하면서 그 크기가 작아지면 회전 속도는 점점 더 빨라진다. 그 이유는 각운동량의 보존 법칙 때문이며 피겨 스케이트 선수가 팔을 벌린 채 회전을 시작한 후 팔을 오므려 회전 속도를 빨리 하는 것과 같은 원리이다. 회전 속도가 빨라지면 원심력도 증가하는데 원심력의 증가 속도가 중력의 증가 속도보다 빨라져 궁극적으로 중력 수축을 멈추게 하는 요인이 될 수 있다(**글상자** 4-2).

그렇다면 회전하는 성간구름은 별을 만들 수 없다는 뜻일까? 아마 그렇지 않을 것이다. 은하계의 중력장, 회전 곡선, 그리고 주변 천체의 영향으로 대부분의 성간구름은 회전하고 있으며 실제로 이러한 회전이 관측된 경우도 있다(그림 4-2). 따라서 회전하는 성간구름이 수축하면서 원심력을 희석시킬 수 있는 물리 과정의 작용을 받을 것으로 생각한다. 예를 들어 목성은 태양 질량의 1/1000정도로 미세한 질량을 차지하고 있지만 태양계가 가지고 있는 각운동량의 약 97%를 차지하고 있다. 이는 태양계가 만들어질 때 각운동량의 대부분이 질량이 작은 물체에 집중되고 나머지 대부분의 물질은 회전의 영향을 받지 않아 계속적인 중력 수축이 이루어지게 하는 '각운동량의 재배치'가 일어났음을 의미한다.

구체적으로 어떤 과정을 통해 각운동량의 재배치가 일어났는지 아직 알지

글상자 4-2. 각운동량 보존 법칙과 원심력

> 회전 각속도 ω로 회전하는 반지름 R, 질량 M인 공의 각운동량은 대략 $MR^2\omega$이다. 또 이 때 이 공 표면에서의 단위 질량당 원심력은 $R\omega^2$인 반면 중력 가속도는 $\frac{GM}{R^2}$이다. 회전체가 수축하는 동안 각운동량은 일정하게 유지되므로 $\omega \propto R^{-2}$이고 원심력은 R^{-3}에 비례하게 된다. 따라서 반지름이 충분히 작아지면 궁극적으로 R^{-2}에 비례하는 중력보다 원심력이 더 커지게 된다.

못하고 있으나 아마도 자기장과 깊은 연관이 있는 것으로 믿어진다. 자기장의 세기는 전도율이 높은 성간구름에서 반지름의 제곱에 반비례해서 증가한다. 그러나 만약 자기장이 그렇게 빨리 증폭된다면 새로 생긴 별의 표면에는 아주 강한 자기장이 존재해야 한다. 이런 강한 자기장이 별에서 관측되지 않는다는 사실은 자기장이 별 형성 시 바깥쪽으로 퍼져 나갔음을 의미하며 이 때 자기장이 각운동량도 함께 끌고 나갔을 것으로 짐작한다. 자세한 과정은 아주 복잡하여 많은 연구가 행해지고 있음에도 아직 완전한 모형이 정립되어 있지는 않다.

5.2 계층적 분열

이상적인 환경에서 공 모양인 가스의 중력 수축이 일어날 때 모든 질량이 무한히 작은 점으로 모이는 데 걸리는 시간을 자유낙하 시간이라 하며 대체로 밀도의 제곱근에 반비례한다. 중력 수축을 하는 성간구름에서 수축 초기에는 온도가 일정하게 유지됨은 이미 언급한 바 있다. 진즈의 질량은 수축이 일어나는 과정에서 밀도가 높아지면 점점 작아진다. 이는 수축을 시작한 성간 구름 내부에서 어느 지역의 밀도가 주변보다 약간 높으면 진즈의 질량을 포함하는 만큼의 덩어리로 독립적인 수축을 할 수 있다는 뜻이다. 게다가 이 덩어리는 주변보다 밀도가 높기 때문에 자유낙하 시간이 성간구름 전체의 자유 낙하 시간보다 짧아 전체적인 수축보다 더 빠른 시간에 수축이 일어난다. 이러한 과정은 점점

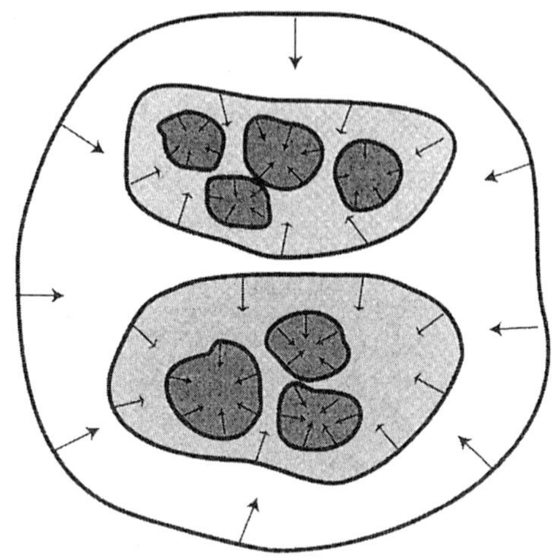

그림 4-7. 성간구름 수축시 일어나는 계층적 분열의 도식적 모형.

작은 규모로 내려가면서 계속될 것이다(그림 4-7). 이렇게 성간구름이 계속 작은 덩어리로 나누어지며 일어나는 수축을 계층적 분열이라 한다. 일반적으로 성간구름의 진즈 질량은 별의 질량보다 훨씬 크다. 따라서 계층적 분열은 커다란 질량의 성간구름이 수축해서 여러 개의 별을 만드는 중요 과정으로 이해된다. 그러나 계층적 분열이 계속 일어난다면 결국 아주 작은 질량의 가스 덩어리들만 남게 될 것이다.

우리가 계층적 분열을 논할 때 성간구름의 온도가 일정하게 유지된다고 가정하였다. 그러나 수축이 진행됨에 따라 밀도가 높아지면 에너지가 쉽사리 성간구름을 빠져나가지 못해 온도가 올라간다. 이러한 온도의 증가는 압력을 증가시켜 결국 수축을 멈추게 한다.

수축이 멎을 때 가장 작은 덩어리의 진즈의 질량은 대략 $0.01M_{\odot}$이다. 이는 별이 되기엔 너무 작은 질량이다. 별은 중심의 온도와 밀도가 충분히 높아서 핵융합 반응을 일으킬 수 있어야 스스로 빛을 낼 수 있는데, 핵융합 반응을 일으킬 수 있는 최소 질량은 약 $0.08M_{\odot}$이다. 따라서 간단한 형태의 계층적 분열 모형으로는 별 생성 과정을 완전히 설명할 수 없다.

별이 태어날 때 질량에 따른 빈도 분포를 초기질량 함수(**글상자** 4-3)라 한다. 이러한 초기질량 함수를 계층적 분열이 설명하지 못하는 것은 사실이다. 그러나 질량 함수를 만들어내는 방법은 여러 가지가 있을 것이다. 예를 들어 분열된 성간구름은 수축하는 과정에서 서로 충돌하여 다시 뭉쳐 더욱 큰 성간구름을 만들 수 있다.

이제까지 우리는 성간 물질의 일반적 성질, 성간 물질이 모여 있다고 생각되는 성간구름의 구조, 그리고 성간구름의 수축을 통해 일어나는 별의 생성 과정을 살펴보았다. 성간 물질에 대한 연구는 현대 천문학 중에서도 비교적 연륜이 짧다. 또한 성간 물질에서 나타나는 물리적 과정 역시 아주 복잡하다. 따라서 우리의 성간 물질에 대한 이해는 초보 단계에 지나지 않는다 해도 과언이 아니다.

성간 물질의 중요성은 별이 생성되고 소멸되는 장소가 성간 공간을 구성하고 있다는 점에 있다. 우리 태양도 성간 물질로부터 만들어졌으며 수명을 다해 진화를 마치고 나면 많은 양의 가스를 다시 성간 물질로 돌려보낼 것이다. 따라서 성간 물질은 은하라는 생태계에서 별이 만들어지고 소멸하는 장소인 것이다.

오리온 성운은 태양 근처에서 가장 활발한 별 탄생 활동이 일어나는 지역이다. 그림 4-8은 오리온 성운을 가시광선과 적외선으로 찍은 사진이다. 적외선 사진에서 보이는 별은 대부분 가시광선으로는 보이지 않는다. 이는 이 별들이

글상자 4-3. 초기 질량 함수

성간구름의 수축으로부터 별이 만들어질 때 한 가지 질량의 별만 만들어지는 것이 아니고 여러 질량의 별이 함께 만들어진다. 별 탄생시의 질량 분포를 초기 질량 함수(Initial Mass Function, IMF로 약칭함)라 하며 대개 질량 $M \sim M+dM$에 있을 확률인 $N(M)$으로 표시한다. 태양 부근에 있는 별들은 대략 $N(M) \propto M^{-2.35}$를 따르는 것으로 알려져 있으며 이를 살피터(Salpeter)의 초기 질량 함수라 부른다. 이러한 초기 질량 함수가 적용되는 질량 범위는 약 $0.1\mathrm{M}_{\odot}$ 부터 $100\mathrm{M}_{\odot}$ 이다. 그러나 최근 연구 결과에 의하면 질량 함수는 이보다 복잡한 모양을 따른다.

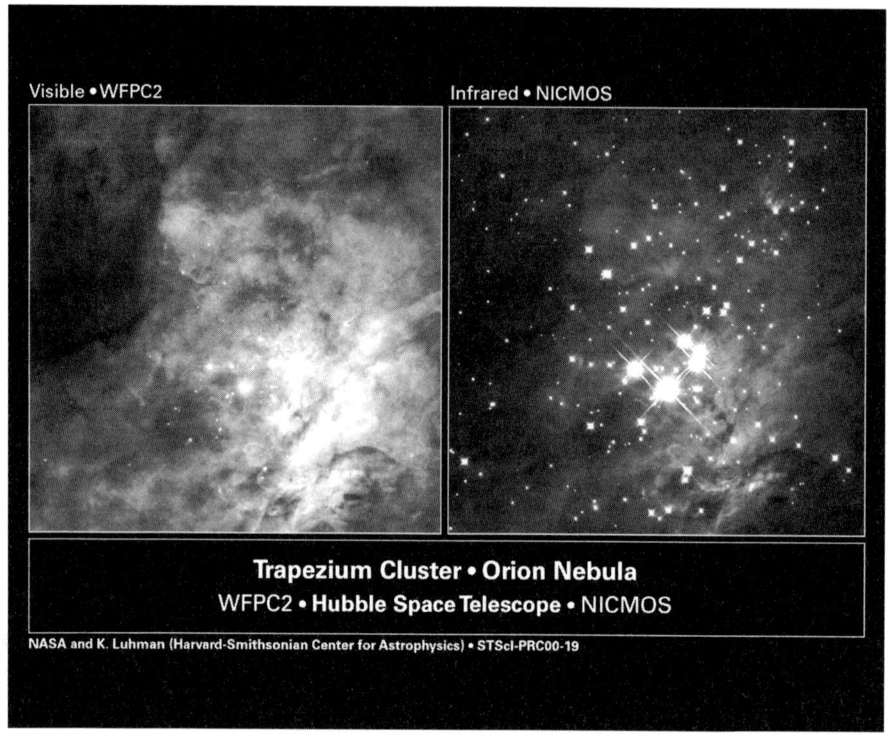

그림 4-8. 허블 우주 망원경이 찍은 오리온 성운의 가시광선(왼쪽)과 적외선(오른쪽) 사진. 가시광선에서는 보이지 않던 많은 별이 보인다. 이들 대부분은 새로 만들어진 별로 추정된다(사진 출처 : http://hubblesite.org/).

두터운 성간구름 속에서 새로 태어난 것들임을 의미한다. 질량이 비교적 작은 별들은 이렇게 적외선 사진에서 쉽게 찾을 수 있다. 반면 질량이 큰 별들은 형성되고 나면 강한 자외선 빛을 내기 때문에 별을 만들고 남은 가스로 이루어진 주변 성간구름의 수소 원자를 이온화시킨다. 이렇게 뜨겁고 밝은 별에 의해 이온화된 수소 영역을 HII 영역[2]이라 부른다. HII 영역이 팽창하면서 주변의 성간구름과 부딪히면 그 구름을 압축해 별 탄생을 돕는다. 주로 무거운 별들은 이런 성간구름의 압축에 이은 수축을 통해 만들어지기 때문에 무거운 성간구름의 가장자리에서 만들어지는 경향이 있다. 또 O나 B형[3] 별이 만들어질 때는 하나씩

---

[2]. 천문학에서는 원소 기호 뒤에 중성 원소는 I, 1차 이온화된 원소는 II, 2차 이온화된 원소는 III 등으로 표시한다. 따라서 HII 영역이란 수소가 이온화되어 있는 곳이란 뜻이다.

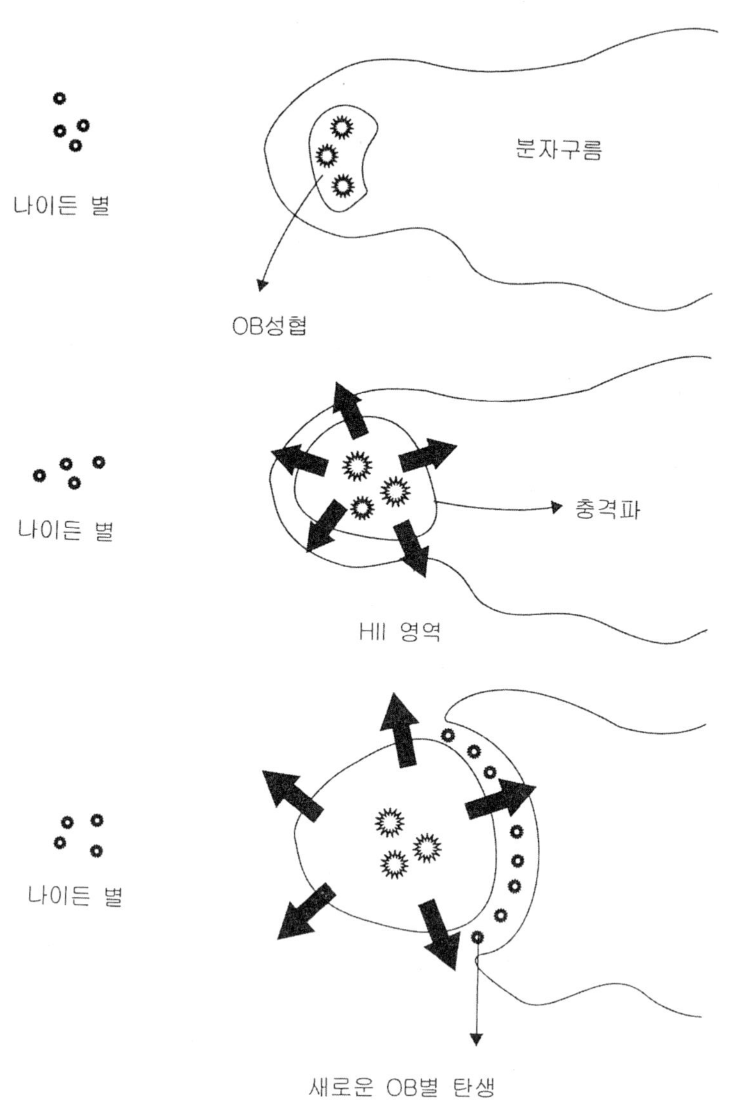

그림 4-9. 별 탄생의 도식적 모형.

---

[3]. 별의 스펙트럼에 따라 분류한 별의 특성을 분광형이라 한다. 분광형은 주로 별 표면 온도에 의해 결정되며 뜨거운 별부터 배열하면 O B A F G K M형의 순서가 된다. 따라서 O형이나 B형 별은 가장 뜨겁고 무거운 별이다.

만들어지지 않고 한꺼번에 여러 개가 만들어져 OB 성협[4)]이라는 별의 집단을 형성한다. 이렇게 별의 탄생이 연쇄적으로 일어나는 모습은 그림 4-9에 개략적으로 나타나 있다.

6. 우리 은하의 질량 및 광도 분포

우리 은하의 질량이나 광도 분포는 상세히 규명하기가 아주 어렵다. 왜냐하면 우리가 관측할 수 있는 범위가 아주 작기 때문이다. 따라서 실제로 외부 은하의 관측으로부터 우리 은하에 대한 정보를 얻는 경우가 많이 있다(제 5장 참조).

가시광선으로 관측하는 경우 성간 소광 때문에 멀리 있는 천체를 보기 힘들지만 전파는 그렇지 않다. 우리는 이미 은하에서 가장 흔한 성분인 중성 수소가 21.11 cm의 파장을 가진 전파 방출선을 낸다는 사실을 알았다(4.2절). 이 전파는 성간 공간에서 거의 투명하게 전달되므로 아주 멀리서도 관측이 가능하다.

수소 방출선 관측으로부터 시선 방향으로의 중성 수소의 양과 이 수소를 포함하는 성간구름의 시선 속도를 동시에 측정할 수 있다. 만약 우리가 관측하는 성간구름이 은하 중심에 대하여 원운동을 하고 있다고 가정하면 우리는 수소 방출선 관측으로부터 이들 성간구름의 회전 속도를 측정할 수 있다 이렇게 측정한 회전 속도를 은하 중심으로부터의 거리의 함수로 표현한 것을 '회전 곡선'이라 한다.

성간구름이나 원반에 있는 별은 은하 중심에 대한 회전에 의해 은하의 중력장에 대항하는 원심력이 생긴다. 마치 지구가 태양 둘레를 돌기 때문에 태양으로 떨어지지 않는 것과 같이 별들은 원심력에 의해 은하 중심으로 떨어지는 것을 피할 수 있다.

그림 4-10은 우리 은하의 회전 곡선이다. 은하 중심 가까운 곳에서는 중심으

---

4). 구상 성단이나 산개 성단보다 적은 수의 별을 가진 별의 집단.

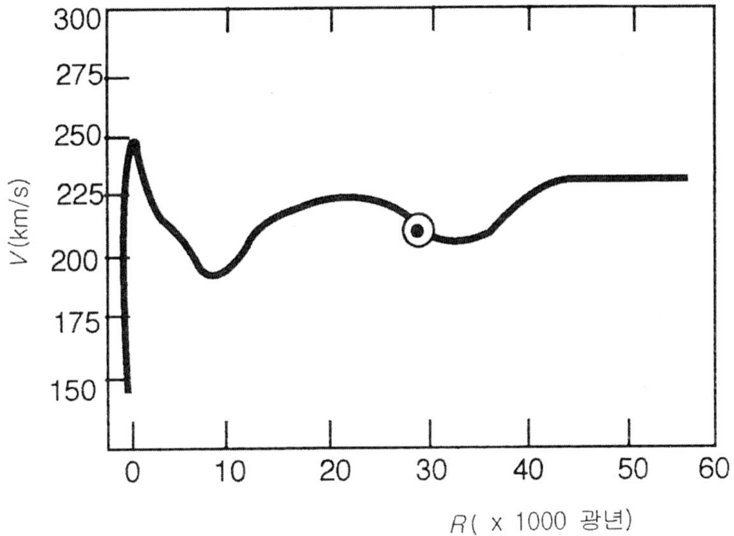

그림 4-10. 우리 은하의 회전 속도 곡선(또는 단순히 회전 곡선이라 함). 은하 중심부에서는 빠른 속도로 증가해 바깥 부분에서는 거의 일정한 값을 가진다. 이런 모양은 대부분의 나선 은하에서도 마찬가지이고 '편평한 회전 곡선'이라 부른다.

로부터의 거리에 거의 비례해서 회전 속도가 가파르게 증가하고 약 1 kpc 바깥쪽에서는 약간의 굴곡은 있으나 200km/s 정도의 값을 가지는 거의 편평한 모습을 보여준다. 회전속도가 반지름에 비례해서 증가하는 부분을 '강체 회전'이라 하고 이를 질량 분포로 바꾸면 밀도가 거의 일정한 경우에 해당한다. 회전 속도가 반지름에 무관하게 일정한 값을 갖게 되면 '편평한 회전'이라 하고 이때의 질량 분포는 밀도가 반지름의 제곱에 반비례라는 분포를 따른다. 따라서 우리 은하의 밀도는 중심 부근에서는 거의 상수이고 바깥 부분에서는 반지름의 제곱에 반비례한다(**글상자** 4-4).

밀도가 거리의 제곱에 반비례해서 떨어지면 멀리 갈수록 밀도는 빠른 속도로 희박해지지만 주어진 반지름 R 이내의 총 질량은 R 에 비례해서 증가한다. 따라서 우리 은하의 경계선이 어디에 있느냐에 따라 전체 질량의 크기가 달라진

글상자 4-4. 은하의 회전 속도 곡선과 질량 분포

은하 중심으로부터 R만큼 떨어져 있는 곳의 천체들이 속도 v로 회전을 하고 있다면 회전에 의한 단위 질량당 원심력은 v^2/R이다. 중력 가속도는 $GM(R)/R^2$이므로 이 두 힘이 평형을 이루기 위해서는 $M(R) = Rv^2/G$라는 관계를 만족시켜주어야 한다. 여기서 $M(R)$은 반지름 R 내부에 있는 모든 질량의 합이다. 만약 회전속도가 R에 비례한다면 (강체회전) $M(R) \propto R^3$ (또는 일정한 밀도)이어야 하고 R에 무관한 속도를 가진다면 (편평한 회전) $M(R) \propto R$ (또는 반지름의 제곱에 반비례하는 밀도)임을 알 수 있다. 우리 은하를 비롯한 대부분 은하의 경우 중심부에서는 강체 회전을 따르다가 바깥쪽으로 나가면 편평한 회전 속도 곡선을 보여준다.

다. 그러나 은하의 경계선이 어디에 있는지 찾아내는 것은 대단히 어려운 일이다.

직접적인 관측에 의하면 은하 중심에서 태양까지의 거리를 R_0($\approx$8.5kpc)라 할 때 약 2 R_0 까지는 편평한 회전 곡선이 유지된다는 사실이 알려져 있다.

우리 은하의 광도 분포가 어떤지를 알기가 어렵다는 사실은 이미 지적하였다. 그러나 외부 은하의 경우에 비추어 보면 광도는 중심에서 바깥쪽으로 나가면서 지수 함수 꼴로 감소해 나간다. 즉 바깥쪽에서는 밀도가 감소하는 것보다 훨씬 빠른 속도로 광도가 감소한다. 따라서 바깥쪽으로 갈수록 질량에 비해 광도가 낮다고 할 수 있다.

일반적으로 질량은 있으나 광도가 낮은 물질을 '암흑 물질'이라 한다. 따라서 은하 바깥 부분에는 암흑 물질이 많다고 할 수 있다. 그러나 암흑 물질의 정체는 잘 알려져 있지 않다. 가능한 암흑 물질의 후보로는 갈색 왜성이라 불리는 질량이 작은 별이나 중력으로만 작용하는 소립자 등을 들 수 있다. 암흑 물질은 그 속성상 직접 관측이 불가능하여 정체를 알아내기가 아주 어렵다.

암흑 물질은 은하 바깥 뿐 아니라 은하들이 모여 있는 은하단이나 우주 전체에도 많이 존재하는 것으로 추정한다. 이들이 모두 같은 종류의 물질인지조차

알려져 있지 않다. 암흑 물질은 현대 천문학이 풀어야 할 가장 어렵고도 중요한 과제 중 하나이다.

7. 미세 중력렌즈와 암흑 물질

천체의 질량을 측정하기 위해서는 일반적으로 중력 효과를 이용하고 있음을 이미 여러 차례 설명하였다. 만약 질량 뿐 아니라 그 물체의 본질을 더 정확히 알기 위해서는 직접적인 관측이 절대로 필요하다. 중력 효과를 통해 이미 그 존재가 알려져 있는 암흑 물질이 좋은 예이다. 그러나 암흑 물질은 거의 빛을 내지 않는 것이기 때문에 광학적인 방법으로 직접적인 관측이 매우 어렵다. 미세 중력렌즈는 크기가 아주 작은 천체 개개의 중력 효과를 직접 측정함으로써 이런 효과를 주는 천체의 성질을 알 수 있다.

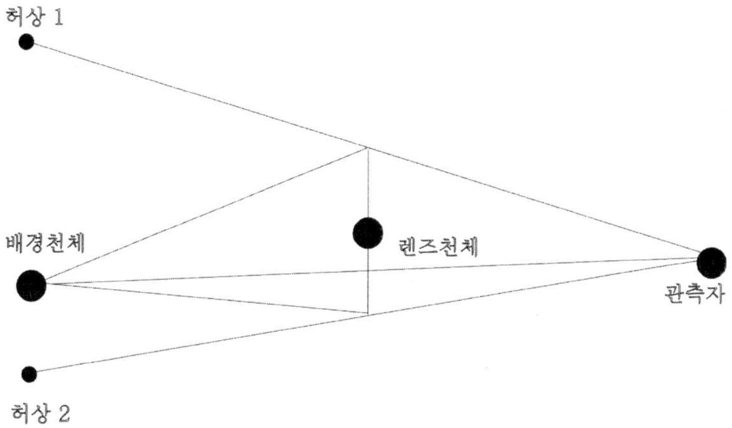

그림 4-11. 중력렌즈 현상. 배경 천체에서 나온 빛이 렌즈 천체 부근을 지날 때 중력에 의해 휘어진다. 관측자가 보면 허상 1과 허상 2가 보인다. 만약 배경 천체가 아주 멀리 떨어져 있는 퀘이사이고 렌즈 천체는 중간에 있는 은하라 하면 허상 1과 허상 2는 수초 정도 떨어져 있게 된다. 만약 렌즈 은하가 찌그러진 모양을 하고 있으면, 허상의 숫자는 더 많아질 수 있다.

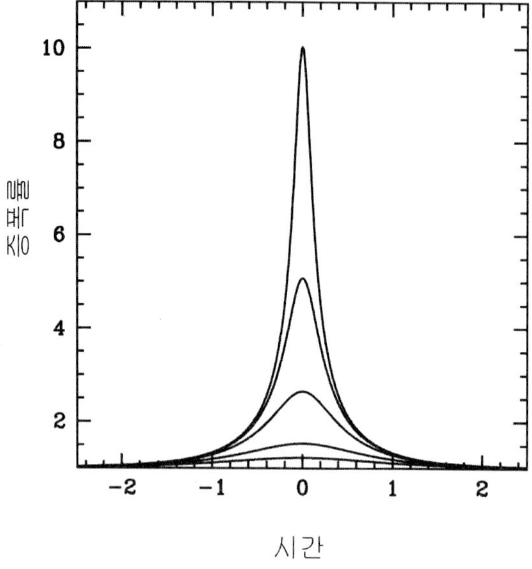

그림 4-12. 미세 중력렌즈에 의해 별빛이 밝아졌다 어두워지는 모습. 가장 증폭이 많이 되는 때는 배경 별과 렌즈 별이 천구상에서 최대한 가까워지는 때이며, 그 크기가 작을 수록 최대 증폭 량이 많아진다.

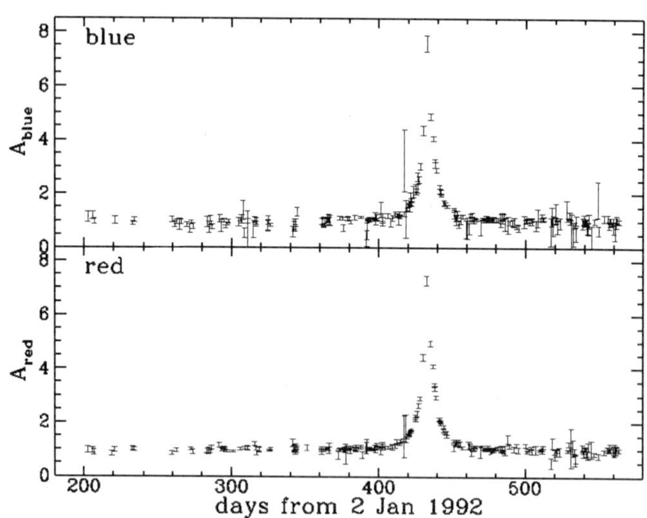

그림 4-13. 미세 중력렌즈에 의해 실제 별 밝기가 변한 경우. MACHO 프로젝트에서 얻어진 결과이다.

중력렌즈란 일반 상대론적 효과에 의해 빛이 질량이 큰 천체 부근을 지나갈 때 휘는 성질 때문에 광원과 관측자 사이에 있는 천체가 마치 렌즈의 역할을 하는 것을 말한다. 이러한 현상은 아주 멀리 있는 퀘이사나 은하로부터 오는 빛이 중간에 다른 은하 부근을 지나면서 나타날 수 있으며, 하나의 퀘이사가 여러 개의 퀘이사로 보이기도 한다. 일종의 신기루 현상과 같다(그림 4-11). 은하로 이루어진 중력렌즈는 약 10초 이하만큼 떨어진 여러 개의 상을 만들어 낸다.

만약 우리가 관측하는 어떤 별 방향으로 또 다른 별이 있다면 중간에 있는 별 역시 중력렌즈 역할을 하게 된다. 그러나 이 경우에는 서로 다른 상들 사이의 각도가 100만분의 1초 정도 떨어져 있어, 아무리 좋은 망원경으로도 분리해 낼 수 없다. 그 대신, 두별이 천구상에서 거의 일치하는 순간 서로 다른 경로로 날아가던 빛이 한 점에 모이면서 별빛이 아주 밝아지게 된다. 우리 은하에 있는 별들은 초속 100 km/sec 이상으로 운동을 하고 있기 때문에 별빛이 밝아졌다가 다시 어두워지는 데는 한 달 정도가 걸린다. 이렇게 별빛의 밝기만을 변하게 해 주는 아주 작은 중력렌즈를 미세 중력렌즈라 한다.

이 현상은 광학적으로 관측하기 어려운 질량이 작은 별이나 이미 식어서 빛을 내지 않는 백색왜성 등을 찾아내는데 아주 유용하다. 이런 종류의 별들은 우리 은하의 암흑 물질 후보 중 하나이다. 따라서 미세 중력렌즈를 통해 이런 천체의 양을 찾아내는 연구가 1990년 초반부터 활발히 진행되기 시작했다. 이 연구를 처음 시작한 것은 MACHO (Massive Compact Halo Object) 프로젝트로서 호주 국립천문대 망원경을 이용해 마젤란 성운에 있는 별을 계속적으로 관측하여 이 성운 방향에 있는 미세 중력렌즈 현상 탐색 실험을 1997년까지 수행하였다. 그림 4-13은 MACHO 연구진에 의해 가장 처음으로 발견된 미세 중력렌즈의 광도 곡선을 보여준다. 또 다른 연구진들은 우리 은하의 중앙팽대부 방향을 관측해 왔다. 지금까지 100여 개가 넘는 미세 중력렌즈가 발견되었다.

미세 중력렌즈 현상으로부터 중간에 빛을 휘게 하는 물체의 질량 추정은 이 물체 및 배경 별까지의 거리와 이 물체의 운동 속도를 알지 못하면 불가능하다. 따라서 미세 중력렌즈 현상을 이용한 연구는 통계적인 방법을 취한다. 미세 중력렌즈 실험의 중요한 목적 중 하나는 우리 은하에 존재하는 암흑 물질 가운데 질량이 작은 별이 차지하는 분량과 이들 별의 질량을 구하기 위한 것이다. 통계적인 방법을 통해 그 동안 발견된 100여개의 중력렌즈 사건을 분석한 결과 대략 미세 중력렌즈를 일으키는 물체의 질량은 태양 질량의 0.1~0.3배 정도이며 전체 암흑 물질의 약 20% 정도를 차지하는 것으로 알려졌다. 보다 정확한 정보는 더 많은 중력렌즈를 관측함으로써 얻어낼 수 있을 것이며 지금도 이러한 연구가 진행되고 있다.

8. 맺는 말

은하는 질량이 태양 질량의 천억 배가 넘는 거대한 천체다. 은하를 구성하는 천체의 종류도 열거할 수 없을 정도로 다양하다. 이 장에서는 지금까지 단순히 성간 물질과 별의 탄생, 물질의 분포 등에 대해서만 다루었다.

다음 장에서는 우리 은하가 아닌 외부 은하들에 대해 알아본다. 이 장의 첫머리에서 얘기한 대로 우리가 은하 속에서 살고 있어서 우리 은하의 전체 모습을 알기는 어렵고, 은하의 거시적인 구조는 은하 전체를 볼 수 있는 외부 은하의 연구를 통하여 더 잘 알 수 있다. 이런 이유로 우리 은하에 대한 지식 중 많은 부분이 외부 은하의 연구를 통해 밝혀졌다. 이 장에서 다루지 못한 주제의 일부는 다음 장에서 다루게 될 것이다.

참고 문헌

우리 은하의 구조를 위주로 설명한 책으로는 다음이 있다.

1. 은하계, 宮本昌典 지음, 최승언 옮김, 보진재 (1986)

다음 책은 성간 물질 연구에 필수적인 전파 천문학에 관해 기술하고 있다.

2. 전파 천문학, 민영철 지음, 동양 문화사 (1994)

5
은하와 은하단

앞서 살펴본 우리 은하는 별이 1,000억 개 정도 모여 있는 거대한 천체이며 이런 은하들이 모여 우주를 구성하고 있다. 원자나 분자가 물질을 이루는 기본 단위이듯이 우주를 이루는 기본 단위는 은하이다. 우주에는 약 1,000억 개의 은하가 자연의 법칙에 따라 서로 어우러져 존재하고 있다. 외부 은하의 존재가 확인된지 약 80년이 지난 지금 은하의 구조와 진화, 그리고 탄생 과정에 대한 많은 이해가 이루어졌지만 아직도 수수께끼에 싸여 있는 부분이 많이 있다. 다행히 지난 십여 년간 관측 장비와 컴퓨터의 급속한 발달에 힘입어 우리는 이제 은하와 우주의 신비를 푸는 새로운 단계에 들어섰다. 이 장에서는 20세기 초에 이루어진 은하 발견의 배경을 설명하고, 은하 연구의 기본이 되는 은하의 종류와 형태, 그 물리적 특성 등을 먼저 설명한 다음, 최근 이루어진 연구 결과를 중심으로 새 도전의 장으로 안내한다.

1. 은하의 발견

우리는 오늘 날 별과 행성은 물론 은하가 무엇인지 대부분 알고 있다. 그러나 제 1장에서 간단히 설명한대로 20세기 초만 해도 은하계 외에 이와 비슷하거나 더 큰 규모의 은하들이 존재한다는 사실을 모르고 있었다. 우리 은하밖에 다른 은하가 존재하리란 생각은 1755년 칸트(I. Kant)의 철학적 사고에 의해서 섬우주론으로 주장된 바 있으나 그 후로도 오랫동안 어떠한 관측 사실도 이를 입증하지 못했다. 물론 오늘날 우리가 은하라 부르는 천체들이 관측되기 시작한 것은 상당히 오래 되었다. 외부 은하에 대한 최초의 관측은 1770년대에 프랑스 천문학자인 메시에(Messier)에 의해 이루어졌다. 메시에는 10 cm 망원경을 이용하여 하늘에 있는 별과 모양이 다른 천체들을 체계적으로 조사하여 이들의 목록인 Messier Catalogue를 만들었다. 영국의 존 허셸(John Herschel)은 그의 아버지 윌리암 허셸의 작업을 물려받아 1864년에 약 5000개에 달하는 성운의 목록인 General Catalogue of Nebulae를 만들었다. 그 후 1888년에 미국의 드레이어(Dreyer)는 이를 더욱 확장하여 새로운 성운과 성단의 목록(New General Catalogue of Nebulae and Clusters of Stars, NGC라고 약칭함)을 만들어 오늘날에도 사용되고 있다. 지금도 성운, 외부 은하, 성단 등의 이름을 이들 목록의 번호로 부르고 있는데, 우리가 잘 아는 안드로메다 은하는 메시에 목록 번호인 M31 또는 드레이어가 만든 목록의 번호인 NGC224로 부르며, 오리온 성운은 M42, 초신성의 잔해로 남아있는 게 성운은 M1 또는 NGC1952로 부른다.

이런 연구의 결과로 19세기 중엽에는 이미 일반 별과 다른 성운(nebulae)이라 불리는 수천 개의 천체가 존재한다는 것을 알았으며 이들의 정체에 대해 천문학자들 사이에 많은 논란이 있었다. 그러나 그 당시 부분적 관측 사실은 섬우주론을 받아들이기 보다는 이를 부정하는 해석을 낳기가 일쑤였다. 1840년대에는 아일랜드의 대형 망원경에 의해 오리온 성운을 비롯해 여러 개의 성운들이 별들로 분해되자 성운의 대부분이 우리 은하계와 같은 거대한 항성계로 이해되기도 하였다. 그러나 곧 오리온 성운이나 다른 성운들에서 관측된 밝기나 모양의 변화 등은 이들이 거대한 또 다른 항성계라는 사실을 믿지 못하게 하였다. 특히, 1864년 영국의 천문학자인 허긴스(Huggins)에 의해 어떤 성운의 스펙트럼이 별의 스펙트럼과는 달리 밝은 가스에 의한 것으로 드러났다(이 성운은 행성상 성운이었다). 허셸이 같은 해 만든 성운 목록에 있는 성운 대부분이 은하면을 피해 존재한다는 사실이 프록터(Proctor)에 의해 알려지면서 이들이 우리 은하 밖에 있는 독립된 항성계라는 섬우주론의 주장은 점점 설득력을 잃게 되었다.

그러나 19세기 말에서 20세기 초에 걸쳐 이루어진 성운의 분광 관측은 이들 성운들이 별들의 집단일 가능성을 강하게 암시하였다. 이러한 예로 1898년 독일의 천문학자인 샤이너(Scheiner)에 의해서 관측된 나선 성운의 스펙트럼에서 일반 별에서 나타나는 흡수선이 발견된 것이나, 1899년 허긴스에 의해 안드로메다 성운의 스펙트럼에서 흡수선이 관측된 사실들을 들 수 있다. 성운에서의 이러한 흡수선 관측은 릭(Lick) 천문대의 36인치 반사 망원경을 이용한 파쓰(Fath)의 관측에 의해 확인되었고, 1912년에는 독일의 천문학자인 울프(Wolf)에 의해서도 거듭 확인되었다. 그러나 흡수선의 해석을 둘러싼 이견 때문에 흡수선의 존재가 외부 은하의 직접적인 증거로 채택되지는 않았다.

한편, 1910년을 전후하여 외부 은하임을 밝혀주는 가장 중요한 정보인 성운의 거리 측정을 많은 사람들이 다양한 방법으로 시도하였다. 이 때 도입된 성운의 거리 측정 방법은 오늘날 은하 거리 측정에도 이용된다. 그 당시 거리 측정을 위해 사용되는 표준 촉광은 우리 은하의 크기나 우리 은하 내부에서 발견된 신성의 밝기 등이었는데 많은 오차가 있어 그다지 정확한 거리를 얻을 수 없었다. 예를 들면, 1911년에 미국의 천문학자인 베리(Very)는 안드로메다 성운이 우리 은하와 같은 크기라 가정하여 이 성운의 거리가 3800광년이라고 추정하였다. 또 1885년에 안드로메다 성운에서 발견된 신성인 S And와 우리 은하계에서 발견되어 이미 거리를 알고 있던 페르세이(Persei) 신성의 광도와 비교하여 구한 거리는 1600광년이었다. 이들은 모두 현재 우리가 알고 있는 거리에 비하면 훨씬 작은 값이지만 그는 우리 은하의 크기를 120광년으로 알고 있어 안드로메다 성운이 우리 은하 바깥에 있다고 생각하였다. 성운의 거리를 측정한 또 다른 예는 1912년 울프(Wolf)에 의해 이루어진 것이다. 그는 우리 은하도 나선 성운과 같은 것으로 가정하고 은하수에 있는 검은 띠가 다른 성운들에서 보이는 검은 띠와 같은 것으로 생각하여 안드로메다 성운을 비롯한 몇 개의 나선 성운에 있는 검은 띠의 크기를 측정함으로써 이들 성운의 상대 거리를 구할 수 있었다. 그 당시 우리 은하 안의 천체로 믿었던 오리온 성운의 검은 띠와 오리온 성운의 거리로부터 이들 나선 성운의 거리를 구하였는데, 가장 가까운 안드로메다 성운의 거리가 33,000광년으로 그 때까지 알려진 우리 은하계보다 컸다. 1910년경에는 우리 은하의 크기를 3만 광년 정도로 보는 견해도 있었으나 대부분 학자들은 이보다 훨씬 작으리라 생각하였기 때문에 울프가 구한 성운까지의 거리는 이들 성운이 우리 은하밖에 있다는 것을 뜻하였다. 그러나 울프의 결과는 이들 성운이 이미 외부 은하라고 가정하여 구했으므로 섬우주론의 직접적 증거가 될 수는 없었다.

거리 측정과 함께 섬우주론을 강하게 뒷받침하는 관측 사실은 나선 성운의 시선 속도 측정이었다. 1910년 경 미국 로웰(Lowell) 천문대의 슬리퍼(Slipher)는 안드로메다 성운의 시선 속도를 관측하여 이 성운이 태양을 향하여 약 300 km/sec의 속도로 접근하고 있다는 사실을 발표하였다. 그 결과 많은 사람들이 다시 섬우주론을 지지하게 되었으나 그 자신은 처음에는 이 관측 사실이 섬우주론을 지지한다고 생각하지 못하였다. 특히 덴마크 천문학자인 헤르츠스프룽(Hertzsprung)은 슬리퍼의 관측 결과에 의해 나선 성운이 우리 은하 내의 천체인지 아닌지에 대한 중요한 의문이 풀리게 되었다고 확신했었다. 왜냐하면 그는 300 km/sec의 빠른 시선 속도를 가지는 나선 성운을 우리 은하의 중력으로는 잡아둘 수 없다고 생각하였기 때문이다. 이러한 관측에 힘입어 1910년대 중반에는 릭 천문대의 학자들을 중심으로 많은 천문학자들이 섬우주론을 지지하게 되었다. 특히 커티스(Curtis)는, 성운면이 우리의 시선 방향과 나란히 보이는 나선 성운에서 관측되는 검은 띠로부터, 우리 은하면 방향으로는 나선 성운이 보이지 않는 이유를 설명할 수 있었다. 만일 우리 은하도 나선 성운과 같은 것이라면 우리 은하의 은하면에 있는 검은 띠에 의해 뒤에 있는 천체들이 가리게 되어 이 방향으로는 나선 성운들이 보이지 않는 것이라고 추론하였다. 또한 1917년에는 리치(Ritchey)에 의해 흐린 신성이 나선 성운 NGC 6946에서 발견되고 이어서 많은 신성들이 나선 성운에서 발견되었다. 그는 자신과 다른 사람들이 발견한 신성의 거리를 분석하여 나선 성운들이 적어도 2천만 광년 이상 떨어진 천체들로서 우리 은하계 내부의 천체가 아님을 확신하였다.

그러나 이 시기에 이루어진 모든 관측이 이들 나선 성운이 외부 은하임을 말해주는 것은 아니었다. 많은 천문학자가 사진 건판을 이용하여 별의 정확한 위치를 연구하였다. 미국 윌슨 산 천문대의 반 마아넨(van Maanen)은 1916년에 리치가 1910년과 1915년에 찍은 M 101의 사진 건판을 이용하여 이 성운의 내부 운동이나 고유 운동을 조사하였다. 그는 리치의 사진 건판으로부터 약간의 운동을 감지할 수 있게 되자 릭 천문대의 커티스로부터 이 성운이 담긴 다른 사진 건판을 빌려서 보다 정확한 측정을 시도하였다. 이렇게 구한 나선 은하 M 101의 고유 운동은 연간 0.012초나 되었다. 이렇게 큰 고유 운동은 이 성운이 우리 은하 내의 가까운 천체일 때만 가능한 것으로서 그 당시 천문 학계를 지배하던 섬우주론과 정면으로 배치되는 관측 결과였고 천문학계에 많은 충격을 주었다. 그 당시 반 마아넨은 사진 건판에서 정밀한 측정을 잘하기로 이름난 천문학자였기 때문이다. 커티스를 비롯한 일부 천문학자들은 반 마아넨의 결과를 믿지 않았다. 그러나 그 당시 천문학계에서 큰 영향력을 행사하던 러셀(Russell)은 이로 말미암아 섬우주론에 대한 지지를 유보하게 되었고, 진즈(Jeans)와 같은 당대의 이론가는 반 마아넨의 관측과 섬우주론이 조화를 이루는 이론을 찾는데 열중하게 되었다. 또 다음에 설명할 외부 은하의 존재를 둘러싼 대논쟁의 또 한 명의 주역인 윌슨산 천문대의 샤플리(Shapley)는 반 마아넨의 측정 결과를 자신의 중요한 논거로 사용하였다.

한편 나선 성운의 연구가 한창 진행되고 있을 무렵, 윌슨산 천문대의 샤플리는 2.5m 망원경을 이용하여 구상 성단에 있는 별의 색과 등급을 연구하였다. 그는 구상 성단의 특성을 이해하는데 거리가 극히 중요하다고 생각하여 이를 구하는 방법을 연구하였다. 그 결과 그는 1915년에 이미 구상 성단의 크기가 클수록 성단에 있는 가장 밝은 별의 밝기가 밝다는 사실을 알아내 이 두 물리량들의 상관 관계로부터 성단의 상대적인 거리를 구할 수 있었다. 또한 그는 몇 개 성단까지의 거리를 헤르츠스프룽이 제시한 세페이드 변광성의 주기 – 광도 관계(제 3-7절 참조) 등을 이용해 구할 수 있었다. 이렇게 구한 구상 성단의 거리 중에는 그 당시 알려진 은하계의 크기보다 더 큰 값도 있었다. 예를 들어 샤플리는

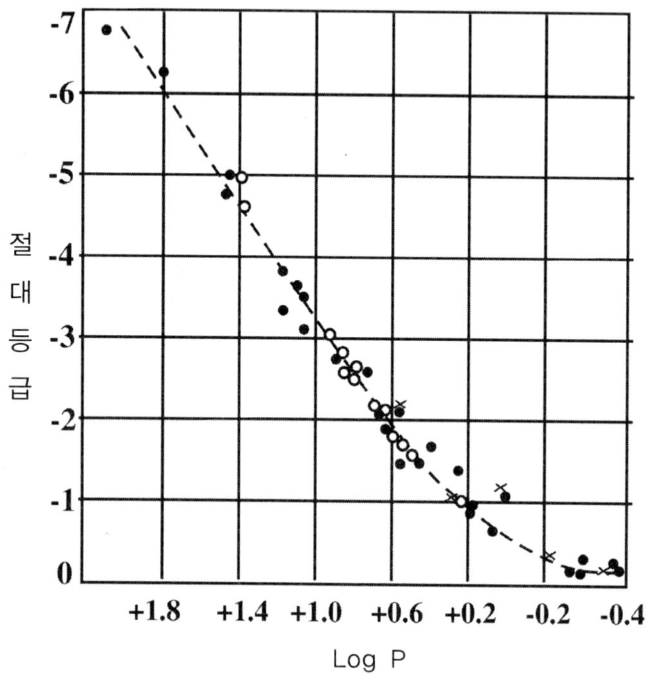

그림 5-1. 1918년 샤플리가 구한 세페이드 변광성의 주기-광도 관계.

은하계의 크기가 20,000광년보다 크지 않을 것으로 생각하였는데 그가 구한 구상 성단 M13의 거리는 100,000광년이고 그 크기도 우리 은하계의 크기와 견줄 만하다고 생각하였다. 그래서 그는 한 때 구상 성단도 하나의 은하인 섬우주론을 생각하기도 하였으나, 곧 자신의 보다 체계적인 관측에 의해 수정되었다. 그는 구상 성단의 거리를 더 정확히 알기 위해 세페이드 변광성의 주기-광도 관계를 직접 구하여(그림 5-1) 적용하였다. 세페이드 변광성이 발견되지 않은 구상 성단에 대해서는 이미 거리가 결정된 구상 성단의 통계적 특성을 이용해 거리를 구하였는데, 그 한 가지는 성단에서 가장 밝은 여러 별의 평균 등급을 이용하는 것이고, 다른 한 가지는 성단의 평균 크기를 이용하는 것이었다. 그 결과 1918년에는 그 당시 알려진 모든 구상 성단의 거리를 구할 수 있었고 이들 성단의 분포를 이용해 은하계의 획기적 모형을 만들 수 있었다. 이렇게 얻어낸 은하계의 크기는 카프타인(Kapteyn)이 별세기 방법으로 얻은 종래의 은하계의 크기보다 10배 정도 더 큰 약 300,000 광년이었으며, 태양의 위치도 은하계의 중심에서 가장자리로 밀려나게 되었다. 그의 은하계의 모형은 16세기 코페르니쿠스(Copernicus)에 의한 지구 중심설에서 태양 중심설로의 전환에 버금가는 인식의 변화를 요구하였으므로 많은 천문학자들은 이 모형을 받아들이기를 주저하였다. 더구나 샤플리는 반 마아넨이 측정한 나선 성운의 고유 운동을 믿어 이들 나선 성운이 우리 은하 내에 있는 가까운 성운이라고 해석하여 나선 성운이 외부 은하라고 생각하는 섬우주론 지지자들의 거센 반발에 부딪혔다. 왜냐하면 커티스를 위시한 대부분의 섬우주론 지지자는 우리 은하계의 크기가 30,000 광년 이상 된다고는 생각하지 않았다. 신성 관측에 의한 나선 성운의 거리 추정 결과에 의하면 이들이 우리 은하계 밖의 천체이고 크기도 우리 은하계에 버금가는 다른 은하라고 여겼으므로 샤플리가 구한 구상 성단의 거리나 은하계의 크기를 받아들일 수 없었던 것이다. 우리 은하계의 크기와 외부 은하의 존재를 둘러싼 이런 견해차는 서로 다른 관측 자료를 바탕으로 얻은 결론이라서 좀처럼 좁혀질 수 없었다. 결국 이 문제는 당대의 가장 큰 관심거리가 되어 오늘날 20세기 천문학사에서 가장 큰 과학적 논쟁이라 부르는 1920년 커티스 - 샤플리의 대논쟁을 낳게 되었다.(최근에 밝혀진 일이지만 1920년 4월 26일 미국 과학아카데미에서 있었던 실제 청중 앞에서의 논쟁은 샤플리가 기피하여 그다지 깊이 있게 진행되지 않았다고 한다. 이 논쟁은 대부분 사건을 전후한 샤플리와 커티스의 논문에 바탕한 것이다([Smith : The Expanding Universe 1982]).

이 논쟁에서 커티스는 비록 케프타인의 모형이 전적으로 옳다고 생각하지는 않았지만, 케프타인과 같이 우리 은하계의 크기가 30,000 광년은 넘지 않을 것이라고 생각했으며, 태양도 우리 은하계의 중심에 있다는 생각에서 벗어나지 못하였다. 그러나 그는 하늘에서 나선 성운이 보이지 않는 지역이 존재하는 이유를 제대로 설명함으로써 외부 은하의 존재를 간접적으로 증명할 수 있었다. 또 대부분의 사람들이 믿었던 반 마아넨이 구한 나선 성운의 고유 운동을 오류라고 판단하고 신성에 의한 나선 성운의 거리를 택함으로써 나선 성운의 거리를 비교적 정확하게 추론할 수 있었다. 반면, 샤플리는 오늘날 관점으로도 은하계의 크기를 너무 크게 생각하였지만, 태양의 위치에 대한 근본적 수정을 가함으로써 우리 은하계의 구조에 관한 올바른 추정을 하였다. 샤플리도 한 때 1917년에 구한 나선 성운에서 발견된 신성의 거리에 동의하고 이것이 나선 성운이 외부 은하로 생각될 수 있는 유력한 증거임을 알았지만, 나선 성운의 거리를 말해주는 준거로서 반 마아넨의 측정을 선택함으로써 외부 은하의 존재를 부인하는 잘못을 범하였다. 결국 이 논쟁은 1924년 윌슨 산 천문대의 허블(Hubble)이 2.5m 망원경을 이용하여 안드로메다 은하에서 세페이드 변광성을 발견함으로서 끝났으나, 서로 엉켜있는 관측 자료들로부터 올바른 과학적 추론을 하는 것이 얼마나 어려운 일인가를 보여주는 좋은 예가 되었다.

2. 은하의 분류

우리가 오늘날 발달된 관측 기술과 장비를 이용하여 이제 존재가 확인되기 시작한 천체를 연구한다면 어떠한 방법이 가장 효과적일까? 허블은 안드로메다 은하에서 세페이드 변광성을 발견한 후 윌슨 산의 2.5 m 망원경을 이용하여 본격적인 은하 연구에 몰두하였다. 그는 수없이 많은 은하를 효과적으로 연구하는 방법은 이들을 적절히 분류하여 각 무리의 공통된 특성을 살피는 것이라 믿었다. 그는 1925년 사진 건판 위에 나타난 은하 형태를 토대로 은하의 분류체계를 세워 오늘날 은하 연구의 근간을 만들었다. 물론 지금은 사진 이외에 CCD 등을 이용하여 보다 손쉽게 은하를 관측할 수 있다. 또 가시광선뿐 아니라 전파, 적외선, 자외선, X-선, 감마선 등 모든 파장을 이용해 은하의 특성을 훨씬 다양한 방법으로 연구할 수 있다. 그 결과 허블 당시의 연구에서는 구별할 수 없었던 은하의 새로운 특성이 많이 발견되고 있다.

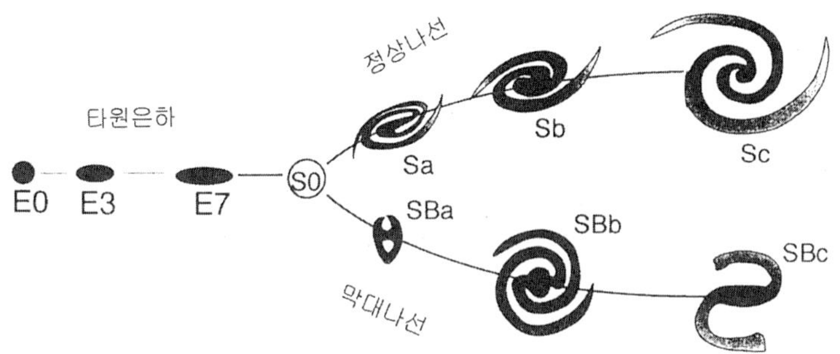

그림 5-2. 허블의 은하 분류.

2.1 은하의 종류와 허블의 은하 분류

은하는 그 모양이 둥근 것, 납작한 것, 나선 팔을 가진 것, 특별한 모양이 없는 것 등 각양 각색이다. 허블은 은하를 구조의 대칭성을 가지는 규칙 은하와 뚜렷한 대칭성을 보이지 않는 불규칙 은하로 양분하였다. 규칙 은하를 다시 타원 은하와 나선 은하로 나눈 다음, 나선 은하는 다시 막대 구조를 가지는 막대 나선 은하와 막대가 없는 정상 나선 은하로 나누고 이들을 다시 구체적인 모양의 변화에 따라 더욱 세분하였다. 그는 후에 타원 은하와 나선 은하 사이에 렌즈 은하를 더하면서 렌즈 은하와 나선 은하는 나선 팔의 유무로 구별하였다. 그림 5-2는 허블이 그의 완성된 분류 체계를 1936년 발간한 '성운의 세계(The Realm of the Nebulae)'라는 책에 실은 것이다. 이러한 분류 체계는 은하의 진화와는 전혀 상관이 없이 이루어졌으나, 왼쪽에 있는 것을 조기형, 오른쪽에 있는 것을 만기형이라 부른다.

타원 은하는 이름이 암시하는 대로 공모양이나 타원 모양을 하는 은하로서 중심으로부터 거리가 증가할수록 광도가 점차 감소하는 것 외에 다른 특별한 형태를 보이지 않는다. 이들 은하는 편평도에 따라 다시 E0에서 E7으로 세분한다. 여기서 세분의 기준은 겉보기 장반경 a와 단반경 b를 이용하여 구하며 타원 은하 En의 n은 다음과 같이 정의한다.

$$n = 10\frac{a-b}{a}.$$

현재까지 관측된 은하에서 n이 7보다 큰 은하를 볼 수 없는데 이는 실제 타원 은하의 편평도에 한계가 있음을 뜻한다. 왜냐하면 하늘에 투영된 은하의 편평도는 실제 편평도보다 항상 작아지기 때문이다. 예를 들어 우리가 달걀과 같이 생긴 타원 은하를 관측한다고 할 때 관측된 은하의 편평도는 보는 방향에 따라 다르게 보인다.

만약 달걀의 긴축이 우리의 시선 방향과 일치하면 우리는 이 은하를 $n=0$인 은하로 볼 것이며 짧은 축이 우리의 시선 방향과 일치하게 놓여 있다면 우리는 이 은하를 $n=2$ 정도로 관측하게 될 것이다. 그림 5-3은 M86으로서 E3 은하이다.

그림 5-3. 타원 은하 M86(사진 제공 : 한국천문연구원 전영범 연구원).

그림 5-4. 보통 나선 은하인 M51(사진 제공 : 한국천문연구원 전영범 연구원).

나선 은하는 타원 은하와 달리 구조가 좀 더 복잡하다. 그림 5-4에서 볼 수 있는 것처럼 이들 은하의 중심부에는 밝고 팽창된 핵이 있으며, 바깥 부근에는 흐린 원반을 배경으로 밝고 푸른 나선 팔이 있다. 나선 팔은 보통 핵의 가장자리나 막대의 끝에서 대칭적으로 나타난다. 가까이 있는 은하의 나선 팔에서 별이나 HII 영역이 분해되어 보이기도 하는데, 이들 대부분은 이제 막 태어난 젊고 푸르며 밝은 별이다. 이런 나선 팔은 푸른빛에 민감한 사진 건판에서 더욱 두드러지게 나타나기 때문에 은하 관측의 초기부터 주목을 받게 되었다. 그림 5-2에서 볼 수 있는 것처럼 정상 나선 은하는 Sa, Sb, Sc로 다시 세분된다. 이런 구분은 핵의 크기, 나선 팔이 감긴 정도, 그리고 팔이 반점들로 분해된 정도에 따라 이루어진 것이다. Sa 은하는 핵이 크고, 팔은 거의 원형으로 단단히 감겨 있으며, 연속적이며 매끈한 모양을 하고 있다. 반면에 Sc 은하는 핵이 작고, 팔은 거의 열려있으며, 부분적으로 많이 끊어지고 부분 부분 덩어리져 있다. 나선 은하의 형태는 a, b, c에 따라 연속적으로 변하므로 Sb 은하는 Sa 은하와 Sc 은하의 중간 형태라고 할 수 있다. 또 막대 나선 은하는 SBa, SBb, SBc로 나누어진다. 중심을 가로지르는 막대를 제외하고는 정상 나선 은하와 거의 비슷한 모습을 하고 있다. 나선 은하의 나선 팔은 1960년대에 샌디지(Sandage)나 드 보끄레르(de Vaucouleurs)가 고리의 형태나(r), S형태(s)의 팔로 더 세분하였다. 특히 막대 나선 은하에서 고리가 명백히 보이는 경우가 많아, 막대에 접해서 생긴 고리를 보통 내부 고리라 부르고, 막대보다 더 바깥 부근에 생긴 고리를 외부 고리라 부른다. 그림 5-5는 이런 고리가 있는 막대 나선 은하의 전형적인 예를 보여준다. 최근의 역학적 이론 모형들에 의하면 이러한 고리는 막대에 의해 원반 물질이 재배열되어 생긴 것으로 보여 진다. 따라서 이들 고리는 은하에서 긴 시간을 두고 일어나는 영년 진화[1])의 연구에 중요한 정보를 제공한다. 또, 나선 은하 중에는 그림 5-4에서와 같이 대칭적으로 잘 발달한 2개의 팔을 가지는 은하가 많지만 어떤 은하들은 그렇게 두드러지지 않은 물결 모양의 작은 팔을 여러 개 가

---

1). 거의 안정된 상태에서 일어나는 느린 진화를 영년 진화(secular evolution)라 한다.

그림 5-5. 고리를 가지는 막대 나선 은하인 NGC 13981(사진 제공 : NOAO)http://www.noao.edu/ outreach/aop/observers/n1398.html).

지고 있다.

렌즈 은하는 S0로 표시하며, 나선 은하와 모양은 같으나 단지 나선 팔이 없으며, 이들 중 막대가 있는 것을 SB0로 나타내고 막대 렌즈 은하라 부른다. 렌즈 은하는 형태적 특성이 타원 은하와 나선 은하의 중간을 보이기 때문에 종종 나선 은하나 타원 은하와 혼돈하는 경우가 많다. 그러나 최근에 반 덴 버그(van den Bergh)는 렌즈 은하 핵[2)]의 크기가 나선 은하와 타원 은하 핵의 중간 크기가 아니라 조기형 나선 은하에서 만기형 나선 은하의 핵에 이르는 다양한 크기를 가지기 때문에 이들을 정상 나선 은하나 막대 나선 은하와 평행한 계열을 이루는 은하인 S0a, S0b, S0c 등으로 분류하여야 한다고 생각하였다. 이러한 주장은 그 후 은하에 대한 자세한 관측에 의해 입증되고 있으나 여전히

---

2). 은하 중심에 있는 작고 밝은 부분을 은하 핵이라 부른다.

대부분의 사람은 렌즈 은하의 위치를 타원 은하와 나선 은하의 사이에 두고 있다.

허블은 앞에서 설명한 분류에 들지 않는 은하들을 불규칙 은하로 불렀고, 다시 제1형 불규칙 은하(Irr I)와 제2형 불규칙 은하(Irr II)로 구별하였다. Irr I은 핵이나 축대칭성과 같은 구조적 특성은 보이지 않으나 형태에서 어느 정도 규칙성이 보이는 은하들이다. 대마젤란 은하(LMC)나 소마젤란 은하(SMC)가 대표적인 예이다. 특히, Irr I 에서는 그림 5-6에 있는 대마젤란 은하에서 볼 수 있는 것처럼 때때로 막대의 형태가 관측되기도 한다. Irr II는 구조에 규칙적 특성

그림 5-6. 불규칙 은하인 대마젤란 은하(사진 제공 : 한국천문연구원 전영범 연구원).

이 거의 나타나지 않는 은하로, 대부분 최근에 폭발이나 두 은하의 충돌에 따른 병합 등 격렬한 변화를 겪은 은하라서 실제 고립된 Irr II 는 그렇게 흔하지 않다. 불규칙 은하는 대부분 질량이 작아 많이 관측되지 않았으나, 우리 은하에 아주 가까이 있는 은하들을 보면 타원 은하나 나선 은하보다 훨씬 많다. 특히 우리 은하가 속한 국부 은하단에서 나선 은하는 우리 은하와 안드로메다 은하, 그리고 M33으로 부르는 삼각 자리의 은하밖에 없고 대부분이 불규칙 은하이거나 왜소

그림 5-7. 불규칙 은하 M82(사진 제공 : 한국천문연구원 전영범 연구원).

타원 은하다. 그림 5-7은 불규칙 은하의 한 예이다.

2.2 허블 분류의 해석

허블의 은하 분류를 나타내는 그림 5-2를 보면 마치 은하들이 왼쪽에서 오른쪽으로, 또는 반대 방향으로 진화하는 듯한 인상을 받는다. 허블도 은하를 분류한 초기에는 진즈의 은하 진화 이론에 따라 모든 은하들이 타원 은하로부터 진화하여 만들어진다고 생각하였다. 물론 허블의 분류는 단순히 관측된 은하의 형태적 특성에 따라 이루어진 것이며, 은하의 분류가 완성된 후에는 허블도 이를 은하의 진화와 연관시키지는 않았지만 은하 분류의 초기에는 이를 진화의 결과로 해석하였던 것이다. 허블은 타원 은하가 팽창하면서 핵에 있는 물질이 밖으로 나와 나선 팔을 만들게 되고, 진화가 진행되면서 팔이 점점 열려져 핵은 작아진다고 생각하였다. 우리들이 오늘날에도 Sa 은하를 조기형 은하로 부르고, Sc 은하를 만기형 은하로 부르는 것도 과거에 허블의 은하 분류를 진화의 계열로 여긴데서 비롯한 것이다.

은하의 형태는 과연 진화의 단계에 의해 결정되는 것일까? 이 물음에 대해 오늘날 대부분 천문학자들은 부정적인 견해를 갖고 있다. 서로 다른 형태의 은하가 각각 독립적으로 만들어졌다고 믿게된 중요한 이유는 은하별로 질량과 각운동량이 서로 뚜렷하게 다르다는 점이다. 타원 은하의 질량은 구상 성단의 질량보다 조금 큰 것에서부터 가장 큰 나선 은하의 질량보다도 수 백 배 이상 큰 것에 이르기까지 분포가 다양한 반면, 나선 은하의 질량 범위는 훨씬 좁다. 또한 분광 관측에 의해 알려진 은하들의 운동학적 특성을 살펴보면 타원 은하는 회전이 작고 나선 은하는 회전이 큰데, 이러한 회전의 큰 차이는 각운동량이 크게 다름을 보여주는 것이다. 각운동량은 외부로부터 힘을 받지 않는 한 보존되는 양이므로, 고립된 은하의 각운동량은 은하의 진화와 상관없이 변하지 않는다. 따라서 특별한 가정을 하지 않는 한 타원 은하에서 나선 은하로, 또는 그 반대로의 진화는 불가능하다.

그렇다면 은하의 형태가 이처럼 다른 것은 무엇 때문일까? 은하의 각 형태는 이들 은하가 탄생할 당시에 가졌던 초기 조건의 차이에 의해 결정되었으리라 믿고 있다. 은하의 형태를 결정하는 중요한 물리량은 아마 질량과 각 운동량이었을 것이며 이들을 둘러싼 주변의 환경도 매우 중요한 역할을 하였을 것이다. 은하가 탄생하기 전 원시 은하 구름[3]의 각 운동량이 큰 경우, 중력에 의해 수축은 나선 은하와 같이 납작한 형태를 만들었을 것이다. 반대로 회전을 하지 않은 원시 은하 구름은 수축 후 공 모양의 은하가 되었을 것이다. 물론 은하의 탄생과 진화를 이처럼 간단히 설명할 수는 없다. 타원 은하와 나선 은하는 그들의 모양뿐 아니라 은하를 구성하는 별의 종류나 성간 물질의 있고 없음도 다른데, 이러한 구체적인 은하의 물리적 특성을 설명하기 위해서는 보다 많은 변수들을 고려해야 한다. 더구나 나선 은하는 막대가 있는 경우와 없는 경우의 큰 갈림이 있고, 다시 핵의 크기나 나선 팔이 열린 정도 등에 따라 다르기 때문에, 은하의 탄생이나 진화를 설명하는 것은 아주 어려운 문제이고 여전히 미해결의 과제로 남아 있다. 특히 최근에 발견된 나선 은하의 원반을 둘러싸고 있는 무거운 헤일로[4]는 거의 공 모양에 가까워 각 운동량의 분포와 관련하여 새로운 의문을 던져주고 있다.

은하는 만들어진 후 다른 은하와 충돌할 확률이 많다. 특히 우주는 팽창하고 있으므로, 과거에는 은하 사이의 거리가 더 작았으므로 은하 충돌도 더 빈번했으리라 생각된다. 최근 수치모의 실험에 의하면 은하 사이의 충돌은 은하가 만들어지고 진화하는 중요한 과정 중 하나임을 보여주고 있다.

두 은하가 충돌하면 대개 하나의 무거운 은하로 바뀌며, 이런 현상을 합병이라 한다. 합병된 은하는 충돌하기 전 은하와는 다른 형태학적 특성을 가지게 될 것이다. 예를 들어 나선 은하에 많이 있는 가스는 충돌 과정에서 벗겨져 나갈 수 있으며, 이런 이유로 나선 은하의 합병이 타원 은하의 형성을 가져온다고 하는 견해도 있다. 그 증거의 하나로서 은하단의 중심부에 거의 예외 없이 존재하는 거대 타원 은하를 들 수 있는데, 이러한 거대 타원 은하는 여러 차례의 합병을

3). 은하의 모태가 되는 구름
4). 나선 은하의 바깥 부분으로서 나이가 오래된 별과 암흑 물질 등으로 이루어져 있다.

거쳐 만들어졌을 가능성이 상당히 높다. 그러나 모든 은하의 특성이 합병에 의해서만 결정되지는 않을 것이다.

3. 은하의 특성

은하는 모양의 차이 못지않게 은하를 구성하는 별의 종류, 성간 물질의 양, 광도와 색, 질량, 화학 조성 등 제반 물리적 특성 또한 크게 다르다. 은하의 종류에 따른 이러한 물리적 성질의 차이는 결국 은하의 모양과 함께 각 은하에서 이루어진 진화의 차이에서 비롯된 것이다. 따라서 은하의 구조와 진화를 이해하려면 먼저 관측으로부터 이들 은하의 물리적 특성을 알아야 할 것이다.

3.1 광도와 색

은하의 관측으로부터 가장 쉽게 알 수 있는 것은 광도와 색이다. 물론 광도를 구하기 위해서는 거리를 알아야 하므로 광도의 정확도는 거리의 오차에 크게 의존한다. 은하의 거리를 안다면 밝기를 측정하여 광도를 구하는 것은 쉬운 일이다. 관측에 의하면 나선 은하는 광도의 범위가 비교적 좁으나 타원 은하는 가장 흐린 은하에서부터 가장 밝은 은하에 이르기까지 그 범위가 매우 넓다. 앞에서 타원 은하의 질량 폭이 크다는 사실도 실은 이 광도의 범위로부터 끌어낸 것이다. 광도와 함께 직접 관측되는 물리량으로서 은하의 크기를 들 수 있다. 타원 은하의 경우 광도의 범위가 넓은 것과 마찬가지로 크기의 범위도 매우 크다. 이처럼 크기나 광도가 아주 작은 타원 은하를 왜소 타원 은하라 하며 dE[5]로 표시하고, 크기가 보통 타원 은하보다 훨씬 큰 타원 은하를 거대 타원 은하라 부르며 cD[6]로 나타내어 일반적인 타원 은하와 구별한다. cD 은하는 그

---

[5]. 난쟁이 타원은하라는 뜻인 dwarf ellipticals의 머리글자를 딴 것이다.

[6]. C는 Supergiant를 나타내며 D는 은하분류의 초기에 타원 은하와 유사하나 바깥 부분이 더 많이 퍼져있는 은하를 지칭하기 위해 도입된 기호이다.

그림 5-8. 밀집 은하단 중 하나인 코마 은하단의 중심부(사진 제공 : Misti Mountain Observatory, http://www. mistisoftware.com/astronomy/index.htm).

림 5-8에 있는 코마 은하단처럼 주로 밀도가 큰 은하단의 중심부에 자리 잡고 있는데, 앞에서 설명한 것처럼 은하의 합병에 의해 생겼을 것으로 추측하고 있다.

은하의 색은 주로 구성하고 있는 별의 종류에 의해 결정된다. 관측에 의하면 타원 은하는 색깔이 비교적 붉고 나선 은하는 푸르다. 중심으로부터의 거리에 따른 색깔의 변화를 보면 타원 은하는 거의 변화가 없고 나선 은하는 중심부에서 가장자리로 나감에 따라 색깔이 점점 푸르게 된다. 타원 은하의 광도도 중심으로부터 밖으로 나가면서 매우 단조롭게 변하는데, 이러한 광도 변화와 거의 일정한 색깔은 별 성분이 은하의 위치에 무관함을 보여주며, 색깔이 붉은 것은 타원 은하를 구성하는 별들이 대부분 나이가 많은 별임을 나타낸다고 할 수 있다. 나선 은하의 경우 색깔이 중심으로부터의 거리에 따라 변하는 현상은 여러 가지 원인에 의해 일어날 수 있으나 주로 핵에 있는 별과 나선 팔에 있는 별의 종족이 다르기 때문이라고 생각한다. 즉 나선 은하의 핵이나 타원 은하에 있는 별들은 대부분이 나이가 많은 종족 II의 별이라서 붉고, 나선 팔에 있는 별들은 종족 I의 젊은 별이라서 색깔이 푸른 것이다. 이처럼 은하 내의 위치에 따라 서로 다른 별의 종족이 있다는 사실은 은하의 색깔뿐만 아니라 광도 분포로도 알 수 있다. 뒤에서 보게 되듯이 나선 은하의 광도 분포는 핵을 포함한 중앙 팽대부의 광도와 원반 광도의 합성으로 이루어진다.

3.2 은하의 질량

별의 질량이 별의 탄생에서 죽음에 이르는 전 진화 과정을 지배하듯이 은하에서도 구조와 특성을 결정하는 가장 중요한 물리량 중 하나가 질량이다. 그러나 은하의 경우 질량을 구하는 것이 그리 간단하지 않다. 우리 은하의 경우 태양 부근의 별을 한개 한개 세어서 이들 질량을 합하고 은하 내 별의 분포를 적절히 적용하여 대강 질량을 구할 수 있다. 물론 이 방법은 개념적으로도 간단하고 은하의 구조를 그대로 반영하는 가장 직접적인 방법이지만 이렇게 구한 질량조차 은하계를 구성하는 별들의 분포를 어떻게 가정하느냐에 따라 크게 다르기 때문에 그렇게 정확한 것은 아니며, 외부 은하의 경우에는 전혀 적용할 수 없다.

은하의 질량을 구하는 직접적인 방법은 쌍성에서와 같이 서로 질량 중심에 대해 회전하고 있는 이중 은하를 관측하여 케플러의 법칙을 적용하는 것이다. 그러나 이 방법으로 질량을 구하는 데에도 몇 가지 문제가 있다. 우선 겉보기에 이중 은하로 보이는 것들이 실제 역학적 이중 은하인지 판단하기가 어렵다. 또한 쌍성계의 경우와 달리 은하의 회전 주기는 보통 10^8년 이상이므로 이 주기를 직접 구할 수 있는 방법은 없고 여러 은하들의 시선 속도를 관측하여 통계적 방법으로 주기를 구할 수밖에 없다. 이중 은하로부터 은하의 질량을 구할 때 또 다른 문제는 은하의 거리에 따른 오차이다. 케플러의 제3법칙에 의하면 질량은 거리의 세제곱에 비례하기 때문에 거리의 조그만 오차가 질량에는 큰 오차로 작용될 수 있는 것이다.

우리 은하 뿐 아니라 외부 은하의 질량에도 두루 적용할 수 있는 보다 좋은 방법은 은하의 회전 운동을 이용하는 것이다. 나선 은하나 렌즈 은하의 경우 대부분의 별들은 은하 중심에 대해 원운동을 하게 된다. 이 경우 별이나 성간구름의 원운동 속도를 관측하면 은하의 질량을 구할 수 있다. 즉, 태양을 비롯한 별들이 은하 중심에 대해 원운동을 하고 있다면 중력과 원운동에 의한 원심력이 균형을 이루어야 한다. 따라서 별의 원운동 속도를 V_c라하고, 은하 중심에서 별까지의 거리를 r이라 할 때 은하의 질량 M_G는 다음과 같다(글상자 4-4 참조).

$$M_G = \frac{rV_C^2}{G}$$

여기서 G는 만유인력 상수이고, M_G는 반지름 r 안쪽에 있는 은하의 질량이다. 태양은 $V_c \approx 220$ km/sec의 속도로 은하 중심으로부터 약 8.5 kpc 떨어진 궤도를 돌고 있어, 위 식에 대입하면 태양 궤도 안쪽의 은하 질량은 약 $10^{11}M_\odot$ 임을 알 수 있다. 이 방법을 이용해 은하 질량을 비교적 정확히 구할 수 있으나 회전 속도 곡선이 관측된 영역 밖의 질량은 알 수 없다는 단점이 있다.

1960년대에 중성 수소가 방출하는 21 cm 전파를 이용해 우리 은하계의 회전 속도(그림 4-10 참조)와 함께 외부 은하의 회전 속도가 관측되기 시작하였다. 그 후 1980년대에는 나선 은하에 대한 회전 속도 곡선이 보다 상세히 관측되었다. 대부분 나선 은하의 회전 속도 곡선은 우리 은하의 경우와 마찬가지로 안쪽에서는 중심으로부터의 거리가 증가함에 따라 회전 속도가 급격히 증가하다가 바깥 부분에서는 회전 속도가 거의 일정하거나 완만히 증가하는 모습을 보여준다(그림 5-9). 이처럼 회전 속도가 반지름과 함께 증가하거나 거의 일정한 값을 유지하기 위해서는 은하 바깥 부분에도 질량이 많이 있어야 하지만 관측된 별이나 성간 물질의 질량으로서는 도저히 이러한 회전 곡선을 설명할 수 없었다. 이런 현상을 설명하기 위해 제 4-6절에서 설명한 바와 같이 은하 바깥쪽에 주로 많이 있는 '암흑 물질'이란 새로운 개념의 도입이 필요하게 되었다. 즉 빛을 내

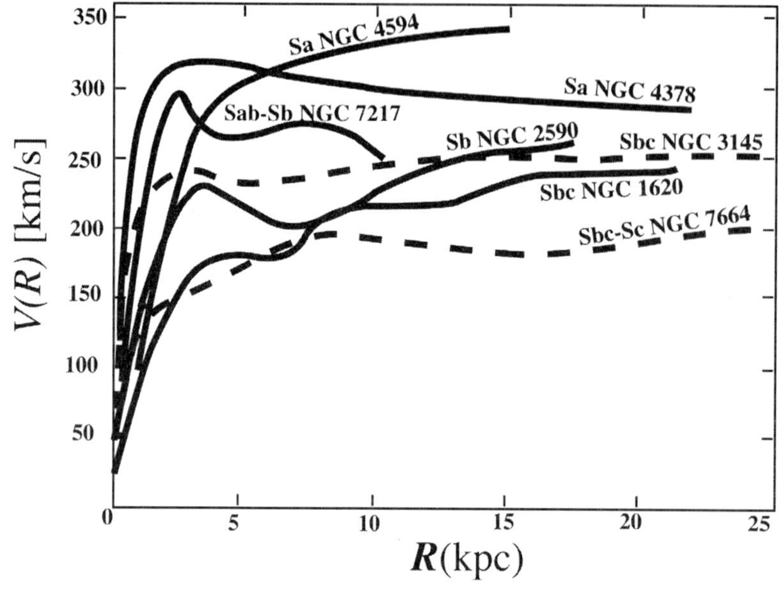

그림 5-9. 관측된 나선 은하들의 회전 속도 곡선.

지 않아 볼 수는 없으나 그들의 질량에 의해 다른 물체에 중력을 가하는 물질인 암흑 물질이 헤일로에 있어야 관측되는 회전 속도 곡선을 설명할 수 있다는 것이다. 회전 속도 곡선을 만족시키는 암흑 물질의 양은 은하에 따라 다르지만 원반에 있는 물질의 양보다는 많아야 한다. 또 편평한 회전 속도 곡선으로부터 유추되는 은하 질량은 은하 중심으로부터의 거리에 비례하는 반면 누적 광도는 어느 정도 밖으로 나가면 일정해지므로 암흑 물질은 주로 은하 바깥쪽에서 중요한 역할을 한다.

암흑 물질의 존재는 은하의 질량과 관련된 몇 가지 다른 관측에서도 조금씩 암시되었는데, 그 중 하나가 은하단의 질량 문제였다. 은하의 질량을 구할 수 있는 또 다른 유력한 방법 중의 하나는 별에서와 같이 질량과 광도간의 관계를 이용하는 것이다. 물론 은하에 대한 질량-광도 관계는 별과는 달라 별의 질량-광도 관계를 적용할 수는 없다. 이 방법을 사용하기 위해서 먼저 질량과 광도가 알려진 은하의 질량과 광도를 이용하여 은하의 형태에 따른 질량-광도 관계를 구하고 이를 광도만 알려진 다른 은하에 적용하는 것이다. 이러한 방법으로 은하단에 있는 은하들의 광도를 관측하여 추정한 은하단의 질량은 역학적으로 구한 질량과 많은 차이가 났다. 은하단이 역학적 평형 상태에 도달해 있고 외부와 고립되어 있는 경우 은하단의 질량은 비리알(virial) 정리(**글상자** 5-1)를 이용하여 구할 수 있는데, 이렇게 구한 질량이 질량-광도 관계를 이용하여 구한 은하단의 질량보다 수십배 이상 큰 값으로 나타났다. 은하의 질량-광도 관계는 은하의 형태에 따라 다르나 10배 이상 차이가 나지는 않기 때문에 우리가 설혹 은하의 형태를 잘못 판단하여 질량-광도 관계를 잘못 적용하였다 해도 이처럼 큰 차이가 나기는 어렵다. 따라서 한때 이에 대한 해석을 두고 많은 논란이 있었으나 암흑물질이라는 개념이 도입된 후 은하단의 역학적 질량이 큰 이유를 이해할 수 있게 되었다.

3.3 성간 물질

앞에서 간단히 언급하였지만 은하의 형태에 따라 은하를 구성하는 별의 종족이 다르다. 타원 은하는 거의 늙은 별로 구성된 반면 불규칙 은하는 대부분이 젊은 별이다. 이러한 차이는 결국 무엇을 말하는 것일까? 우리는 이미 별이 성간물질에서 만들어진다는 사실을 알았다. 따라서 은하에 지금 막 탄생한 젊은 별이 많이 있다는 것은 이러한 은하에는 별이 탄생할 수 있는 성간 물질이 많이 있다는 것을 의미한다. 은하에 있는 성간 물질 중 광학적으로 쉽게 찾아낼 수 있는 것은 성간 티끌이다. 이미 커티스는 나선 성운에서 발견되는 성간 티끌의 띠를 이들 나선 성운이 외부 은하임을 증명하는 관측 증거라고 생각하였다. 관측에 의하면 대개 성간 티끌은 타원 은하에는 없고 나선 은하에 있으며, 불규칙 은하에 가장 많이 있다.

성간 가스는 전파 관측으로 그 양을 측정할 수 있는데, 성간 티끌과 같이 타원 은하에는 거의 없고 나선 은하에서 불규칙 은하로 갈수록 더 많이 있다. 이

글상자 5-1. 비리알 정리를 이용한 은하단 질량 측정

여러개의 은하가 고립된 계에서 서로간의 중력 영향 아래 운동하고 있을 때 평형 상태에서는 다음 식을 만족한다.

$$2K+\Omega=0 \tag{1}$$

여기서 K는 은하들의 전체 운동 에너지이고 Ω는 그 계의 포텐셜 에너지이다. 운동 에너지는 몇 개 은하의 시선 속도를 측정한 후 속도 분산을 다음과 같이 구해

$$\sigma^2=\frac{1}{N}\sum_{i=1}^{N}(v_{r,i}-\overline{v_r})^2 \tag{2}$$

$$K=\frac{3}{2}M\sigma^2 \tag{3}$$

으로부터 구할 수 있다. 여기서 M은 은하단의 질량, N은 시선 속도가 측정된 은하의 수이고 아래 첨자 i는 개개 은하를 나타낸다. 반면 포텐셜 에너지는 대략

$$\Omega\approx-0.4\frac{GM^2}{R_h} \tag{4}$$

이다. 여기서 R_h는 전체 은하의 반 정도를 포함하는 은하단 반지름이다. 식(3)과 (4)를 (1)에 대입하면

$$M\approx\frac{15}{2}\frac{\sigma^2R_h}{G}$$

이다. 따라서 은하단 전체 질량 M은 관측할 수 있는 물리량인 σ와 R_h로부터 구할 수 있다.

러한 사실은 은하의 색이나 분광 관측에서 추론되는 별의 종족과도 잘 일치하는 것으로서 성간 물질의 양은 은하의 특성을 규정하는 중요한 물리량이라 할 수 있다. 그렇다면 은하에 따라 성간 물질의 양이 다른 것은 무엇 때문일까? 이는 결국 은하의 진화 역사와 관련 있다. 타원 은하에 성간 물질이 없는 것은 별 탄생이 은하 탄생 초기에 활발하여 모든 성간 물질이 별로 되었거나, 별이 되고 남은 성간 물질이 어느 시기에 은하에서 제거되었거나 둘 중의 하나로 볼

수 있다. 반면 나선 은하에서는 성간 물질이 한꺼번에 모두 별로 변하지 않고 은하 역사 전반에 걸쳐 서서히 성간 물질을 소모하며 별이 탄생했다고 보인다.

4. 은하의 구조와 진화

4.1 은하의 구조

타원 은하는 그 모양이 단순하여 예로부터 많은 사람이 연구하여 왔다. 이들 은하의 광도 분포는 이미 허블이 사진에 의존하여 은하를 연구하던 시기부터 깊이 연구되었다. 그림 5-10은 전형적인 타원 은하인 NGC 3379의 광도 분포로서 대부분의 타원 은하는 이와 비슷한 광도 분포를 보인다. 즉 단위 표면적당 밝기 μ가 은하 중심으로부터의 거리 r의 1/4승에 비례하고 이를 드 보끄레르(de Vaucouleurs)의 법칙이라 부른다. 타원 은하의 광도가 이처럼 간단한 함수로써 기술될 수 있다는 것은 겉보기 모양에서 알 수 있는 것처럼 그 구조가 단순하다는 것을 암시한다. 그러나 최근 타원 은하의 역학적 구조가 보다 자세히 알려지면서 타원 은하의 구조가 그렇게 간단하지만은 않다는 사실이 밝혀졌다.

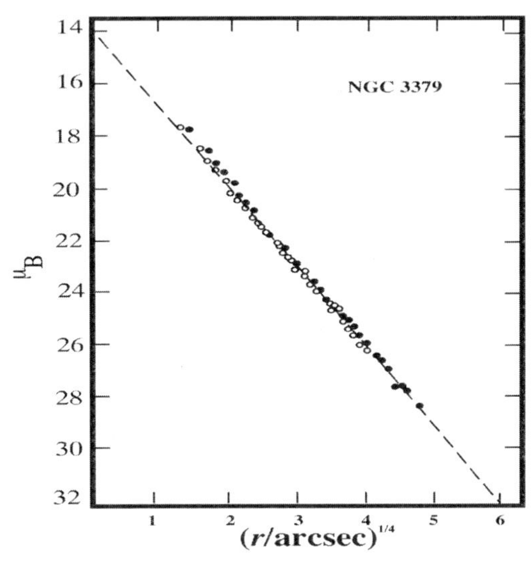

그림 5-10. 타원 은하 NGC3379의 광도 분포.

타원 은하의 구조에 대해서는 공처럼 둥근 모양이거나 적어도 두 축의 길이가 같은 구상체인 편구(oblate spheroid) 또는 장구(prolate spheroid)중 하나일 것으로 흔히들 생각해

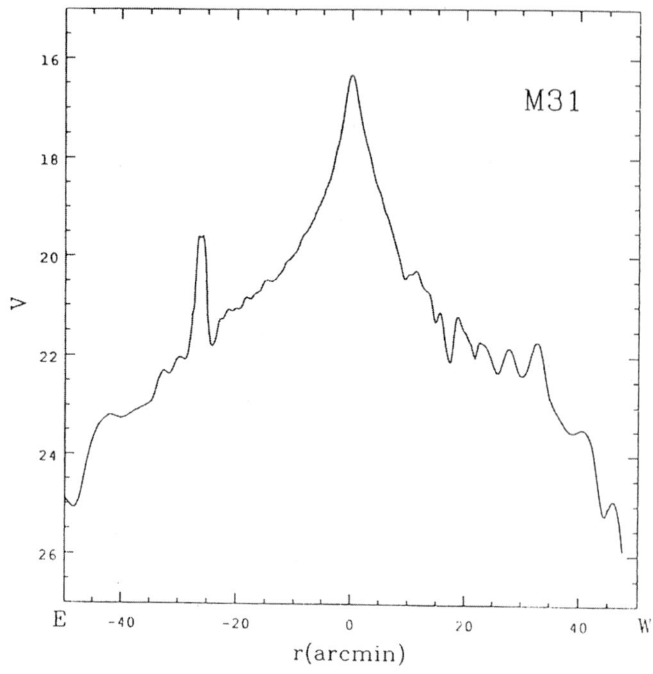

그림 5-11. 안드로메다 은하의 광도 분포.

왔다. 그러나 1970년대 중반 타원 은하가 과거에 생각했던 것보다 느리게 회전하는 천체임이 밝혀진 후 편구로서의 타원 은하의 가능성은 줄어들었다. 그 대신 여러 관측 자료를 종합할 때 타원 은하의 상당수는 삼축 타원체일 가능성이 높아지고 있다. 모든 은하는 하늘에 투영되어 보이기 때문에 타원 은하가 삼축 타원체인지 아닌지를 육안으로 구별하는 것은 불가능하지만 타원 은하의 이차원 등광도 분포를 조사하면 알 수 있다. 타원 은하의 관측된 등광도 곡선들은 각각 타원으로 나타난다. 만약 은하가 삼축 타원체일 경우 등광도 지도에서 반지름이 변함에 따라 장반경의 방향이 변하게 된다. 이를 등광도 비틀림이라 부르며 삼축 타원체의 중요한 증거이다.

나선 은하의 광도 분포는 타원 은하와 달리 두 개 또는 그 이상의 서로 다른 성분으로 이루어져 있다. 중요한 성분으로는 가운데 부분의 중앙 팽대부와 가운데서 바깥까지 퍼져 있는 원반 성분이다. 중앙팽대부는 거의 구대칭성을 보이며 이의 광도 분포는 타원 은하와 유사하여 드 보끄레르의 법칙을 따른다. 원반의 광도는 중심으로부터의 거리에 따라 지수 함수적으로 변한다. 그림 5-11은 소백산에 있는 61 cm 반사 망원경으로 관측한 안드로메다 은하의 광도 분포로서 중앙팽대부와 원반이 잘 구별되어 나타난다. 그림 5-12는 더욱 복잡한 구조를 한 막대 나선 은하 NGC5850의 광도 분포로서, 이 은하에서는 중앙팽대부, 원반과 함께 막대가 중요한 성분임을 알 수 있다. 그림 5-13의 등광도 지도에서도 볼 수 있듯이 대부분의 다른 나선 은하와는 달리 중앙팽대부가 공 모양이 아니고 타원체인 것처럼 보인다.

나선은하의 나선 팔은 나선은하를 다른 은하와 구분하는 두드러진 구조이지만 눈에 비치는 모습과는 달리 나선 팔에 있는 질량은 그다지 많지 않다. 은하

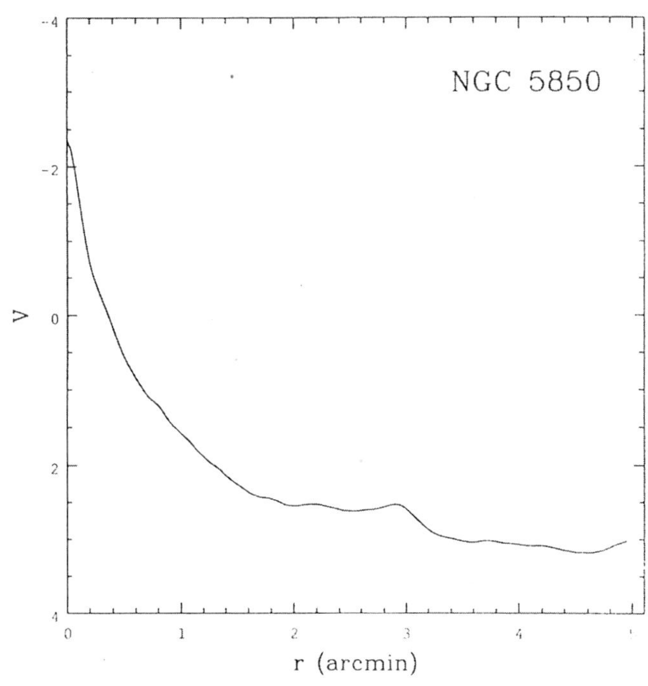

그림 5-12. 그림 5-13에 보여진 막대 나선은하 NGC 5850의 광도 분포.

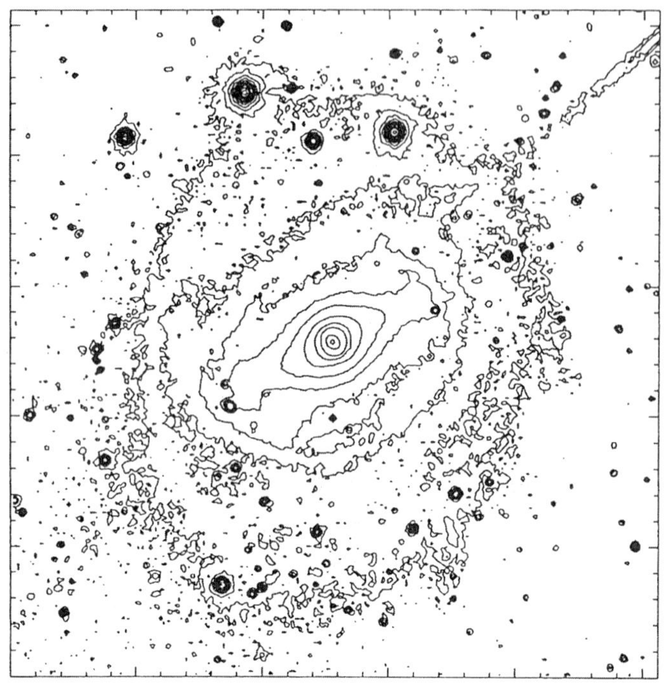

그림 5-13. 막대 나선 은하 NGC 5850의 등광도 지도.

에 따라 나선 팔의 모양이나 개수도 달라서, 두 개의 잘 발달된 팔이나 여러 개의 팔을 가진 은하가 많으나 때로는 은하 원반에 물결 모양으로 골고루 퍼져 있는 나선 팔을 가진 은하도 있다(그림 5-14).

나선 팔과 관련하여 가장 어려운 문제는 나선 팔을 만드는 과정이 아니라 어떻게 오랫동안 유지되는가 하는 것이었다. 왜냐하면 우리 은하를 비롯하여 모든 나선 은하들이 차등 회전[7])을 하므로 팔의 안쪽이 팔의 바깥쪽 보다 빨리 회전하여 몇 번 회전이 이루어지고 나면 팔이 완전히 감겨서 서로 구별을 할 수 없게 되기 때문이다. 실제 은하들의 회전 주기는 수 억 년 정도로서 은하의 나이보다 훨씬 짧아 은하의 탄생 과정에서 나선 팔이 생긴다 하더라도 이미 완전히 감

[7]). 회전 각속도가 중심에서의 거리에 따라 변하는 회전. 그 반대는 강체 회전으로서 회전 각속도가 일정하다. 은하 중심부는 강체회전을 하며 일정한 회전 속도를 갖는 바깥 부분은 차등 회전을 한다. 각속도는 회전 속도를 궤도 반지름으로 나누면 된다.

그림 5-14. 나선 은하 NGC 2841의 물결 모양의 나선 팔(사진 제공 : Peter Kukol/Adam Block/NOAO/AURA/NSF).

겨버려 우리가 관측하는 것과 같은 나선 팔은 볼 수 없을 것이다. 이러한 문제를 해결하기 위하여 1960년대 초, 린(Lin)은 린드블라드(Lindblad)의 생각을 따라 원반의 중력 불안정이 전달되면서 나선 팔이 만들어진다는 밀도파 이론을 고안하였다. 이 밀도파 이론에 의하면 차등 회전을 하는 원반의 별이나 가스 밀도가 균일하지 않을 경우 중력 불안정이 야기되고, 이러한 중력 불안정은 점차 두 개의 나선 팔 형태로 진화하여 별이나 가스의 속도보다 천천히 회전하는 밀도파를 만들게 된다. 밀도파의 회전 속도가 원반에 있는 별이나 가스의 회전 속도 보다 느리기 때문에 별이나 가스가 밀도파를 만나게 되면 충격을 받게 되고 이 충격에 의해 나선 팔을 따라 원반 위에 새로운 별들이 생기는 것이다. 우리가 보는 나선 팔은 바로 이 새롭게 생긴 별들에 의한 팔이며 시간이 지나 이 별들이 밀도파를 다 빠져나가면 팔은 없어지고 다시 다른 장소에서 별들이 탄생하여 새로운 나선 팔이 생기게 되는 것이다.

그러나 밀도파 이론만으로는 관측되는 모든 나선 팔을 설명하지 못한다. 여러 개의 잘 발달된 팔을 갖는 경우에는 파동의 모드를 증가하면 가능하지만, 안드로메다 은하의 나선 팔이나 그림 5-14에 있는 NGC 2841의 나선 팔과 같은 경우에는 2개의 나선 팔을 가진 대규모의 밀도파에 의해서는 설명할 수 없다. 이러한 은하의 나선 팔은 연속된 팔이 아니라 물결 모양을 한 여러 개의 단편들이 모여 팔을 이루고 있다. 그러므로 원반 위에서 별의 탄생이 특별한 질서없이 이루어져 이들이 차등 회전에 의해 나선 팔의 형태로 모인 것처럼 보인다. 물론 이렇게 생긴 나선팔도 오랫동안 지속되는 것은 아니며 별이 탄생하는 지역의 성간 물질이 모두 소모되고 나면 없어져 다른 지역에서 별이 탄생되어 새로운 나선 팔이 되는 것이다.

회전하는 원반이 교란되어 중력적으로 불안정해지면 가스가 모이게 되고 모인 가스는 차등 회전에 의해 쉽게 나선 팔이나 나선 팔의 일부가 되기 때문에 은하들이 다른 은하와 상호 작용을 하게 되더라도 나선 팔이 쉽게 생길 수 있다. 이렇게 되기 위해서는 은하들이 서로 가까이 있어야 하는데, 실제 은하들의 평균 거리는 상당히 멀어서 두 은하가 강한 상호 작용을 할 확률은 적다. 그러나 우주 역사의 초기에는 은하들의 평균 거리가 지금보다 훨씬 작았으므로 상호 작용이 활발하여 대부분의 은하 원반이 불안정했을 가능성이 많다. 최근 관측에서 대부분의 퀘이사 주변에는 은하가 있으며 이 은하의 대부분이 막대 은하로 알려졌다. 이러한 관측 사실은 우주 진화의 초기에는 은하의 상호 작용이 흔했을 것이란 생각을 뒷받침해준다. 왜냐하면 은하 원반에서 전반적인 중력 불안정이 일어날 경우 원반의 중심부에 막대 구조가 생기고 나선 팔은 막대의 가장자리에 생기게 되는데 우주 진화 초기에는 은하의 상호 작용이 강하여 중력 불안정이 원반 전체에 걸쳐 일어났다고 생각되기 때문이다. 막대 나선 은하가 동반 은하에 의한 상호 작용이 기대되는 은하에서 많이 나타나는 것도 은하 원반이 은하 사이의 상호 작용에 의해 불안정해진 결과 막대가 생긴다는 생각과 잘 일치한다.

4.2 은하의 탄생과 진화

나선 은하와 타원 은하에서 나타나는 뚜렷한 구조의 차이는 어디에서 온 것일까? 우리는 이미 은하가 별과 성간 물질로 구성되어 있다는 것과, 별은 성간 물질에서 태어나 일정한 기간 동안 빛을 내다가 결국 죽으면서 다시 성간 물질로 되돌아간다는 사실을 알았다. 은하에 따라 은하를 구성하는 별의 종족이 다른 것도 결국 은하에서 일어나는 이러한 진화의 모습이 다르기 때문이다. 타원 은하와 나선 은하는 탄생의 초기부터 서로 다른 진화를 해왔고 그 결과 은하 형태를 비롯하여 오늘날 관측되는 여러 가지 특성이 달라지게 된 것이다. 현대 천문학의 업적 중 하나는 이러한 은하 구조의 기원에 대한 본질적인 물음에 조금씩 답할 수 있게 된 것이다. 물론 우리는 아직도 은하의 구조와 진화에 대한 보다 구체적이고 분명한 이해를 하고 있지 못한다. 그러나 다음 설명처럼 우리는 관측된 타원 은하와 나선 은하의 구조적 특성들을 어느 정도는 이해할 수 있게 되었다.

오늘날 우리가 알고 있는 것과 같이 은하들이 원시 은하 구름의 중력 수축에 의해 만들어졌다는 생각을 최초로 한 사람은 진즈(Jeans)다. 물론 그의 계산은 뉴턴 역학에 바탕을 두었기 때문에 상대론과 우주의 팽창을 고려한 오늘날의 은하 탄생 모형과는 다르나 은하 탄생의 기본적인 과정을 잘 기술하고 있다. 은하와 같은 물질계의 형성은 균질하게 팽창하는 우주 속에서 밀도가 큰 부분이 자체의 중력에 의해 우주의 전체적인 팽창과는 반대로 수축을 하여 이루어지는 것이다. 이를 위해서는 적절한 규모 이상의 밀도 요동[8)]이 필요하다. 즉, 상대적으로 밀도가 높은 부분은 다른 지역에 비해서 자체의 중력이 크기 때문에 수축할 수 있다. 이처럼 주어진 밀도와 온도에서 중력 수축이 가능한 최소한의 크기를 진즈 길이(Jeans length)라 부르고 이 속에 있는 질량을 진즈 질량(Jeans

---

8). 밀도가 균일하지 않고 높은 지역과 낮은 지역이 있는 현상.

mass)이라 부른다(글상자 4-1 참조). 우주 초기의 밀도와 온도를 고려할 때 수축이 가능해지는 시기의 진즈 질량은 약 $10^5 M_{\odot}$로서 이보다 큰 밀도의 요동은 중력 수축이 가능하다.

우주는 초기 대폭발에 이어 팽창을 계속해왔고 은하는 우주가 진화하는 과정에서 태어났기 때문에 은하의 초기 상태는 우주의 진화 양상에 크게 의존한다. 최근에 우주의 배경 복사를 관측하기 위해 우주 궤도에 진입시킨 COBE (cosmic background explore)의 관측 결과는 우주 초기의 요동이 아주 미약했음을 알려준다. 최근 널리 유행하는 은하 형성 이론에 의하면 우주의 대부분은 차가운 암흑 물질(cold dark matter : CDM으로 약칭함)로 되어 있으며 우주가 팽창하면서 식어 물질계가 형성된다. 이 때 가장 먼저 수축이 일어날 수 있는 크기는 은하 정도의 크기로서 이들이 뭉쳐 계층 구조를 가진 거대 구조가 만들어진다고 한다. 그러나 CDM 우주론에 의한 은하들의 분포는 가까운 은하의 분포와는 잘 맞지만 우주의 거대 구조를 설명하기에는 부족한 면이 많아 은하 형성은 아직 미해결의 문제로 남아 있다고 볼 수 있다. 구체적으로 은하가 만들어지는 시기도 역시 논란의 대상이나 적어도 은하는 우주 폭발 후 백 만년 이상 지난 다음 뭉치기 시작하였다고 본다(제 7-4절 참조). 은하 형성 시기와 그 당시 조건들을 알기 위해서는 현재 탄생 과정에 있는 원시 은하를 관측해야 하는데, 이러한 관측은 현재의 관측 장비와 기술을 가지고도 아주 어렵다. 만약 허블 우주 망원경을 대신할 지름 10m 정도 되는 차세대 우주 망원경이 도입되어 본격적인 관측에 들어가면 이런 관측이 가능해질 것이다. 지금까지 알려진 가장 멀리 있는 퀘이사의 나이는 10^9년[9)] 정도이다. 이런 퀘이사가 은하의 핵에 놓여 있다는 최근의 이론을 따르면, 은하의 탄생은 적어도 우주의 나이가 10^9년이 되기 전에 시작되었다고 볼 수 있다.

타원 은하와 나선 은하는 그 모양만큼이나 탄생과 진화 과정이 달랐을 것으로 생각된다. 타원 은하는 왜소 타원 은하에서 거대 타원 은하에 이르기까지 그

---

9). 멀리 있는 천체를 보는 것은 아주 먼 과거를 보는 것과 같아서 제 7장에서 설명할 표준 우주론을 이용하면 지금부터 몇 년 전의 모습을 보고 있는지 추정할 수 있다. 이 퀘이사의 나이는 이런 방법으로 구한 것이다.

크기가 다양하여 이들 모두가 같은 방법에 의해 만들어졌다고는 볼 수 없지만 이들 모두의 공통점은 각운동량이 작다는 것이다. 따라서 타원 은하가 원시 은하 구름이 수축하여 만들어진 것이라면 이 원시 은하 구름의 각운동량은 작았을 것이다. 또한 현재의 크기로 수축이 완료되기 이전에 대부분의 성간 물질은 별로 바뀌고, 먼저 생성된 별이 초신성 등으로 폭발하는 에너지에 의해서 별이 되고 남은 물질은 외부로 날려가 버렸을 것이다. 이러한 원시 은하 구름에서는 별이 먼저 만들어진 후 수축이 진행되었기 때문에 에너지 손실이 거의 없었고 그 결과 은하는 뜨거운 항성계[10)]로 남게 되었다. 또한 모든 별들이 수축이 완료되기 전에 만들어지므로 이들의 나이도 많다. 그러나 이런 단순한 모형이 모든 타원 은하, 특히 은하단 가운데에서 발견되는 거대 타원 은하의 탄생을 설명할 수 있다고 생각하지는 않는다. 이들의 비정상적인 크기나, 은하핵의 활동, 주변 환경 등을 종합해 볼 때, 거대 타원 은하는 원시 은하 구름의 단순한 중력 수축에 의해서 만들어졌다기보다는 은하 밀도가 큰 지역에 있는 은하들이 서로 충돌하여 합병된 결과로 보인다.

나선 은하의 경우 질량이나 광도의 범위가 좁고, 성간 물질이 있어 별이 끊임없이 생성되고 있으며 역학적 성질들이 서로 비슷하다. 나선 은하의 경우 원반을 구성하는 별들이 은하의 회전 운동을 따르며 무질서한 운동 성분은 작아 은하 원반은 역학적으로 차갑고 그 두께가 얇다. 나선 은하가 원시 은하구름이 수축하여 만들어진 것이라면, 모태가 되는 원시 은하 구름은 초기에 각 운동량을 상당히 가지고 있었고, 원반을 구성하는 대부분의 별들은 원시 은하 구름이 수축을 멈춘 후 원반 위에서 점진적으로 태어났을 것이다. 설혹 초기 원시 은하 구름이 공 모양에 가까왔다 해도 수축이 일어나면 각 운동량 보존에 의해 회전축에 수직한 방향으로는 원심력이 작용하여 수축이 빨리 멈추고, 회전축에 나란한 방향으로만 수축이 계속 진행되어 납작한 형태의 원반이 될 수 있다. 또한 원

[10)] 속도 분산이 회전 속도보다 큰 항성계를 뜨거운 항성계, 그 반대를 차가운 항성계라 부른다. 기체의 온도가 기체 입자의 속도 분산의 제곱에 비례한다는 것을 생각하면 이 말의 뜻을 알 수 있다.

시 은하 구름의 중심부는 밀도가 크고 자유낙하 시간이 짧아 수축이 빨리 진행되며 별 탄생도 왕성하여 나선 은하의 중앙팽대부를 이루게 된다. 나선 은하에서는 왜 별의 탄생이 천천히 일어났을까? 만일 별의 탄생이 균질한 성간 물질에서가 아니라 자체의 중력에 의해 응집해 있는 원시 성운에서 이루어지고, 이 성운이 수축을 시작하게 되는 원인이 성운 사이의 충돌에 의한 것이라면, 성운 사이의 충돌 확률이 별의 탄생율을 결정하게 될 것이다. 성운 사이의 충돌 확률은 차가운 역학계가 뜨거운 역학계보다 적기 때문에 타원 은하와는 달리 나선 은하에서는 별의 탄생율이 적었고 따라서 성간 물질의 소모도 적었다고 볼 수 있다.

5. 은하군과 은하단

별이 집단을 이루고 모여 있는 것을 성단이라 부르듯이 은하가 수 백개에서 수 만개의 집단을 이루고 있는 것을 은하단이라 부른다. 또 이러한 은하단 수 십개가 모여 이루는 집단을 초은하단이라 한다. 우리 은하 역시 국부 초은하단의 구성원이다. 보통 은하단의 크기는 수 Mpc이고, 초은하단의 크기는 수십 Mpc이지만 이보다 10배 이상 큰 초은하단도 있다.

은하단보다 작지만 수십-수 백개의 은하가 모여 있는 집단을 은하군(groups of galaxies)이라 부른다. 우리 은하 주변에도 은하단의 규모보다는 작지만 약 40개의 은하들이 우리 은하와 안드로메다 은하를 중심으로 모여 있어 이를 국부 은하군이라 부른다. 국부 은하군에 속한 대부분의 은하는 우리 은하 크기의 수 십분의 일도 되지 않는 왜소 은하로서, 대부분 타원 은하나 불규칙 은하이다. 국부 은하군을 구성하는 은하들의 공간적 분포는 그림 5-15와 같다. 우리 은하 주변에 있는 은하로는 대마젤란 은하(LMC), 소마젤란 은하(SMC), 용자리 은하, 작은곰자리 은하, 조각실자리 은하 등이 있다. 국부 은하군에 속해 있는 대마젤란 은하는 불규칙 은하로서 막대를 가지고 있으며, 대형 망원경으로 대부

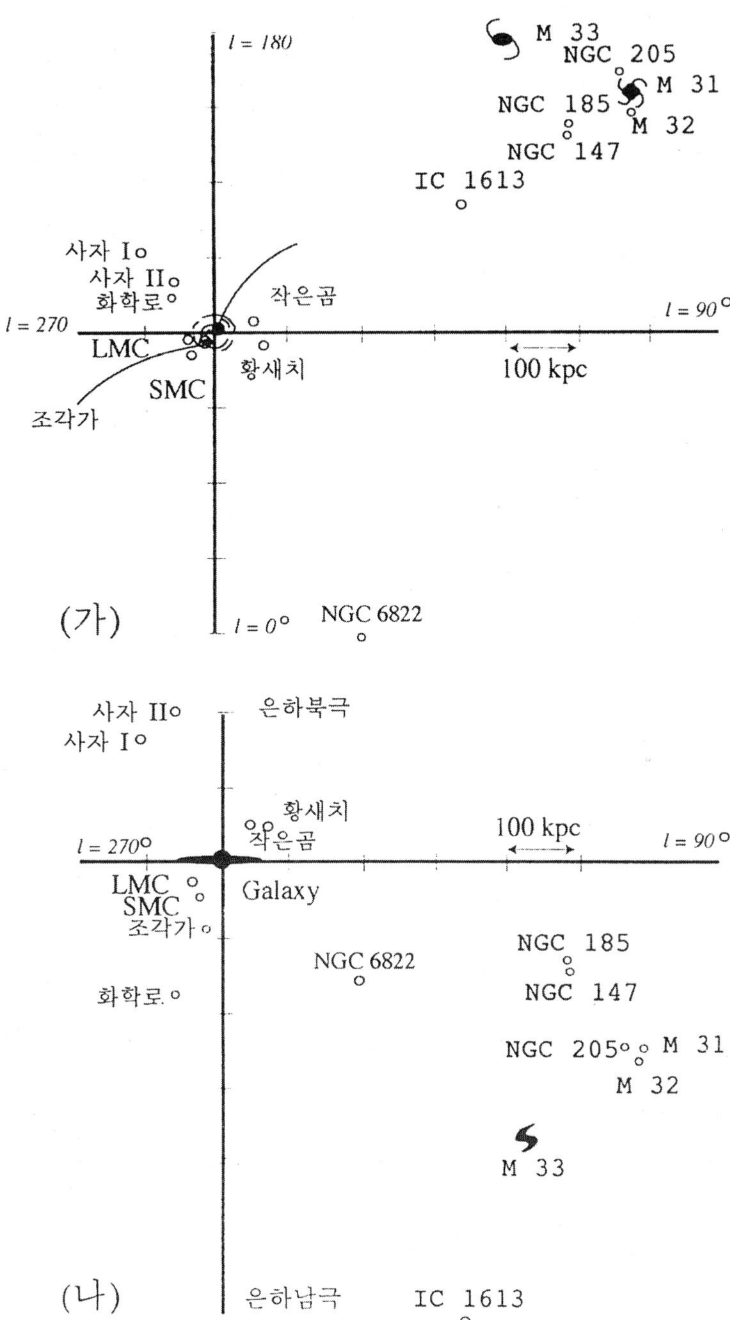

그림 5-15. 우리 은하가 속한 국부 은하군에 있는 은하들의 분포.

그림 5-16. 큰곰 자리 은하군에 속한 나선 은하 M 81(사진 제공 : 한국천문연구원 전영범 연구원).

분의 밝은 별들이 분해되기 때문에 활발한 관측이 이루어지고 있는 은하이다. 대마젤란 은하의 거리는 약 55 kpc로서 1994년에 은하 중심 뒤에서 새로운 왜소 은하가 발견되기 전까지 우리 은하에서 가장 가까운 은하로 알려져 왔다. 1987년 이 은하에서 초신성이 폭발하여 초신성 연구의 기폭제 역할을 하였다. 이 은하는 우리 은하 주위를 돌고 있고 우리 은하의 조석력(**글상자** 8-1 참조)에 의해 물질이 떨어져 나와 우리 은하로 뻗어 있다.

우리 은하에서 770 kpc 떨어진 곳에 우리 은하와 같이 나선 은하이며 좀 더 크고 밝은 안드로메다 은하가 있다. 이 은하 주변에도 M32, NGC147, NGC185, NGC205 등 10여개의 왜소 은하들이 있다. 이들은 모두 왜소 타원 은하거나 불규칙 은하이다. 안드로메다 은하와 우리 은하는 주변의 위성 은하와 함께 서로의 주위를 돌고 있다.

국부 은하군 주변에 있는 비슷한 은하군으로는 큰곰자리의 은하군이 대표적이다. 큰곰자리 은하군은 약 3Mpc 떨어져 있으며, 여기에 속한 은하인 M 81(그림 5-16)에서 1993년 봄 초신성이 폭발하였다. 이 초신성은 수 십년 동안 북반구에서 관측된 가장 밝은 것으로 많은 주목을 받았다.

은하단 중 우리 은하에서 가장 가까운 것은 처녀자리의 은하단이다. 이 은하단까지의 거리는 약 15Mpc이고, 1,000개 이상의 밝은 은하로 구성되어 있다. 은하단 중심부 가까이에는 타원 은하가 훨씬 많지만, 밝은 200개의 은하 중 나선 은하가 약 70%를 차지한다. 이 은하단의 중심부에는 나선 은하보다 수십배 이상 밝은 거대 타원 은하인 M87이 있다. 최근 이 은하의 중심부에 거대한 블랙홀이 있을 가능성을 보이는 관측이 이루어져 많은 관심을 끌고 있다(제6장 참조). 그림 5-17에서 처녀자리 은하단 중심부의 특별히 큰 은하가 거대 타원 은하(cD) M 87이다.

미국 천문학자 아벨(Abell)은 풍요도[11])에 따라 은하단을 분류하였다. 처녀자리 은하단은 그다지 풍요도가 높은 은하단은 아니나, 이보다 7배 더 멀리 있는 코마 자리 은하단은 수천 개의 은하로 이루어진 매우 풍요로운 은하단이다. 코마 자리 은하단에는 나선 은하의 비율이 처녀자리 은하단보다 훨씬 작으며, 은

[11]). 은하단이 얼마나 많은 은하로 이루어졌는가를 나타내는 정도. 풍요도는 3단계로 나누어진다.

하단 중심부에는 2개의 거대 타원 은하가 있다. 은하단 중심부에 있는 거대 타원 은하는 앞에서 설명한 것처럼 은하들의 합병에 의해 형성되었을 것이다.

모든 은하가 은하단에 속해 있는 것은 아니나, 일반적으로 은하단에 있는 은하의 경우 타원 은하의 비율이 은하단 밖보다 훨씬 높다. 이 사실은 타원 은하들이 은하단 중심부에 몰려 있다는 관측과 함께 거대 타원 은하뿐 아니라 다른 타원 은하들도 나선 은하의 합병에 의해 만들어 졌다는 이론을 제기하게 만들었다. 이렇게 은하가 다른 은하를 합병하면서 커지는 과정을 '은하 식민주의(galactic canibalism)'라 한다.

처녀자리 은하단은 다른 은하단에 비해 작은 은하단에 지나지 않으나 처녀자리 초은하단에서는 중심이 된다. 우리 은하가 속해 있는 국부 은하군도 역시 국부 초은하단이라 부르는 처녀자리 초은하단에 속한다. 국부 초은하단을 포함한 대부분의 초은하단은 지름이 수십 Mpc 이상되는 거대 공동(Void)의 거죽에 놓여 있는 것으로 생각된다. 이 때문에 공 모양에 가까운 은하단과 달리, 초은하단은 필라멘트처럼 길쭉한 구조이거나 호떡과 같이 넓적한 모양을 하고 있다. 거대 공동안에서는 은하가 거의 관측되지 않는다.

초은하단보다 더 큰 구조물을 '우주의 거대구조'라고 부르며, 현재 약 300 Mpc까지 3차원적 거대 구조의 모습이 관측되었다. 이러한 거대 구조는 제 7장에서 상세히 다룰 것이다.

우주의 형성 과정에서 은하가 먼저 형성되었는지 아니면 초은하단이 먼저 형성되었는지는 분명치 않다. 이미 설명한 것처럼 CDM에 의해 주도되는 우주의 거대 구조 생성 이론에서는 은하가 먼저 만들어지지만 수백 Mpc 이상의 거대 구조를 설명하기는 어렵다. 반면, 뜨거운 암흑 물질(hot dark matter : HDM으로 약칭함)을 가정하는 이론에서는 초은하단과 같은 구조가 먼저 만들어지고 이들이 분열하여 은하가 형성됐다고 본다.

6. 은하의 거리

허블이 외부 은하의 존재를 밝힌 이래 은하까지 거리를 구하는 일은 천문학의 가장 중요한 과제 중 하나가 되어왔다. 은하의 거리를 구하는 일이 언뜻 진부하게 보일 수 있으나 우주의 구조나 진화를 이해하기 위해서 은하의 거리를 정확히 구하는 것은 무엇보다 중요한 일이다. 왜냐하면 우주의 크기뿐 아니라 나이와 밀도 등 우주의 진화를 결정하는 모든 물리량이 은하의 거리에 의존하기 때문이다. 은하의 거리를 구할 때는 아무리 가까운 은하라 해도 연주 시차(또는 삼각 시차)를 이용하여 직접 거리를 구할 수는 없고, 허블이 한 것처럼 우리 은하계에 있는 별의 거리를 바탕으로 간접적으로 구할 수 밖에 없다.

은하의 거리를 구할 때 가장 널리 쓰이는 표준자는 세페이드 변광성의 주기-광도 관계다(그림 3-16). 이 주기-광도 관계는 리비트(Leavitt)에 의해 처음 발견된 후 샤플리나 허블 등에 의해 은하의 거리를 구하는 도구로 사용되었으며, 오늘날에도 모든 은하의 거리는 이 세페이드 변광성의 주기-광도 관계에 직접 또는 간접적으로 의존하고 있다. 세페이드 변광성이 은하의 거리를 구하는데 효과적인 이유는 이 변광성의 광도 변화가 독특해서 다른 변광성과 구별이 쉽고 주기가 긴 세페이드의 경우에는 절대등급이 -6 등급에 달해 우리 은하 내에서는 물론이고 가까운 외부 은하에서도 이 변광성을 구별해낼 수 있기 때문이다. 그림 3-16에 보인 것처럼 주기가 긴 변광성일수록 광도가 큰 것을 알 수 있다. 물론 이 그림을 그리기 위해서는 각 세페이드의 거리를 알아야 하며 이들 세페이드의 거리는 이들을 포함하는 성단의 거리로부터 알 수 있다.

은하까지 거리를 구하기 위해 이용할 수 있는 것이 세페이드 변광성만은 아니다. RR Lyrae 변광성은 마젤란 성운이나 안드로메다 은하의 거리를 구하는데 이용될 수 있다. 더 먼 거리를 측정하기 위해 은하에서 가장 밝은 초거성이 이용된다. 그러나 초거성의 경우 절대등급이 세페이드만큼 정확하지 않다는 문제점이 있다. 신성이나 초신성은 세페이드 변광성보다 밝아서 훨씬 멀리 있는 은하의 거리를 구하는데 사용된다. 특히 초신성은 광도가 거의 은하 전체의 광도에 이르기 때문에 아주 멀리 있는 은하의 거리를 구하기에 이상적이다(제 7-6절 참조). 그러나 아직 초신성의 성질을 제대로 이해하지 못하고 있고, 이들의 광도를 세페이드 변광성만큼 정확하게 구할 수 없기 때문에 이를 이용하여 구한 거리는 그 만큼 오차가 크다.

신성이나 초신성은 별이 폭발하면서 갑자기 밝기가 증가하는 현상이므로 이들이 최대 밝기에 도달할 때 관측하여야 하지만 별의 폭발이 미리 예측되는 것이 아니기 때문에 대부분의 경우 이러한 관측은 불가능하다. 게다가 초신성은 발생 빈도도 그렇게 크지 않아 멀리 있는 은하의 거리를 구하기 위해서는 다른 표준 촉광이 필요하다. 이러한 목적으로 사용될 수 있는 것으로 HII 영역의 크

그림 5-17. 우리 은하로부터 가장 가까운 은하단인 처녀자리 은하단의 중심부(사진 제공 : KPNO).

기, 은하의 밝기, 은하의 광도 계급[12)], 구상성단의 광도함수, 행성상 성운의 광도함수, 표면밝기의 요동 등이 있다. 그 밖에도 나선 은하의 최대 회전 속도[13)] 나 타원 은하의 속도 분산이 은하의 광도와 좋은 상관관계가 있다는 것이 알려져 멀리 있는 은하의 거리를 보다 쉽게 구할 수 있게 되었다. 세페이드 변광성이나 RR Lyrae 변광성처럼 그 거리를 비교적 정확하게 알 수 있는 천체를 일차적 표준촉광이라 하고, 그 밖의 거리 척도를 이차적 표준촉광이라 한다. 이차적인 표준촉광의 눈금은 일차적인 표준촉광에 의해 정해지기 때문에 이들을 이용하여 구한 은하의 거리는 세페이드의 주기-광도 관계 등으로부터 구한 거리보다 정확하지 않다. 예를 들면 HII 영역의 각 크기로부터 은하의 거리를 구할 경우 우선 HII 영역의 크기를 정확히 알아야 한다. 이를 위해서는 우선 일차적인 표준자로부터 얻은 은하까지의 거리를 이용하여 HII 영역의 표준 크기를 미리 결정해야 한다.

위에서 설명한 방법으로 구할 수 있는 거리보다 더 멀리 있는 은하의 경우에 은하의 거리와 후퇴 속도의 상관관계를 나타내는 다음과 같은 허블의 법칙을 이용한다.

$$v = Hr.$$

여기서 v는 은하의 후퇴 속도이고, r은 은하의 거리이며, H는 비례상수로서 허블 상수로 불리며 70km/sec/Mpc 정도이다[14)].

허블 법칙은 위에서 설명한 것과 같이 여러 가지 방법으로 은하의 거리를 구하고 은하의 스펙트럼으로부터 측정한 후퇴 속도와 비교하여 얻어낸 것이다. 은하의 후퇴 속도는 도플러 효과에 의한 스펙트럼의 적색 이동을 관측하여 쉽게 구할 수 있으므로 허블의 법칙이 멀리 있는 은하의 거리를 구하는 가장 편리한 방법이 되었다.

[12)] 은하 분류의 또 다른 방법으로 은하를 광도에 따라 I, II, III, IV, V로 구분하며 I이 가장 밝고 V가 가장 어둡다.

[13)] 회전 속도 곡선에서 가장 큰 속도.

[14)] 이 책이 쓰일 무렵 가장 정확히 측정한 허블 상수는 약 73km/sec/Mpc이다.

허블 법칙을 이용하기 위해서는 은하의 스펙트럼 관측으로부터 후퇴 속도를 알아야 하는데 은하들이 아주 멀리 있는 경우에는 스펙트럼의 관측이 불가능하기 때문에 은하의 색지수로부터 구한 측광학적인 적색 이동을 이용한다. 허블 우주 망원경으로 관측한 HDF(Hubble Deep Field)라 불리는 하늘의 좁은 영역(2.5′×2.5′)에서는 1,000개 이상의 은하가 동정되었고 이들 중 상당수는 적색 이동이 5이상으로서 스펙트럼의 관측이 현재로선 불가능한 은하들이다(화보 참조).

현대 천문학의 가장 큰 과제 중 하나는 허블 상수를 정확히 구하는 것이다. 허블 상수는 은하의 거리를 측정하는데 쓰일 뿐 아니라 시간의 역수 단위를 가지며 허블 상수의 역수는 대략적인 우주의 나이가 된다. 또한, 허블 상수는 우주의 밀도와도 관련되어 우주의 진화 모형을 결정짓게 하고, 우주의 크기도 이 값에 따라 달라지게 된다. 1970년대 팔로마 천문대의 샌디지(Sandage)는 허블의 작업을 계승하여 보다 정교한 방법으로 허블 상수를 구하였다. 그 값은 허블이 구한 값의 1/10 정도로서 50km/sec/Mpc이었다. 샌디지가 허블 상수를 구한 방법은 일차적인 표준촉광으로 세페이드 변광성을 이용하여 이 변광성이 발견된 은하의 거리를 정확히 구한 다음, 이들 은하에 있는 HII 영역의 크기를 구하여 이를 다른 은하에 적용하였다. 그리고, 1960년대에 반 덴 버그(van den Bergh)에 의해서 알려진 은하의 광도 계급을 HII 영역을 이용하여 눈금 조정을 한 다음, 이를 멀리 있는 은하에 적용하여 허블 상수를 구하였던 것이다. 한편, 1970년대 말 드 보끄레르(de Vaucouleurs)는, 가장 믿을만한 몇 가지의 표준촉광을 이용하여 은하들의 거리를 구한 샌디지와는 달리, 되도록 많은 거리 척도의 표준촉광을 이용하여 은하의 거리를 구하고 이로부터 허블 상수를 구하여 샌디지가 구한 값의 약 2배 정도를 얻었다. 그러나 샌디지와 드 보끄레르가 허블 상수를 구하기 위해 적용한 방법이 서로 다르기 때문에 어느 값이 더 정확한지 섣불리 결정할 수는 없었다. 이 때문에 1990년대 초 허블 우주망원경이 궤도에 올려졌을 때 허블 우주망원경의 가장 중요한 관측 목표로 처녀자리 은하단에 속한 은하들의 거리를 세페이드 변광성을 이용하여 관측하여 구하는 것이었다.

처녀자리 은하단의 거리가 중요한 이유는 이로부터 허블 상수 값을 구할 수 있을 뿐 아니라 보다 정확한 허블 상수를 구하는데 사용할 수 있는 제 1a형 초신성(SN Ia) 등 2차 표준촉광의 눈금의 정확도를 높일 수 있기 때문이다. 허블 우주망원경이 올라가자 마자 수행된 처녀자리 은하단 은하의 세페이드 관측으로부터 구한 허블 상수는 약 70km/sec/Mpc 이었는데 이 후 세페이드 변광성으로 눈금이 조정된 SN Ia 등 다양한 2차 표준촉광을 이용하여 구한 허블 상수 값은 (73 ± 5)km/sec/Mpc로서 샌디지와 드 보끄레르가 구한 값의 평균값인 75km/sec/Mpc에 아주 가까운 값을 얻게 되었다. 특히, SN Ia 형 초신성은 절대등급이 약 -19 등급으로 수 백 Mpc 떨어진 은하에서도 관측이 가능하여 정확한 허블 상수 값을 구하는데 결정적인 기여를 하였으며, 가속 팽창하는 우주라는 새로운 우주론을 여는 결정적 관측 도구로 사용되었다.

7. 맺는 말

지금까지 우리는 우주를 구성하는 기본 천체인 은하에 대하여 살펴보았다. 은하는 어느 천체보다도 다양한 형태로 존재하며 우리 태양계도 우리 은하라 불리는 하나의 은하에 놓여 있다.

과학 기술의 발달에 힘입어 외부 은하에 대한 정교한 관측이 이루어지고 있으나 아직도 우리는 은하에 대해 모르는 것이 많이 있다. 특히 은하에 상당량 존재한다고 믿어지는 암흑 물질은 그 정체나 양에 대하여 거의 모르고 있는 실정이다. 지금까지 우리는 은하 전반에 대하여 다루었으나 다음 장에서는 특히 중심부에서 강한 빛을 내는 활동성 은하에 대해 설명한다.

참고 문헌

외부 은하에 대해서는 다음 책에 잘 기술되어 있다.

1. 은하와 우주, 藤本光昭 지음, 최승언 옮김, 보진재 (1986)

다음은 허블 법칙 발견 과정을 허블 스스로 아주 흥미롭게 기술한 책이다.

2. The Realm of The Nebulae, E. P. Hubble, Yale University Press (1936)

은하의 발견을 둘러싼 논쟁은 다음의 책에 잘 기술되어 있다.

3. 은하의 발견, 리처드 베렌젠, 리처드 하트, 대니얼 실리 지음, 이명균 옮김, 전파과학사 (2000)

은하 분류와 각 종류별 예는 다음 책에 상세히 기록되어 있다.

4. The Hubble Atlas of Galaxies, A. Sandage, Carnegie Institution of Washington (1961)

6

활동성 은하와 퀘이사

은하들 가운데 중심의 작은 영역에서 막대한 에너지를 내는 것들이 있다. 이러한 은하들을 일컬어 '활동성 은하'라 하는데 활동 양상이 아주 다양하다. 어떤 은하는 막대한 양의 전파를 내며 어떤 은하는 아주 짧은 시간에 빛을 변화시키기도 한다. 활동성 은하는 대개 활동 영역이 은하 중심의 핵에 집중되어 있기 때문에 활동성 은하핵(AGN)으로 부르기도 한다. 이 장에서는 이러한 활동성 은하들의 종류와 이들에 대한 물리적 해석을 간략히 소개한다.

1. 전파 은하와 활동성 은하

허블이 은하를 연구할 당시 천체를 관측할 수 있는 유일한 파장대는 가시광선 영역이었다. 그러나 세계 제2차 대전 이후 우리는 새로운 파장대인 전파 영역에서 천체를 관측할 수 있게 되고 이로부터 '전파 은하'라 부르는 새로운 은하들이 발견되었다. 물론 모든 은하는 가시광선 뿐만 아니라 감마선에서 전파에 이르기까지 전자기파의 전 영역에서 에너지를 방출한다. 다만 대부분의 은하가 가시광선에서 가장 많은 에너지를 방출하는 반면, 전파 은하는 가시광선보다는 전파 영역에서 훨씬 많은 에너지를 방출하므로 이를 특별히 전파 은하라 부르는 것이다. 많은 은하가 대부분의 에너지를 가시광선에서 내는 이유는 에너지 방출이 주로 별에 의한 것이기 때문이다. 우리는 이미 제 3장에서 별은 주로 가시광선 영역에서 에너지를 내고 있음을 알았다.

전파 은하는 가시광선으로 보아서는 거의 보통 은하와 차이가 없지만 전파 영역에서는 보통 은하의 수백만 배에 달하는 에너지를 방출한다. 그 이유에 대하여 아직 완전하진 않지만, 다음에 설명할 활동성 은하와 퀘이사에 대한 최근 연구 결과와 관련하여 그 답의 일부를 찾을 수 있을 것이다. 전파 은하가 가시광선보다 전파 영역에서 더 많은 에너지를 방출한다는 사실은 별에 의한 흑체 복사가 이들의 주 에너지원이 될 수 없다는 것을 의미한다. 은하가 전파를 내는 방법에는 크게 두 가지가 있다. 이온화된 가스에서 자유 운동을 하는 전자가 양성자 부근을 지나면서 내는 전파를 '열적 복사[1)]'라 하고 거의 광속에 가까운 속도로 자력선에 대해 원운동을 하는 전자가 내는 빛을 '싱크로트론 복사'라 한다. 복사 강도의 파장에 따른 변화를 관측하면 어떤 방법으로 전파를 내는지 구별할 수 있다. 관측에 의해 전파 은하에서 나오는 복사는 싱크로트론 복사에 의한 것으로 밝혀졌다. 전파 은하가 싱크로트론 복사를 낸다는 것은 전파 은하에도 이와 같은 거의 광속에 가까운 속도를 갖는 입자들이 자기장과 함께 존재함을 뜻한다.

최초로 관측된 전파 은하는 Cygnus A로서 그림 6-1에서 볼 수 있듯이 이중 전파원을 가지고 있는데 이들이 앞에서 설명한 고속 전자를 가진 플라즈마이다. 전파 은하가 처음 관측될 당시에는 전파원만 보였으나 그 후 가시광선으로 은하가 관측되었다. 전파 은하가 항상 이중 전파원으로 나타나지 않지만, 이중 전파원인 전파 은하의 경우 대부분 두 전파원을 연결하는 중앙에 흐린 은하가 있다. 그 대표적 예가 그림 6-1에 있는 Cygnus A이다. 최근의 관측에 의하면 두 전파원의 가운데에 있는 물체는 한 개의 은하가 아니고 충돌 중에 있는 두 개의 은하일 가능성이 높아졌다. 물론 모든 전파 은하가 이중 전파원을 갖지는 않고 전파원이 한 개만 있는 경우도 많이 있으며, 이들 중 일부는 가스가 없는 타원 은하로 밝혀진 경우도 있다. 실제 은하끼리의 충돌은 흔히 일어나지 않기 때문에 수없이 많은 전파 은하의 에너지원을 설명하기 위해서는 충돌 현상 이외에

---

1). 전자의 자유 운동은 열운동이기 때문에 열적 복사라 부른다.

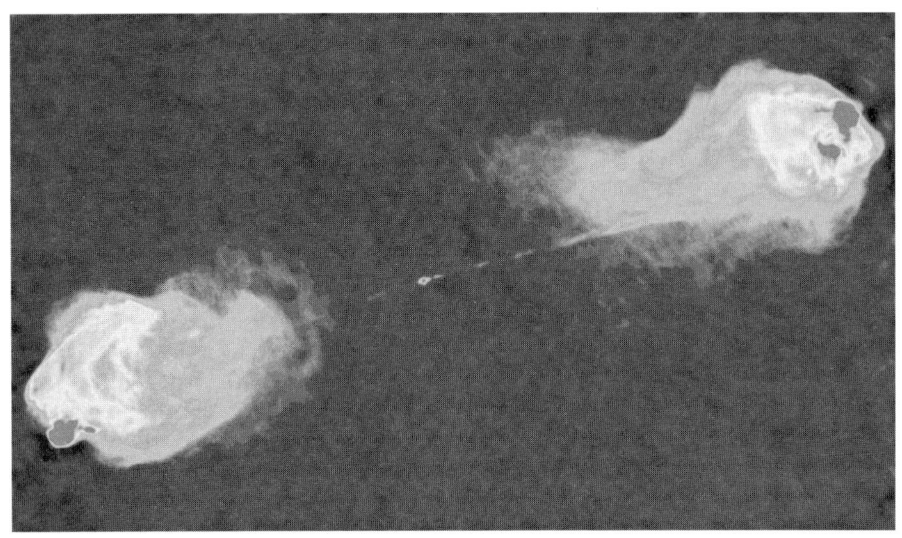

그림 6-1. 전파 은하 Cygnus A를 전파로 관측하여 형상화한 모습
(사진 제공 : NRAO/AUI, http://www.nrao.edu).

보다 일반적으로 적용될 수 있는 모형이 필요하다.

전파 은하가 발견된 이래 이들의 에너지원에 대한 이론이 끊임없이 제안되었으나 여전히 풀리지 않은 숙제로 남아 있다. 지금까지 제안된 모형에는 연쇄적인 초신성의 폭발을 비롯하여, 은하간 물질의 강착, 새로운 은하의 탄생, 새로운 물질의 생성, 반물질로 된 은하와의 충돌, 블랙홀, 두 은하의 충돌 등이 있으나, 시간이 지나면서 대부분은 부적당한 것으로 드러났다. 그러나 블랙홀 모형은 아래에서 설명할 M 87의 경우와 같이 새로운 관측이 이루어지면서 전파 은하뿐 아니라 활동성 은하와 퀘이사의 에너지원을 설명할 수 있는 가장 그럴듯한 모형으로 인식되고 있다.

최근에 고성능 전파 간섭계인 VLA(Very Large Array)나 VLBI(Very Long Baseline Interferometer)를 이용하여 전파 은하에서 제트의 형태로 물질이 분출되는 것을 관측할 수 있었다. 그림 6-2에서처럼 이중 전파원을 가지는 전파 은하의 경우에는 가운데에 있는 은하로부터 서로 반대 방향으로 분출된 제트가 발견되었다. 이러한 관측 사실은 전파 은하에서 관측되는 이중 전파원이 가운데 은하로부터 분출된 제트에 의한 것임을 보여준다. 그림 6-2는 이중 전파원 0957+561 A, B를 VLA로 관측한 자료인데, 그림에서 등고선은 전파의 세기를 나타내고, 등고선이 밀집된 두 곳이 이중 전파원을 나타낸다.

그림 6-3은 전파 은하 M87의 모습인데 장기 노출 사진에서는 볼 수 없었던 제트가 노출 시간을 짧게 한 사진에서는 잘 보인다. 이 은하는 처녀자리에 있는 은하단의 거대 타원 은하로서 전파원 Virgo A와 일치하는 은하이다. 그림에서 볼 수 있듯이 제트를 연장하면 이 은하의 핵과 만나게 되는데, VLBI에 의한 고분해능의 전파 관측으로부터 이 전파 제트의 길이는 2kpc이고 아주 작은 (<1pc) 핵으로부터 분출된 것으로 보여 진다. 이 은하의 핵에서는 X-선으로부터 전파에 이르는 다양한 파장의 에너지가 나온다. 이 은하의 핵 주변을 움직이는 물체들의 운동에 대한 광학 관측으로부터 유추한 바에 의하면 이 은하의 핵에는 태양 질량의 수십 억 배에 달하는 질량이 있다고 짐작된다. 물론 아직 이 질량이 어떤 형태로 있는지 모른다. 그러나 이 은하의 핵이 유달리 밝다는 점과 제트의 분출 등 격렬한 가스의 운동이 있는 점으로 미루어 이 은하의 핵에 있는 천체가 블랙홀일 가능성이 크다.

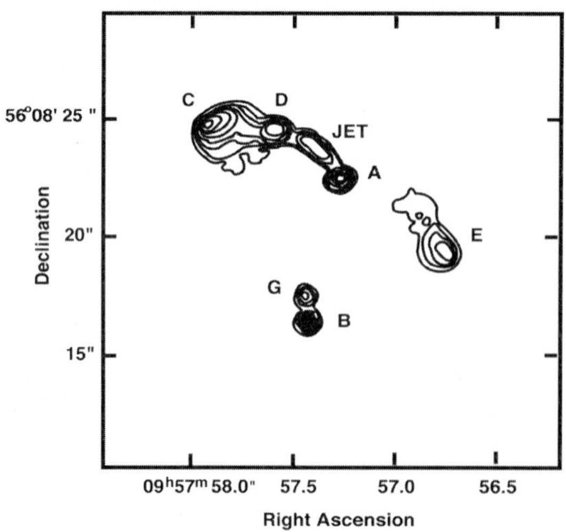

그림 6-2. VLA로 관측한 이중 전파원 0957+561 A, B

그림 6-3. 전파은하 M87의 모습. 아래는 전체 모습이고, 위는 노출을 짧게 하여 중심부만 찍은 사진으로 제트의 분출을 볼 수 있다(사진 제공 : 한국천문연구원 전영범 연구원).

전파 은하의 상당수는 X-선에서도 많은 에너지를 방출한다. 이처럼 전파나 X-선을 많이 방출하는 은하를 활동성 은하라 부른다. 1983년에 우주 공간에 올려진 적외선 관측을 위한 천문 위성인 IRAS (InfraRed Astronomical Satellite)는 가시광선 영역에서 나오는 에너지의 수백 배를 적외선에서 방출하는 은하들을 많이 발견하였는데, 이들의 대부분은 활동성 은하였다. 이들 은하에서 나오는 적외선 에너지는 주로 새로 탄생한 별의 주변을 둘러싸고 있는 티끌 입자가 별에서 나오는 에너지를 흡수한 후 이를 재 방출 할 때 나오는 것이므로, 이들 은하에서 지금 별들이 왕성하게 만들어지고 있는 것으로 생각할 수 있다. 이러한 은하들을 별이 폭발적으로 탄생하는 별폭발 은하(starburst galaxies)라 부르며, 이들 은하의 형태를 자세히 조사해보면 대부분이 이지러진 모양을 하고 있다. 이러한 모양의 변화와 별의 폭발적 탄생은 다른 은하에 의한 조석력[2)]과 같은 강한 교란이 있을 때 가능하다. 실제 많은 활동적인 은하는 주변의 은하와 상호작용을 하고 있는 것으로 알려졌다. 이러한 은하 외에도 은하핵에서 강한 활동을 하고 있는 은하들이 있다. 그 중 하나가 1940년대에 세이퍼트(Seyfert)가 발견한 세이퍼트(Seyfert) 은하다. 세이퍼트 은하의 핵으로부터는 보통 나선 은하의 핵과 달리 아주 강하고 폭이 넓은 방출선이 나온다. 방출선의 폭으로부터 이들 은하의 핵에서는 뜨거운 가스 구름이 수천 km/sec의 속도로 움직이고 있음을 알 수 있다. 이들 은하의 핵도 강한 교란을 받은 흔적을 보이는데 위에서 설명한 활동적인 은하의 핵과 함께 이러한 은하의 핵을 활동성 은하핵(Active Galactic Nuclei, AGN으로 약칭한다)이라 한다.

2). 유한한 크기를 가진 물체 A가 다른 물체 B로부터 받는 중력은 A의 부분에 따라 다르다. 즉 B와 가까운 쪽은 더 큰 힘으로 당겨지고 먼 쪽은 약한 힘으로 당겨져, 마치 A를 찢어내려는 것과 같은 작용을 한다. 이렇게 위치에 따라 다르게 자용하여 물체를 변형시키는 경향을 가진 힘을 기조력 또는 조석력이라 한다(**글상자** 8-1 참조).

2. 퀘이사

퀘이사의 존재는 전파 망원경에 의해 먼저 알려졌다. 1960년 그 위치가 정확하게 파악된 최초의 강한 전파원은 3C 48로서 팔로마 사진 건판(Palomar Atlas) 상에서는 보통 별과 구별할 수 없는 흐린 천체였다. 이 때문에 초기에는 이것을 전파별이라 부르기도 하였으나, 1963년 별처럼 보이는 다른 강한 전파원이었던 3C 273의 스펙트럼이 팔로마 천문대의 슈미트(Schmidt)에 의해 멀리 있는 천체에 의한 것임이 밝혀지면서 이들이 별과는 다르다는 것을 알게 되었다. 그러나 퀘이사의 모습이 별과 너무도 흡사하였고 초기에 발견된 퀘이사의 대부분은 강한 전파원이었기 때문에 사람들은 이것을 quasi-stellar radio source 또는 퀘이사(quasar)라고 부르게 되었다. 다른 여러 특성은 퀘이사와 비슷하나 강한 전파원이 아닌 천체를 지칭하기 위해서 quasi stellar object (QSO로 약칭함) 라고 따로 일컫지만 종종 모두 퀘이사라 부르기도 한다.

1961년 3C 273의 스펙트럼이 처음으로 얻어졌을 때는, 3C 48의 스펙트럼이 얻어졌을 때와 마찬가지로 많은 사람들을 어리둥절하게 만들었다. 이 스펙트럼

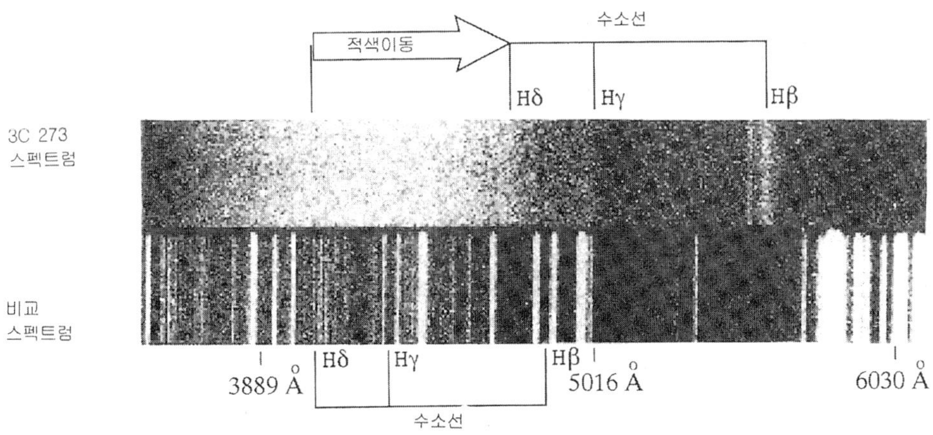

그림 6-4. 퀘이사 3C 273의 스펙트럼.

을 보면 흐린 연속 스펙트럼 위에 밝은 방출선들이 겹쳐 있다. 이런 방출선은 보통 별에서 관측되는 선들과는 그 위치가 달라 이를 이해하는데 많은 시간이 필요했던 것이다. 결국 슈미트는 이들 방출선은 수소의 발머선들이 도플러 효과에 의해 적색이동을 일으킨 결과임을 이해하고 이로부터 이 퀘이사가 멀리 있는 천체라는 것을 알 수 있었던 것이다(그림 6-4). 보통 별에서도 우리는 흡수선이나 방출선들이 그들의 운동에 의해 파장이 길어지거나 짧아지는 것을 발견할 수 있지만, 우리 은하계에서 발견된 가장 빨리 움직이는 별의 경우 그 시선 속도가 400km/sec를 넘지 않는 반면 퀘이사의 시선 속도는 이보다 수백 배 이상 빨리 움직이기 때문에 이들이 우리 은하계의 천체가 될 수 없는 것이다.

퀘이사의 적색이동을 도플러 효과에 기인한 것으로 해석할 때, 보통의 방법으로는 이렇게 빠른 속도를 얻을 수 없으므로 은하의 후퇴 속도와 같이 우주의 팽창에 의한 것이라고 해석할 수 있다(제 7장). 그러나 이렇게 해석할 경우 퀘이사는 그 당시까지 발견된 어떠한 은하보다 더 멀리 있는 천체가 되고 그 광도도 은하 광도의 수천 배에 달하게 되어 광학 관측에 의한 퀘이사의 모양과는 잘 조화가 되지 않았다. 퀘이사는 별처럼 작게 보일 뿐만 아니라 밝기가 변하는 것이 발견되었다. 퀘이사의 변광 주기가 수개월에 불과하므로 그 크기는 아무리 커도 1광년보다는 작아야 하고, 이 경우 은하의 수천 배에 달하는 그 막대한 에너지가 어떻게 방출될 수 있는 지가 큰 의문으로 남게 되었다. 이 때문에 한 때는 퀘이사가 멀리 있는 천체가 아니라 가까이 있는 천체가 중력에 의해 적색이동을 일으킨 것이라는 해석도 있었다. 일반 상대론에 의하면 강한 중력장으로부터 나오는 빛은 그 파장이 길어지는데, 퀘이사의 적색이동도 도플러 효과에 의한 것이 아니라 중력에 의한 것이라는 설명이었다. 그러나 관측에 의하여 더욱 큰 적색이동을 갖는 퀘이사들이 계속 발견되고, 퀘이사가 자신을 둘러싸고 있는 은하와 같은 적색이동을 가지는 것이 발견됨에 따라 퀘이사의 적색이동이 중력에 의한 것이 아님이 분명해졌다. 왜냐하면 관측된 큰 적색이동이 중력에 의한 것이기 위해서는 이 천체의 중력장이 너무 커서 자연계에 존재할 가능성이 없으며, 더구나 퀘이사와 같은 적색이동을 갖는 주변 은하는 중력에 의한 적색이동을 일으킬 수 없기 때문이었다.

이제 우리는 퀘이사에서 관측된 큰 적색이동이 우주의 팽창에 따른 은하의 후퇴 속도 때문임을 알게 되었다. 또한 최근에 이루어진 관측에서 퀘이사가 독립된 천체이기보다는 흐린 은하의 핵이라는 사실도 알게 되었다. 3C 273과 같은 경우 전파 은하나 다른 활동적인 은하의 핵에서 나타나는 것과 같은 제트가 전파 관측과 광학 관측에서 확인되었다. 이러한 관측은 결국 퀘이사도 일종의 AGN이며 퀘이사의 막대한 에너지도 다른 AGN의 에너지와 같은 방법에 의해 방출되는 것이라고 생각하게 되었다. 우리는 앞에서 전파 은하나 AGN을 가지는 은하의 중심에 무거운 질량체가 있으며 이것이 이들 은하가 보이는 활동의 에너지원이 될 수 있다는 점을 지적한 바 있다. 특히 퀘이사의 경우 그 반지름이 1광년보다는 작아야 관측된 밝기의 변화를 설명할 수 있으므로 이처럼 작으면서 막대한 질량을 가질 수 있는 천체인 초대질량블랙홀이 은하의 핵에 자리 잡고 있다고 해석할 수 있다. 물론 아직 관측에 의해서 이러한 퀘이사가 블랙홀임을 증명한 것은 아니나 최근의 보다 자세한 관측은 퀘이사가 블랙홀임을 강하게 암시하고 있다.

우리는 블랙홀은 강한 중력장을 가지고 있어 아무것도 빠져 나올 수 없다는 것을 알고 있다. 그렇다면 퀘이사나 AGN의 에너지는 어떻게 설명할 수 있을까? 퀘이사에서 나오는 에너지는 블랙홀 자체에서 나오는 에너지가 아니라, 블랙홀이 그 주변을 지나는 물체들을 막대한 중력으로 끌어들일 때 블랙홀을 향하여 떨어지는 물체들의 중력 퍼텐셜 에너지가 빛 에너지로 바뀌어 나오는 것이다(**글상자** 6-1). 관측에 의하면 퀘이사는 전자기파의 모든 파장 영역, 즉 전파, 적외선, 가시광선, 자외선, X-선, 감마선 등에서 골고루 에너지를 방출하고 있다. 중력 에너지만이 퀘이사의 광도를 설명할 수 있다는 것이 일반적 견해이다.

퀘이사의 광도를 블랙홀로 떨어지는 물체의 중력 위치 에너지로 설명하기 위해서는 외부로부터 물질이 계속 유입되어야 한다. 예를 들어 위에서 설명한 3C

글상자 6-1. 블랙홀의 에너지 효율

질량이 M이고 반경이 R인 천체의 표면으로 질량이 m인 물체가 떨어질 때 생기는 에너지 E는 다음과 같으므로,

$$E=-\frac{GMm}{R}$$

반지름이 아주 작은 천체인 블랙홀은 막대한 중력 위치에너지를 가질 수 있다. 질량이 에너지로 바뀌는 효율은 블랙홀과 같이 밀도가 아주 큰 천체에서는 아주 높다. 수소 원자핵 반응의 경우, 질량 m의 수소 원자핵이 헬륨 원자핵으로 바뀔 때의 에너지는 아인슈타인의 질량-에너지 관계에 의해 다음과 같이 된다(글상자 3-4).

$$E=0.007mc^2.$$

여기서 c는 빛의 속도이다. 따라서 질량 m인 물체가 원자핵 반응에 의해 에너지를 생성할 때 전체 질량의 0.7%가 에너지로 변한다. 한편 블랙홀의 크기를 결정하는 슈바르츠실트 반지름 $R_S=\frac{2GM}{c^2}$을 이용하면 무한히 먼 곳에서 물질 궤도가 불안정해지는 $3R_S$까지 떨어지는 동안 중력 퍼텐셜 에너지는 다음 양만큼 증가한다.

$$E=\eta mc^2$$

여기서 η는 상대론적 효과 때문에 1/6보다 약간 작은 0.1 정도이다. 따라서 블랙홀은 핵반응보다 약 10 배 이상의 효율로 에너지를 낼 수 있고 빛을 내는 부피도 아주 작아 퀘이사나 활동성 은하핵의 광도를 설명하기 적합하다. 실제로 블랙홀로 직접 떨어지는 물질은 중력 퍼텐셜 에너지를 빛 에너지로 바꾸지 못한다. 이런 에너지 형태의 변환은 강착 원반에서 가능하다. 강착 원반이란 점성을 가진 가스가 블랙홀이나 중성자별과 같은 작은 천체를 돌면서 만들어진 원반으로 가스는 서서히 중심 천체로 유입되면서 마찰에 의해 중력 퍼텐셜 에너지를 열에너지로 바꾼다. 뜨거워진 강착 원반으로부터 빛이 나온다.

273의 경우 광도가 약 10^{47} erg/sec로서 우리 은하계 광도의 약 1,000배에 달하므로, 이를 설명하기 위해서는 매년 수 개의 태양에 해당하는 질량이 외부로부터 블랙홀 속으로 떨어져야만 한다. 만일 세이퍼트 은하와 같이 활동성이 적은 은하의 핵에도 퀘이사와 같이 블랙홀이 있고 이들의 광도가 블랙홀에 의한 것이라면 이들과 퀘이사와의 차이는 블랙홀의 질량과 블랙홀로 떨어지는 질량의 유입율 차이 때문일 것이다. 주어진 블랙홀이 낼 수 있는 광도에는 한계가 있는데 이를 에딩턴 광도라 부르고 블랙홀 질량에 비례한다. 광도가 에딩턴 한계

그림 6-5. 활동성 은하핵 NGC4261의 중심부(허블 우주망원경 사진. 사진 출처 : http://hubblesite.org).

를 넘어서면 복사압[3])이 너무 강해 물질이 블랙홀로 떨어지지 못한다. 질량이 $10^6 M_\odot$인 블랙홀의 에딩턴 한계는 약 $3 \times 10^{10} L_\odot$로 은하 전체의 광도에 이른다. 아주 밝은 퀘이사는 광도가 $10^{12} L_\odot$ 정도이므로 블랙홀의 질량은 $3 \times 10^8 M_\odot$가 넘어야 한다. 보통 은하의 스펙트럼에서는 방출선은 잘 보이지 않고 흡수선이 연속 스펙트럼 위에 겹쳐 나타난다.

그러나 퀘이사에서는 활동성 은하에서와 마찬가지로 흡수선 뿐만 아니라 강한 방출선이 많이 보인다. 퀘이사에서 관측되는 대부분의 방출선은 선폭이 매우 넓으므로 이들 방출선이 매우 빨리 움직이는 가스 구름에서 나온 것임을 알 수 있다. 이들의 전형적인 속도는 수천 km/sec에 이르는데, 이런 빠른 속도는 곧 퀘이사의 질량이 크다는 것을 말해준다. 왜냐하면 질량이 충분히 크지 않으면 가스 구름의 운동 에너지가 중력 퍼텐셜 에너지보다 더 커서 이들이 퀘이사의 중력장으로부터 탈출해버리기 때문이다. 그림 6-5에 있는 활동성 은하핵 NGC 4261의 경우 이러한 가스 구름의 속도가 수천 km/sec인데, 이로부터 추정되는 블랙홀의 질량은 태양 질량의 수십 억 배에 이른다.

퀘이사의 광도가 블랙홀에 의한 것이라면 앞에서 말한 에딩턴 광도를 이용하여 블랙홀의 하한 질량을 계산할 수 있다. 즉 블랙홀에 의해 나오는 광도는 에딩턴 광도보다 낮아야 하고 에딩턴 광도는 블랙홀 질량에 비례한다는 사실을 이용하는 것이다. 퀘이사 3C 273처럼 광도가 10^{47}erg/sec인 경우에 이를 에딩턴 광도라 가정하고 구한 블랙홀의 질량은 태양 질량의 10억 배 정도가 되며, 가스 구름의 관측된 속도로부터 계산한 질량과 비슷한 값을 갖는다. 퀘이사뿐 아니

---

[3]. 빛은 질량은 없지만 운동량을 가지고 있어 압력을 준다. 빛에 의한 압력을 복사압이라 한다.

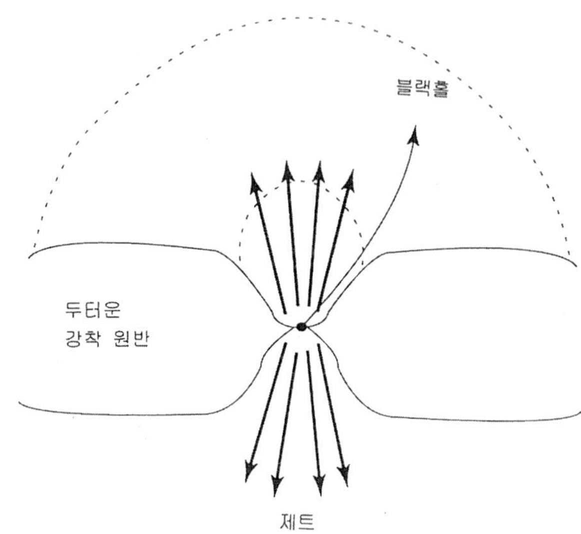

그림 6-6. 퀘이사와 활동성 은하핵의 모형도. 블랙홀 주변에 도우넛 모양의 두꺼운 강착 원반이 있어 여기서 나오는 빛은 강착 원반 표면 물질을 뜨겁게 만든다. 이런 물질은 적도 방향으로는 강착 원반 때문에 움직이지 못하고 수직 방향으로 나갈 수 있다. 전파 은하에서 보이는 제트는 이런 방법으로 만들어지는 것으로 생각된다.

라 우리 은하와 같은 보통 은하에도 초대질량블랙홀이 있는 것으로 밝혀졌으며, 은하에 있는 초대질량블랙홀의 질량은 은하의 질량에 비례한다. 나선은하의 경우 초대질량블랙홀의 질량이 중앙팽대부의 질량에 비례하는 데, 이것은 블랙홀의 생성이 은하핵의 생성과 밀접한 관계를 가지고 있음을 나타낸다. 우리 은하의 중심에 있는 블랙홀의 질량은 $2 \times 10^6 M_{\odot}$ 정도이다.

오늘날 널리 받아들여지는 퀘이사의 가장 그럴듯한 모형은 은하의 중심에 블랙홀이 있고, 그 주변에 블랙홀로 떨어지는 물체에 의해 빠르게 회전하는 강착 원반[4)]이 존재하는 것이다. 블랙홀 주변에 강착 원반이 만들어지는 이유는 물질이 블랙홀로 떨어질 때 직선 궤도를 따라 곧 바로 블랙홀을 향하지 않고 나선 궤도를 그리며 블랙홀 주변을 회전하다가 블랙홀로 떨어지기 때문이다. 또한 퀘

4). 블랙홀이나 기타 천체 주변에서 회전 운동을 하기 때문에 납작하게 된 가스 원반을 말한다. 원반 내에서 회전 각속도가 일정하지 않은 차등 회전을 하므로 점성에 의해 열을 내면서 서서히 중심 천체로 떨어진다. 그림 3-11에 대략적인 모양이 그려져 있다.

이사에서 관측되는 제트는 강착 원반의 가운데 부분이 너무 뜨거워져 복사압에 의해 가스 입자가 강착 원반의 수직 방향을 따라 거의 광속으로 분출된 것이다. 그림 6-6은 이런 퀘이사의 모형도이다.

퀘이사와 관련된 또 다른 흥미 있는 관측 사실은 천체들의 초광속 운동(super luminal motion)이다. 그림 6-7은 1977년 6월과 1980년 3월 관측된 3C 273에서 나오는 제트의 모습인데, 1977년의 관측에서는 새롭게 분출된 제트가 보이고 1980년의 관측에서는 이 제트가 많은 거리를 이동했음을 알 수 있다. 퀘이사의 거리로부터 제트가 움직인 거리를 구해보면 마치 제트가 빛의 속도보다 빨리 움직인 것처럼 보이며, 이를 초광속 운동이라 부른다. 이러한 초광속 운동은 현대 우주론의 기반인 상대성 원리의 기본 가정과 어긋나기 때문에 처음에는 많은 사람들을 당황하게 만들었다. 그러나 곧 이러한 운동은 실제 물체의 운동에 의한 것이 아니라 빛의 속도에 가까운 속도로 운동하는 물체의 운동 방향이 시선 방향과 비슷할 때 생기는 겉보기 현상임이 밝혀졌다. 즉, 그림 6-8과 같이 제트가 광속의 95%인 285,000km/sec의 속도로 시선 방향과 8도 기울어져 지구 쪽으로 움직이면서 2초 간격으로 두개의 광자 p1과 p2를 방출하였다면, 지구에서는 이 두개의 광자가

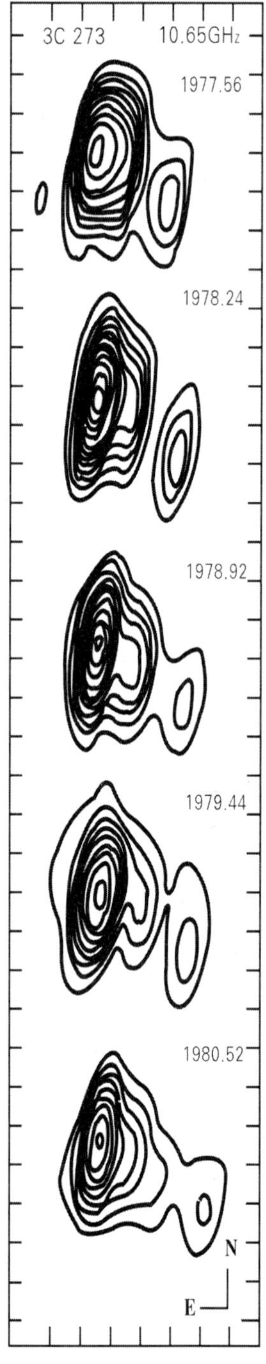

그림 6-7. 3C 273의 초광속 운동.

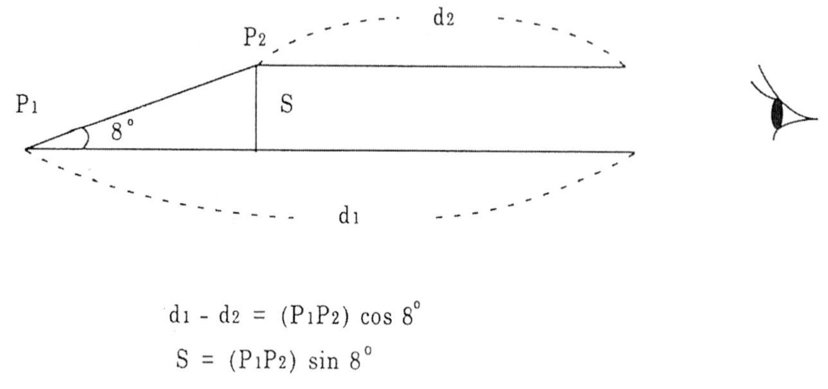

$$d_1 - d_2 = (P_1P_2)\cos 8^\circ$$
$$S = (P_1P_2)\sin 8^\circ$$

그림 6-8. 초광속 운동의 모형.

2초 간격으로 도달하는 것이 아니라 0.12초의 차이를 두고 도달하게 된다. 그 이유는 2번째 광자 p2가 방출될 때는 이미 제트가 지구를 향하여 564,453km를 움직인 후이기 때문이다. 한편, 시선 방향에 수직인 제트의 속도 성분은 39,664km/sec이므로 2초 동안 제트는 천구면 상에서 79,329km를 이동하였는데 이 거리가 관측자에게는 마치 0.12초 동안 이동한 거리로 나타난다. 따라서 관측자가 측정하는 제트의 겉보기 운동 속도는 이 거리를 0.12초로 나눈 값이 되어 광속의 약 2배가 되는 것이다.

퀘이사는 하늘의 모든 방향에 골고루 분포하는데, 적색이동(제6장 참조) z가 대부분 0.1 이상이며, 많은 퀘이사들이 z=2와 z=3 사이에 몰려 있다. 적색이동과 우주 나이 사이의 관계를 이용하면 z=2와 z=3 부근은 우주가 만들어진 후 약 20억년이 지난 때임을 알 수 있다. 따라서 퀘이사의 적색이동이 골고루 분포하지 않고 z=2와 z=3 사이에 몰려 있는 사실은 퀘이사들이 대부분 우주 역사의 초기, 즉 대폭발 후 20억 년을 전후하여 만들어진 것임을 말해준다. 물론 z가 3 보다 큰 퀘이사는 너무 멀리 있어 흐리기 때문에 완전한 관측이 되지 않았으므로 퀘이사가 만들어진 시기가 더 빠를 수도 있다. 최근 관측으로부터 멀리 있는 흐린 은하들의 색이 푸르다고 알려졌는데, 그 이유는 젊은 별이 많기 때문이므로 이 시기에 별들이 왕성하게 생겼음을 알 수 있다. 이렇게 멀리 있는 푸른 은하들은 어두워 적색이동을 정확히 알기는 어려우나 여러 가지 관측 사실로 미루어 볼 때 이들의 평균 적색이동의 범위가 z=2 정도로 생각된다. 이처럼 대부분의 퀘이사가 갖는 적색이동이 푸른 은하의 적색이동과 비슷한 것도 퀘이사가 은하의 핵으로 존재한다는 생각을 뒷받침해준다. 현재까지 관측으로는 z가 4보다 커지면 퀘이사의 수가 급격히 감소한다. 이는 퀘이사의 탄생 시기도 한계가 있음을 말해주고 있다. 현재까지 관측된 가장 멀리 있는 퀘이사는 z≈6.5로서 나이가 10억 년 보다 작다. 보다 정교한 관측이 이루어지더라도 이보다 적색이동이 큰 퀘이사는 그다지 많지 않을 것이다.

3. 맺는 말

지금까지의 활동성 은하에 대한 설명은 극히 일부에 지나지 않는다. 그만큼 활동성 은하핵은 다양한 파장 영역에 걸쳐 아주 복잡한 현상이 일어나는 곳이다. 많은 학자들이 이 분야에 관심을 갖는 이유는 이렇게 다양한 현상을 설명할 수 있는 통일된 이론을 찾기 위해서이다. 은하의 바깥 부분에서는 보통 은하와 활동성 은하와의 차이가 거의 없다고 보아도 좋다. 따라서 우리 은하와 같은 보통 은하 역시 활동성 은하였거나 혹은 활동성 은하가 될지도 모른다. 실제 우리 은하의 중심부에서도 에너지 규모는 작으나 다양한 활동이 감지되고 있어 활동성 은하의 축소판이라고 보는 학자도 적지 않다. 앞으로도 우주 망원경을 비롯한 고성능 관측 장비를 이용한 활동성 은하에 대한 연구가 계속될 것이며 보다 진전된 모형이 만들어지리라 기대한다.

참고 문헌

활동성 은하핵에 대한 이해는 대부분 전문 서적을 참고하여야 한다. 다음 책은 활동성 은하핵의 물리학을 비교적 쉽게 설명하고 있다.

1. 고에너지 천체물리학, 말콤 롱에어 지음, 윤홍식 옮김, 대한 교과서 주식회사(1990)

7
우주의 구조와 진화

우리는 앞에서 외부 은하에 대해 살펴보았다. 은하는 우주를 구성하는 가장 기본적인 천체이다. 물질의 기본 입자가 원자나 분자로 이루어져 있는 것처럼 우주는 은하로 이루어져 있는 것이다. 우주의 거대 구조를 연구하기 위해서 은하의 분포와 운동 등을 연구해야 하나 멀리 있는 은하는 아주 흐리기 때문에 대형 망원경과 감도가 높은 관측 장비를 필요로 한다.

최근에 이르러 관측 장비가 현저히 개선되고 지구 대기 밖에서의 관측과 가시 광선 이외의 파장 영역에서의 관측이 활발해짐에 따라 우주의 구조와 진화에 관한 연구가 크게 활기를 띠고 있다. 이론적인 측면에서는 중력에 관한 일반 이론인 일반 상대성 이론에 의해 우주의 전체적 진화 및 구조를 설명하고 있으며 근래에는 온도가 아주 높았던 초기 우주에서 일어나는 높은 에너지 현상을 설명하기 위해 입자 물리학의 이론들이 널리 응용되고 있다. 따라서 우주론은 천문학의 가장 기본이며 오래된 분야이지만 현재 우리가 가지고 있는 이론들은 아주 최근에 발전된 것이고 지금도 그 변화 속도가 대단히 빠르다. 이 장에서는 현대 우주론의 기초가 되는 일반 상대성 이론의 초보적인 소개와 이를 이용한 '대폭발 우주론'에 대해 설명한다. 최근 들어 대폭발 우주론의 구체적인 내용에 대해서는 많은 변화가 일어났고 이러한 변화 내용을 다룰 것이다. 또 은하를 비롯한 우주에 존재하는 각종 구조물의 형성에 관해서도 생각해본다. 그 밖에도 최근에 이르러 활발히 진행되고 있는 입자 물리학의 지식을 통한 초기 우주의 조건에 대한 설명도 소개한다.

1. 우주의 개관

1.1 우주의 크기와 내용물

우리는 우주의 크기를 직접 측정할 수 없고 알 수도 없다. 그러나 종종 우리는 우주의 크기를 이야기한다. 여기서 말하는 우주의 크기란 정확히 표현하면 '우주 지평선'의 크기를 뜻한다. 우주 지평선의 의미는 볼 수 있는 영역이다.

이러한 우주 지평선의 대략적인 크기는 허블 법칙으로부터 구할 수 있다. 즉 우주의 크기는 가장 빠른 속도로 후퇴하는 은하까지의 거리일 것이다. 상대성 이론에 의하면 물체의 속도는 빛의 속도인 c(=3×10^5 km/sec)를 초과할 수 없으므로 이에 해당하는 거리가 우주의 근사적인 크기가 되는 것이다. 허블 상수를 대략 70 km/sec/Mpc라 할 때 가장 멀리 볼 수 있는 거리는

$$r_{\max} = \frac{c}{H} \sim 4{,}600 \text{ Mpc}$$

이다. 이는 약 140억 광년에 해당한다.

우주 지편선의 크기가 140억 광년 정도이라는 사실과 우주가 계속 팽창한다는 사실로부터 우리는 우주의 나이가 약 140억년이라는 사실을 유추해낼 수 있다. 허블의 법칙으로부터 얻은 우주의 크기와 나이는 지금까지 인류가 막연하게나마 가지고 있었던 시간과 공간에 대한 관념을 뛰어넘을 정도로 큰 값들이다.

우리 은하 주변에는 대략 1 Mpc^3 당 하나의 은하가 존재하는 것으로 알려져 있다. 이를 이용하면 반지름이 4,600 Mpc 인 우주 지평선 내에는 대략 4,000억 개의 은하가 있음을 알 수 있다. 은하는 하나하나가 약 1,000억 배의 태양 질량을 가지고 있다고 가정한다면 우주 지평선 내에는 는 약 4×10^{22}배의 태양 질량이 존재하는 셈이다. 만약 이 질량을 차지하고 있는 입자가 대부분 양성자(또는 수소 핵)라 하면 우주에 존재하는 수소 핵의 전체 개수는 대략

$$N_p \approx 4\times10^{22}\times2\times10^{33}g/1.67\times10^{-24}g \approx 5\times10^{79} \text{ 개}$$

가 된다.

은하와 은하 사이의 빈 공간에는 거의 물질이 존재하지 않거나 극히 희박하다. 그러나 최근 관측에 의하면 먼 은하의 빛을 가리는 수소 구름이 존재한다.[1] 이들의 정체는 정확히 알 수 없으나 아마도 은하간 물질로써 은하를 만들고 난 잔해가 아닌가 하는 추측을 가능케 한다.

은하는 공간적으로 큰 규모에서는 대체로 균일하며 등방하게 분포되어 있다고 믿고 있다. 그러나 작은 거리 규모에서는 많은 불균질성이 존재한다. 예를 들어 제 5장에서 본 것처럼 은하의 상당수는 수십 내지 수백 개의 소규모 은하 집단인 은하군이나 수천 내지 수만 개의 은하로 이루어진 은하단을 형성하고 있다. 은하단은 다시 고리나 섬유 조직 모양으로 연결되어 초은하단을 이루는 경우가 많이 있다.

그림 7-1은 라스 캄파나스 천문대에서 관측한 남반구 하늘 일부 지역의 은하 공간 분포를 보여준다. 이 그림에서 부채꼴의 각도는 천구 상에서 적

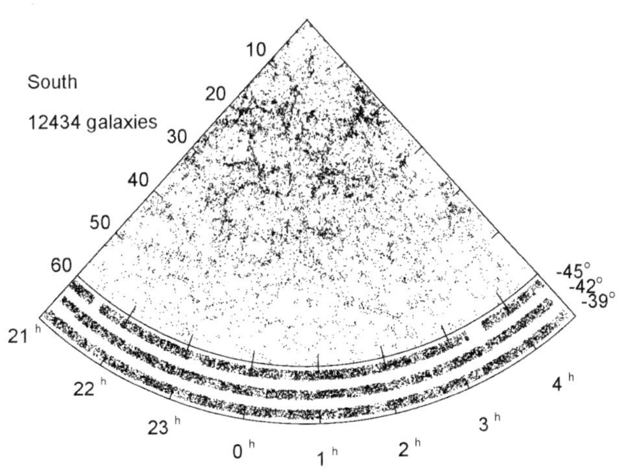

그림 7-1. 은하의 거대분포(Las Campanas 적색이동 연구팀, http://qold.astro.utoronto.ca/~lin/lcrs.html)

[1] 아주 먼 퀘이사의 스펙트럼에는 퀘이사의 적색이동보다 작은 수소 흡수선이 마치 숲을 이룬 것처럼 나타난다. 이로부터 퀘이사와 우리 사이에 수소 구름이 있다는 것을 알 수 있다.

경[2])의 앙각이며 17.75 등급보다 밝은 것을 모두 표시하였다. 부채꼴의 중심으로부터 거리는 후퇴 속도에 비례하여 허블 법칙을 이용하면 이는 우리 은하로부터의 거리와 마찬가지이다. 허블 상수를 70 km/sec/Mpc으로 할 때 이 그림에서 가장 멀리 있는 은하는 약 7억광년 정도 떨어져 있다. 은하의 분포는 약 3억 광년 정도의 규모를 넘어서면 균일하다고 볼 수 있다. 그림 7-1이 보여주고 있는 은하의 분포는 우주론이 해명해야 할 과제중 하나다.

2. 우주론의 기본 전제

위에서 논의한 우주에 대한 기본 관측 자료 외에 우주론에서 빼놓을 수 없는 관측 사실은 펜지아스(Penzias)와 윌슨(Wilson)에 의해 1965년 발견된 2.7K 흑체 배경 복사이다. 이 배경 복사는 파장에 따른 에너지 분포가 거의 완벽한 흑체 복사로서(그림 7-2) 어느 방향을 향하더라도 그 온도가 거의 일정하다는 특징을 지니고 있다. 이러한 등방성은 이 복사가 지구로부터 가까운 곳으로부터 오는 것이 아니고 대단히 먼 곳으로부터 오는 것임을 뜻한다.

우주 배경 복사의 발견은 그 이전까지 서로 경쟁하던 우주론의 두 가지 학설인 대폭발설과 정상 우주론 가운데 대폭발설을 정설로 만들게 하는 데 중요한 공헌을 하였다. 우주론들은 모두 우주는 모든 방향에 대하여 동일하고(등방성) 공간 이동에 대해서도 균일하다(균질성)는 '우주 원리'에 바탕을 두고 있다. 대폭발설에 의하면 우주는 어느 시점에 무한히 작은 점이 폭발하여 팽창을 계속하고 있다는 이론이고 정상 우주론은 은하와 은하 사이의 거리는 멀어지나 계속 새로운 물질이 탄생하여 우주의 밀도는 항상 일정하게 유지된다는 이론이다. 이 두 이론의 근본적인 차이는 우주가 시간에 대해 변하는가 그렇지 않은가

---

2). 하늘의 좌표 표시법중 하나인 적도 좌표계에서의 경도이다. 하늘의 춘분점 (산양 자리 부근)으로부터 동쪽으로 잰 각도이다. 적위는 하늘의 적도 (지구의 적도를 하늘로 연장시킨 선)로부터 북쪽으로 잰 각도이다.

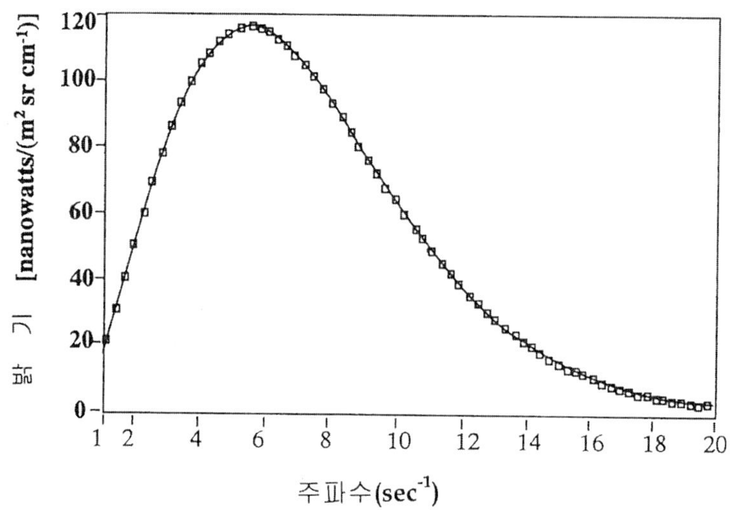

그림 7-2. COBE 관측한 우주 배경 복사와 흑체복사와의 비교. 네모는 관측치이다.

에 달려 있다. 즉 대폭발설은 우주가 끊임없이 진화하고 있다는 것이고 정상 우주론은 진화를 거부하는 것이다.

아주 낮은 온도의 우주 배경 복사는 대폭발설에서 우주 전체의 에너지 보존 법칙으로부터 자연스럽게 예측되는 현상이나 정상 우주론에서는 이러한 배경 복사가 존재하여야 할 이유가 없다. 따라서 배경 복사의 발견으로 인해 정상 우주론은 그 정당성이 많이 약해졌다고 볼 수 있다.

자연계에는 중력, 약력, 전자기력, 강력 등 네 가지 힘이 존재한다. 이들 힘 중에서 중력과 전자기력은 거리의 제곱에 반비례하여 무한히 멀리까지 그 힘이 미치지만 약력과 강력은 핵자의 크기인 10^{-13} cm 이내에서만 작용하는 힘이다. 전자기력은 원리적으로 무한히 먼 거리까지 그 힘이 미칠 수 있으나 자연계에는 양의 전하를 띤 물체와 음의 전하를 띤 물체가 골고루 섞여 있어 끌어당기는 힘과 밀치는 힘이 서로 상쇄될 수 있어 실제로는 아주 가까운 거리에서만 중요한 역할을 한다. 따라서 우주와 같이 큰 규모에서 중요한 역할을 하는 힘은 중력이다.

뉴턴은 물체 사이에 작용하는 중력에 관한 법칙과 역학 법칙을 발견하여 현대 과학의 기초를 마련해 주었다. 그 후 20세기에 들어와 아인슈타인에 의해 보다 정확한 이론인 일반 상대성 이론이 완성되었다. 뉴턴의 중력 법칙은 우리가 일상적으로 경험하는 범위에서는 정확한 이론이다. 그러나 우주 전체의 진화나 구조를 다룰 때에는 힘이 작용하는 범위가 아주 넓어서 상대성 이론을 사용하여야만 한다. 이제 간략하게 상대성 이론의 특징들을 살펴보자.

3. 상대성 이론의 이해

아인슈타인은 1904년 특수 상대성 이론을 발표하고 1914년 일반 상대성 이론을 발표하였다. 특수 상대성 이론은 운동하는 물체의 운동 성질을 중력장이 없는 경우에 적용하는 이론이며 일반 상대성 이론은 중력장이 있을 때의 이론이다. 상대성 이론을 이해하기 위해서는 복잡한 수학을 많이 사용하여야 한다. 그러나 여기서는 상대성 이론의 기본 개념만을 수식을 최소화하여 소개한다.

3.1. 특수 상대성 이론

맥스웰(Maxwell)의 전자기 이론은 빛은 전기장과 자기장이 진동하면서 진공을 초속 30만 km의 일정한 속도로 진행하는 특징을 가지고 있다는 사실을 밝혀 주었다. 그러나 속도는 물체와 관측자 사이의 상대적인 운동을 나타내는 것이기 때문에 무엇에 대해 빛의 속도로 진행하는지가 분명치 않았다. 그 후 마이켈슨(Michelson)과 몰리(Morley)는 지구가 공전하는 방향으로부터 오는 별빛과 공전하는 방향과 수직인 방향으로부터 오는 별빛의 속도는 지구에서 관측할 때 차이가 없다는 실험 결과를 발표하였다.

마이켈슨과 몰리의 실험 결과 이전에는 속도 v_A로 움직이는 물체가 속도 v_B로 움직이는 물체를 봤을 때 물체 B는 물체 A에게 $v_B - v_A$의 속도로 관측된다는 갈릴레이식 변환이 두 좌표계 사이의 속도 관계를 말해 주는 변환 법칙이었다

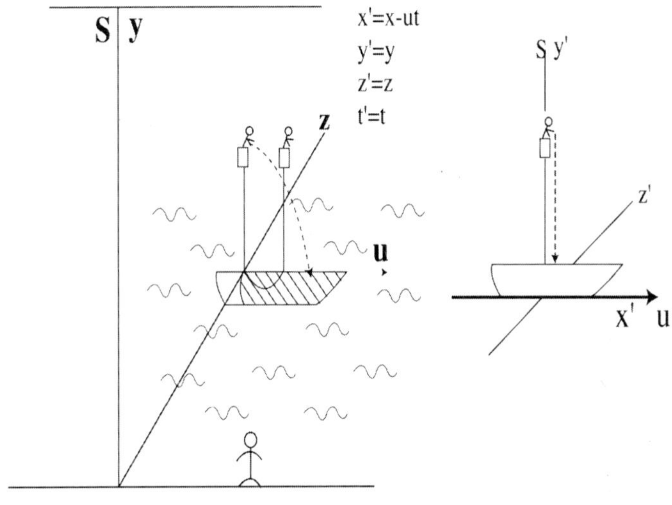

그림 7-3. 갈릴레이식 좌표 변환.

(그림 7-3). 이 변환 법칙을 이용하면 별빛의 속도도 지구의 운동 방향에 대하여 다르게 나타나야 하는데 마이켈슨과 몰리의 실험에서는 이러한 차이점을 발견할 수 없었던 것이다.

마이켈슨과 몰리의 실험 사실에 바탕하여 특수 상대성 이론에는 다음 두 가지의 원리가 적용되었다. 즉 모든 물리 법칙은 좌표 변환에 대해 변하지 않는다는 것과 빛의 속도는 관측자와 무관하게 일정하다는 것이다. 물론 여기서 첫 번째 원리는 갈릴레이식 변환을 이용한 뉴턴의 역학에서도 적용된다.

갈릴레이식 변환의 특징은 시간이나 공간은 관측자의 운동에 무관하게 일정하다는 것이다. 즉 정지해 있는 관측자가 측정한 시간과 운동하는 관측자가 측정한 시간의 길이는 마찬가지라는 것이다. 따라서 뉴턴 역학의 바탕을 이루고 있는 갈릴레이식 변환에서 시간과 공간은 절대적인 존재이다.

그러나 두 번째 원리를 만족하기 위해서는 관측자에 따라 시간과 공간이 다르게 측정되어야 한다. 이러한 두 가지 원리를 만족시키는 좌표 변환을 로렌츠(Lorentz) 변환이라 한다. 이 변환을 사용하면 어떤 물체의 크기나 그 물체에서

글상자 7-1. 쌍둥이의 역설

> 동시에 태어난 쌍둥이 영희와 철수가 있다고 하자. 영희는 지구에서 그대로 살고 있고 철수는 아주 빠른 속도의 우주선을 타고 먼 천체까지 우주 여행을 하고 돌아왔다고 하자. 영희가 본 철수는 빠른 속도로 운동을 했기 때문에 시간이 천천히 진행돼 철수가 다시 지구에 돌와왔을 때 영희보다 훨씬 젊어 있어야 한다. 그러나 운동은 상대적인 것이기 때문에 철수의 입장에서는 영희가 빠른 속도로 멀어졌다 되돌아온 것으로 보인다. 그렇다면 다시 만났을 때 철수는 영희보다 더 나이가 먹었어야 할 것이다. 이렇게 모순이 있어 보이는 현상을 쌍둥이의 역설이라 한다. 그렇다면 실제로 누가 더 나이를 먹었을까? 운동 속도 자체는 상대적인 것이지만 먼 곳에 갔다 돌아오기 위해서는 가속, 감속, 그리고 다시 가속과 감속을 해야 한다. 가속이나 감속할 때는 힘을 받기 때문에 누가 가만히 있고 누가 운동을 했는지 명확해진다. 따라서 철수가 우주 여행을 하고 돌아와 보면 실제로 영희보다 나이가 어려 보여야 한다.
>
> 이렇게 시간이 관측자에 따라 다르게 보이는 현상은 실제로 미시의 세계에서 입증이 되고 있다. 아주 빨리 움직이는 불안정한 소립자는 정지해 있을 때의 수명보다 훨씬 긴 시간동안 우리에게 관측된다. 이는 상대론적인 효과에 의한 것이다.

의 시간 간격이 정지해 있는 관측자가 측정한 값과 운동하는 관측자가 측정한 값이 서로 다르게 나타나게 된다. 똑같은 물체의 크기가 정지한 관측자가 본 값에 비해 운동하는 관측자는 더 짧게 보인다. 또 같은 시간 간격도 운동하는 관측자는 더 길게 측정한다. 이런 이유로 해서 특수 상대성 이론에서는 '쌍둥이의 역설'이라는 현상이 나타날 수도 있다(**글상자** 7-1).

특수 상대성 이론은 입자의 속도가 빛의 속도에 비해 아주 느릴 경우에는 뉴턴 역학과 같아진다. 우리가 수백 년 동안 뉴턴 역학을 아무 모순 없이 사용할 수 있었던 것은 바로 뉴턴 역학이 지구나 태양계에서 일어나는 대부분의 현상들을 아무 무리 없이 설명할 수 있었기 때문이다. 상대성 이론을 사용해야 할 경우는 물체의 운동 속도가 빛의 속도에 가까워질 때이다.

특수 상대성 이론에서 가장 널리 알려진 것은 $E=mc^2$로 알려진 에너지와 질량의 관계식이다. 이는 뉴턴 역학에서 쓰이는 $E=1/2mv^2$과 비교하여 크게 다름을 알 수 있다. 이런 차이는 어디에서 오고 그 의미는 무엇인가?

에너지란 '다른 물체의 운동에 영향을 줄 수 있는 능력'이라고 정의할 수 있다. 따라서 에너지가 다른 물체의 운동에 영향을 주기 위해서는 에너지의 형태가 바뀌어야 한다. 뉴턴 역학의 에너지는 운동 속도에 관계하기 때문에 속도가 바뀌면서 다른 입자의 운동을 바꿔줄 수 있다. 예를 들어 수력 발전소에서는 빠른 속도로 떨어지는 물을 이용해 터빈을 돌리고 터빈의 회전 에너지를 다시 전기 에너지로 바꾼다.

특수 상대성 이론에서는 질량이 속도의 함수이고 이를 이용해 빛보다 훨씬 느리게 운동하는 물체의 에너지를 구해보면 정지 질량 에너지(m_0c^2)와 뉴턴 역학의 운동 에너지의 합으로 표시됨을 알 수 있다(**글상자** 7-2). 일반적으로 정지질량 에너지는 아주 큰 값이지만 다른 형태의 에너지로 바꾸는 것이 쉽지 않다. 그러나 만약 정지 질량을 바꿀 수 있다면 아주 큰 에너지를 끌어 낼 수 있는 가능성을 보여준다. 제3장에서 설명한 바와 같이 별 내부에서 일어나는 핵 융합 반응은 정지 질량의 일부를 에너지로 바꾸면서 큰 에너지를 내는 것이다.

만약 물체가 빛의 속도에 가까이 접근하면 위에서 구한 근사식은 사용할 수

글상자 7-2. 상대론적 에너지

정지했을 때의 질량이 m_0 인 입자가 v 의 속도로 운동하면 그 질량은 다음과 같이 표현된다.

$$m = \frac{m_o}{[1-(v/c)^2]^{1/2}}$$

즉 속도가 빛의 속도에 근접하면 질량은 정지 질량보다 훨씬 커진다. 빛보다 훨씬 느린 속도로 운동하는 물체의 에너지를 위 질량 공식을 이용해 구하면 다음과 같다.

$$\begin{aligned} E = mc^2 &\approx m_0c^2\left(1+\frac{1}{2}\frac{v^2}{c^2}\right) \\ &= m_0c^2 + \frac{1}{2}m_0v^2 \end{aligned}$$

즉 상대론적 에너지는 정지 질량 에너지와 운동 에너지의 합임을 알 수 있다. 물리학에서는 종종

$$\gamma = \frac{1}{[1-(v/c)^2]^{1/2}}$$

라는 기호를 사용해 γ가 1보다 훨씬 큰 입자를 '상대론적 입자'라 부른다.

없다. 빛의 속도보다 훨씬 느린 속도로 운동하는 물체의 경우 정지 질량 에너지 m_0c^2은 운동 에너지 $\frac{1}{2}mv^2$에 비해 아주 큰 값을 가지나 빛의 속도와 거의 같은 속도로 운동하는 물체의 경우 전체 에너지는 정지 질량 에너지에 비해 훨씬 크다. 이런 경우 물체는 '상대론적' 운동을 한다고 말하며 모든 물리량들은 뉴턴 역학으로 기술하는 것과는 큰 차이를 보인다.

3.2 일반 상대성 이론

특수 상대성 이론에서는 중력에 의한 영향을 전혀 고려하지 않았다. 이제 특수 상대성 이론에서의 상대론적 원리와 중력장을 결합시킨 이론을 생각해 보자.

일반 상대성 이론에서는 특수 상대론에서의 두 가지 원리에 '동등 원리(Princple of Equivalence)'라는 것이 하나 더 추가된다. 동등 원리란 중력장에서 물체가 겪는 힘은 가속을 하면서 물체가 겪는 힘과 같다는 것이다. 쉽게 이야기하면 자유 낙하 운동을 하는 상자 속에 있는 사람은 중력장을 전혀 느낄 수 없다는 것이다. 이렇게 중력에 의한 힘과 가속에 의한 힘이 같다는 것은 '관성 질량'과 '중력 질량'이 같다는 말로 대치할 수 있다. 여기서 관성 질량이란 가속도 a를 가지는 물체가 받는 힘이 가속도에 비례한다고 할 때 그 비례상수를 말하고, 중력 질량이란 중력장에 있는 물체가 받는 힘이 중력장의 세기에 비례한다고 할 때 그 비례 상수이다.

중력 질량과 관성 질량이 같다는 사실은 유명한 에트뵈스(Etvös)의 실험으로 입증되었다. 그의 실험은 여러 종류의 다른 물체가 받는 중력과 관성에 의한 힘을 비교하여 물체에 따라 이 두 힘이 모두 같이 작용함을 보였다. 동등 원리를 이용하면 중력장이 없는 곳에서 구한 운동 방정식을 가속을 받는 운동계로 좌표 변환을 시킴으로써 중력장을 포함하는 일반적인 운동 방정식으로 나타낼 수 있다.

상대성 이론의 과제는 바로 이러한 중력장이 없는 좌표계(또는 가속을 받지 않는 좌표계 : 관성 좌표계라 한다)와 중력장이 있는 좌표계(또는 가속을 받는

좌표계 : 비관성 좌표계라 한다) 사이에 어떠한 좌표 변환식을 적용시키느냐 하는 것이다. 일반 상대성 이론에서는 중력을 힘으로 인식하지 않고 공간의 기하학적 성질을 변화시키는 요인으로 인식한다. 다시 말해 물질의 분포는 공간의 기하학적 성질을 바꾸고 주어진 공간의 기하학적 성질에 의해 물질이 운동을 하게 된다는 것이다.

3차원 공간에 살고 있는 우리는 굽어진 3차원 공간을 이해하기가 힘들다. 예를 들어 지구 표면에 살고 있으면서 지구가 둥글다는 것을 알기가 힘들다는 것과 마찬가지다. 휘어져 있다는 개념은 일반적으로 우리가 다루려는 공간보다 한 차원이 높은 공간에서 보아야만 쉽게 이해할 수 있다. 휘어진 공간에 대한 이해를 돕기 위해 2차원 평면을 생각해보자.

2차원 평면은 크게 세 가지 종류가 있다. 즉 편평한 면, 구면처럼 닫힌 면, 또는 말 안장처럼 생긴 곡면 등이다(그림 7-4). 닫힌 면의 예는 지구 표면이다. 한 점에서 출발해 끝없이 움직이면 출발한 점으로 다시 돌아오게 된다. 그 반면 열려진 공간이나 편평한 공간에서는 한 점에서 출발해 무한히 움직이면 자기가 출발한 점으로 돌아올 수 없다. 우리가 일반적으로 다루는 기하학은 편평한 공간에서 적용될 수 있는 유클리드(Euclid) 기하학이다. 휜 공간의 기하학은 아인슈타인 훨씬 이전에 러시아의 수학자인 리만(Riemann)에 의해 완성되었다. 이 세 가지 공간의 기하학적 성질들은 그 밖에 여러 가지가 있으며 간단히 비교하면 다음과 같다.

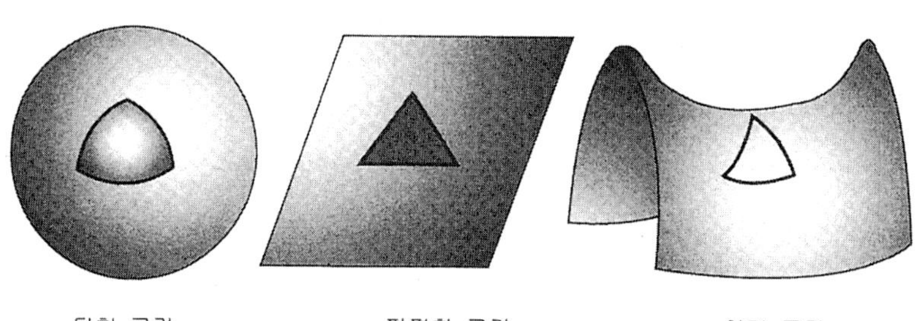

그림 7-4. 서로 다른 성질을 가지는 공간의 예.

(1) 삼각형 내각의 합 : 편평한 평면에 그린 삼각형의 내각의 합은 180°이나 닫힌 평면 위에서는 이보다 크고 열린 공간에서는 작다.
(2) 원의 둘레 : 반지름 R인 원을 그리면 편평한 평면에서의 원주는 $2\pi R$이나 닫힌 평면 위에서는 이보다 짧고 열린 평면에서는 이보다 길다.
(3) 원의 면적 : 반지름 R인 원을 그리면 평면에서의 면적은 πR^2이나 닫힌 곡면에서는 이보다 작고 열린 곡면에서는 이보다 크다.

삼차원 공간도 위에 기술한 기하학적 성질을 가지는 세 가지의 경우가 있을 수 있다. 휘어진 공간에서의 입자의 운동 역시 위에서 언급한 2차원 평면상에서의 입자 운동으로 쉽게 이해할 수 있다. 즉 입자는 외력(중력을 제외한 힘)이 없을 경우 두 점 사이를 최단 거리가 되는 궤적을 따라 움직이게 된다. 아인슈타인은 물질의 존재와 공간의 성질 사이를 매개시켜 주는 방정식을 유도하였고 이를 장 방정식이라 한다. 이 방정식을 풀어 공간의 성질로 바꾸면 다시 입자의 운동 방정식으로 바꿀 수 있다. 중력장이 약한 곳에서 구하는 입자의 운동 방정식은 뉴턴 방정식과 똑같이 나타나지만 중력이 강한 경우에는 크게 달라진다.

4. 대폭발 우주론

아인슈타인은 일반 상대성 이론을 발표하고 이를 우주의 구조에 적용시키려 하였다. 그는 우주의 안정된 구조는 시간에 대해 변하지 않는다고 생각하고 일반 상대성 이론의 장 방정식으로부터 이런 성질을 갖는 해를 구하고자 하였다. 그러나 곧 그는 일반 상대성 이론에 의한 해는 모두 시간에 대하여 변화하는 것만 있다는 결론에 도달하였다. 중력에 의해 움직이는 물체가 정지해 있을 수 없는 것은 항상 잡아 당기기만 하기 때문이다. 따라서 그는 밀치는 힘에 해당하는

'우주상수 (Cosmological constant)'를 도입하여 정지된 우주에 해당하는 해를 구할 수 있었다.

아인슈타인의 우주 상수는 그 도입 직후인 1929년 허블의 우주 팽창 법칙이 발견됨으로써 그만 그 필요성이 사라지게 되었다. 즉 우주가 팽창한다는 사실은 시간에 따라 변화한다는 것을 의미하며 우주 상수의 역할이 필요 없게 된 것이다. 실제로 우주 상수를 이용해 구한 정지된 우주 모형은 불안정하다는 사실도 알려져 있다. 따라서 정지한 우주를 만들기 위한 우주상수는 이론적인 이유에서도 합당하지 않았던 것이다.

그러나 우주상수는 최근 들어 다시 우리 우주의 중요한 부분이라는 것이 알려졌다. 초신성을 이용해 우주팽창의 양상을 자세히 조사해보니 우주상수가 없이는 설명하기 어렵기 때문이다. 그러나 최신 관측 사실을 설명하기 위해 도입된 우주상수는 암흑 에너지라는 이름으로 더 많이 알려져 있다. 우주상수의 필요성과 암흑에너지와의 관계 등에 대해서는 이 장의 4.2절에서 다시 자세히 설명한다.

우주상수가 없고 우주론적 원리를 만족하는 일반 상대성 이론의 해로서 이미 프리드만(A. Friedmann)의 해가 알려져 있었다. 이 해에 의하면 우주의 크기는 시간에 따라서 변화하며, 만약 우주의 크기가 초기에 무한히 작았다면 팽창을 시작한다. 이러한 팽창은 계속될 수도 있고 멈춰진 후 다시 수축할 수도 있다. 우주의 운명을 결정짓는 것은 초기 폭발의 조건이며 현재 관측하는 값들을 가지고도 장래를 예측할 수 있다. 프리드만의 해는 허블의 법칙이 밝혀지고, 그 후 대폭발 우주론을 보다 확고하게 하는 2.7 K 우주 흑체 배경 복사가 펜지아스(A. Penzias)와 윌슨(R. Wilson)에 의해 1965년 발견됨으로써 우주의 진화를 기술하는 표준 이론으로 굳어지게 되었다.

4.1. 표준 모형(Friedmann 모형)

은하들이 팽창하는 공의 표면에 놓여 있다고 가정하자(그림 7-5). 공 위의 위치를 표현하는 양으로는 공의 반지름과 공 위의 좌표를 표시하는 두개의 각도(즉 지구상에서는 경도와 위도) 등 세 개의 숫자로 표현할 수 있을 것이다. 만약 우리가 공에 바람을 불어넣으면 공의 반지름은 증가하지만 은하의 위치를 표현하는 경도와 위도는 변하지 않는다.

이렇게 우주가 팽창하는 과정에서도 변하지 않는 좌표를 공진 좌표계라 한다. 따라서 우리는 팽창하는 우주를 기술하는 변수로 팽창하는 공의 반지름에 해당하는 양(이를 우주의 크기 척도라 부르며 a로 나타낸다)만 고려하면 되고 두 은하 사이의 거리는 공진 좌표 사이의 거리에 a를 곱함으로써 구할 수 있다. 즉 두 은하의 공진 좌표 사이의 거리를 Θ라 하면 이 두 은하 사이의 거리는 $d=a\Theta$가 되며 여기서 Θ는 우주가 진화하는 과정에서 변하지 않는 양으로 공진 거리라 부른다. 이제 우주의 에너지 밀도를 ρ라 하자. 어느 시점에서 우주의 부피를 V라 하면, 우주 전체의 에너지는 $V\rho$가 된다. 우주가 팽창을 하면서 생기는 우주 에너지의 변화를 $\Delta(V\rho)$라 하면 이는 우주가 팽창을 하면서 한 일에 해당한다. 압력 P로 외부에 일을 해주면 부피가 변하고 자기

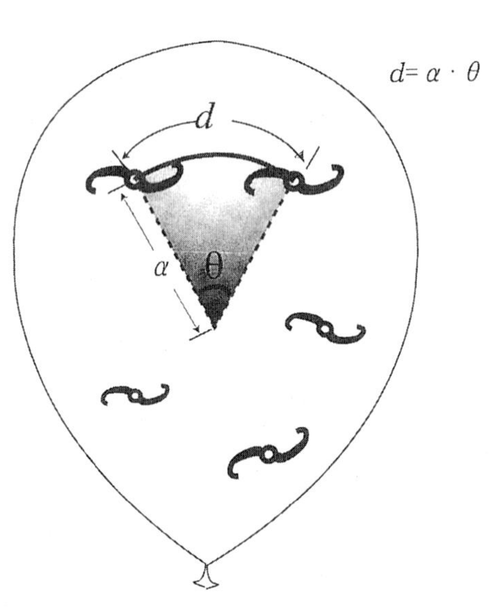

그림 7-5. 팽창하는 우주의 모습을 볼 수 있는 고무 풍선 위의 은하.

자신의 에너지는 $-P\Delta V$ 만큼 줄어든다(**글상자** 7-3). 우주의 부피는 우주의 크기 척도 a의 세제곱에 비례하므로 $\Delta(V\rho) \propto \Delta(a^3\rho) = -3Pa^2\Delta a$라는 식으로 바꿔 쓸 수 있다. 이제 압력이 밀도와 어떤 관계에 있는지 알아보자.

글상자 7-3. 압력과 일

> 압력이 주변에 해 주는 일을 알아보기 위해 압력 P인 자동차 실린더의 피스톤이 압력에 의해 한 일의 양을 살펴보자. F라는 힘을 가지고 이 힘이 작용하는 방향으로 Δs만큼 이동했을 때 한 일은 $W = F\Delta s$이다. 압력은 단위 면적당 작용하는 힘이므로 압력P로 피스톤을 밀어 Δs만큼 밀어내면 이 때 한 일은 $PA\Delta s$이다. 여기서 A는 피스톤의 단면적이다. $A\Delta s$는 이 실린더 부피의 변화에 해당하므로 피스톤 운동에 의해 한 일의 양은 $P\Delta V$가 되는 것이다. 일반적으로 압력 P인 공간이 팽창이나 수축을 해서 부피의 변화가 생긴다면 이러한 식이 성립된다.

우리는 이 장의 3-1절에서 입자의 에너지 중 정지 질량 에너지가 운동 에너지보다 훨씬 큰 것을 비상대론적 입자라 하고 그 반대의 경우를 상대론적 입자라 하는 사실을 소개하였다. 반면 압력은 입자의 운동 에너지에 의한 것이므로 비상대론적 입자의 경우 압력은 에너지 밀도(주로 정지 질량 에너지에 의해 나옴)에 비해 훨씬 작다. 따라서 비상대론적 입자는 압력이 없는 입자로 보아도 큰 무리가 없기 때문에 $P=0$라는 상태 방정식을 사용할 수 있어 $\Delta(a^3\rho)=0$라는 관계가 성립한다. 이로부터 우리는 에너지 밀도가 우주의 크기의 세제곱에 반비례함을 곧 알 수 있다. 즉 $\rho \propto a^{-3}$이며 압력이 없는 경우에는 우주가 팽창을 하더라도 일은 하지 않아 에너지 밀도는 단순히 우주 팽창에 의한 부피 증가에만 영향을 받는다.

그러나 상대론적 입자의 경우에는 에너지가 주로 입자의 운동으로부터 나오고 이 운동이 다시 압력을 주기 때문에 압력은 에너지 밀도와 비례하게 된다. 좀 더 정확히 구해보면 상대론적 입자는 $P=\rho/3$라는 상태 방정식을 만족시킨다. 압력을 무시할 수 있을 때는 팽창하는 우주에서 에너지 밀도가 단순히 부피에

글상자 7-4. 상태 방정식과 에너지 밀도

만약 $P=0$이면 우주론적 에너지 보존 법칙은

$$\frac{d(a^3\rho)}{dt}=0$$

이다. 따라서 $\rho\propto a^{-3}$가 됨을 쉽게 알 수 있다. 반면 만약 $P=\frac{1}{3}\rho$이면

$$\frac{d(a^3\rho)}{dt}=-3P\frac{da}{dt}=-\rho\frac{da}{dt}$$

가 된다. 이 식을 만족시키는 a와 ρ와의 관계는 $\rho\propto a^{-4}$임을 알 수 있다. 우주 상수를 에너지로 이해하면 $p=-\rho$라는 상태 방정식을 가진다. 이를 에너지 보존 법칙에 대입하면

$$\frac{d(a^3\rho)}{da}=-3a^2P=3\rho a^2$$

를 만족해야 하며 $\rho=$ 상수가 되어야 한다. 일반적으로 음의 압력을 만들어내는 에너지를 '암흑에너지'라 부르고, 우주 상수는 암흑 에너지의 특별한 형태이다.

반비례하여 작아지지만 압력이 있는 경우에는 팽창하면서 일을 하기 때문에 단순히 부피의 증가에 따른 에너지 밀도의 감소보다 더 빠른 속도로 감소하게 된다. 이러한 상대론적 상태 방정식을 에너지 보존 법칙에 대입하면 $\rho\propto a^{-4}$라는 관계식을 얻게 된다(**글상자** 7-4).

우주상수는 마치 음의 압력과 같은 역할을 한다. 만약 압력을 가지고 팽창하는 물체가 있으면 일을 해 주기 때문에 점차 전체 에너지가 줄어든다. 그러나 압력이 음이라면 오히려 팽창할수록 에너지가 늘어나게 된다. 단위 부피당 에너지를 나타내는 에너지 밀도는 팽창하거나 수축하거나 상관없이 일정하게 유지된다. 우주상수를 에너지의 형태로 바꾸면 $P=-\rho$라는 상태 방정식을 만족한다. 일반적으로 음의 압력을 만들어내는 에너지를 '암흑에너지'라 부른다. 우주상수는 압력이 정확히 에너지 밀도와 값은 같고 부호만 음인 암흑 에너지의 특수한 형태이다. 우주상수가 만들어내는 에너지 밀도는 팽창이나 수축에 관계없이 값이 일정하다(**글상자** 7-4).

이제 실제로 어떤 입자가 상대론적 입자이고 어떤 것이 비상대론적 입자인지

알아보자. 우선 질량이 있는 입자가 빛의 속도에 가까운 속도로 운동하면 상대론적 입자가 된다. 그러나 질량이 없는 광자는 항상 빛의 속도로 운동하기 때문에 상대론적 입자로 취급하여야 한다. 질량이 있는 입자의 경우 상대론적 운동을 하다가도 속도가 떨어지면 비상대론적 입자로 바뀌어 우주의 아주 초창기를 제외하고는 질량이 있는 물질(주로 양성자)은 비상대론적 입자로 취급해야 한다. 따라서 일반적으로 상대론적 입자는 빛이고 비상대론적 입자는 물질이라고 말할 수 있다.

다시 입자의 에너지 밀도를 살펴보면 상대론적 입자의 경우 $\rho \propto a^{-4}$이고 비상대론적 입자의 경우에는 $\rho \propto a^{-3}$이기 때문에 그림 7-6에서 알 수 있듯이 우주의 크기가 아주 작았던 초창기에는 상대론적 입자의 에너지 밀도가 비상대론적 입자의 에너지 밀도보다 높았을 것이고 우주의 크기가 커지면서 그 반대가 될 것이다. 또 비상대론적 입자나 상대론적 입자 모두 시간이 지나면서 에너지 밀도가 줄어드는 반면 암흑에너지는 일정하게 유지되기 때문에 팽창하는 우주에서는 궁극적으로 암흑에너지가 지배하게 된다. 이렇게 상대론적 입자의 에너지 밀도가 높은 시기를 '빛 우세기'라 하고 물질 에너지가 가장 높은 시대를 '물질

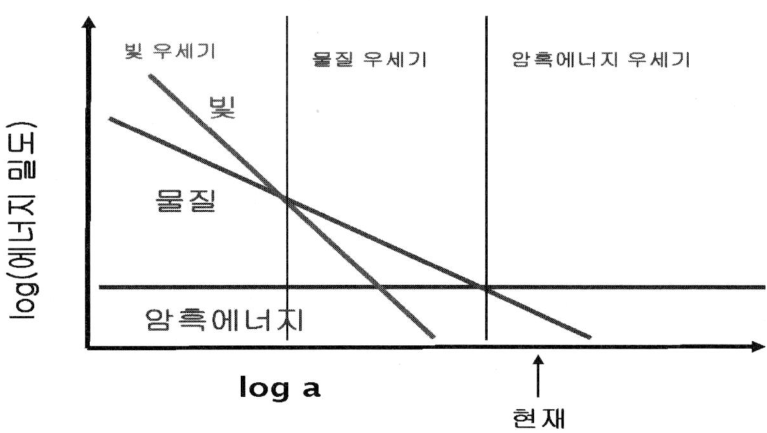

그림 7-6. 빛, 물질, 그리고 암흑에너지 밀도의 우주 크기에 따른 변화. 우주는 빛 우세기, 물질 우세기를 거쳐 지금은 암흑에너지 우세기이다.

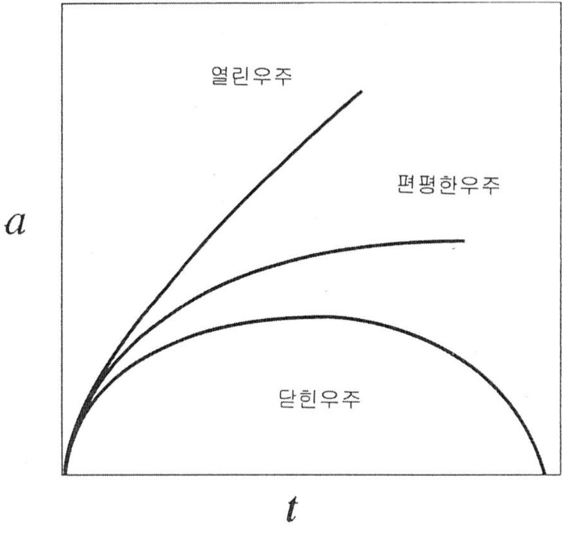

그림 7-7. 암흑 에너지가 없을 때 시간에 따른 우주 크기의 변화.

우세기', 그리고 암흑 에너지가 가장 중요한 시기를 '암흑에너지 우세기'라고 부른다. 지금은 암흑 에너지 우세기이다.

우주가 아주 작을 때는 상대론적 입자가 에너지를 지배하였으나 팽창에 의해 점점 커짐에 따라 비상대론적 입자가 에너지를 지배하게 된다. 이미 밝힌 바와 같이 상대론적 입자란 빛을 뜻한다. 여기서 말하는 빛은 우주 초기에 온도가 높던 시절에 우주가 내던 것으로서 열역학적 평형 상태[3)]에 있었기 때문에 거의 정확한 흑체복사 법칙을 따른다. 지금 우주에서는 비상대론적 입자인 물질의 에너지 밀도가 상대론적 입자인 빛의 에너지 밀도에 비하여 약 6,000배 가량 크다. 따라서 우주의 크기가 오늘날보다 1/6,000만큼 작았을 때는 빛의 에너지 밀도와 물질의 에너지 밀도가 같았을 것이다.

흑체복사에서 빛의 에너지 밀도는 온도의 네제곱에 비례한다. 따라서 빛의 에너지 밀도가 우주의 크기 척도 a^{-4}에 비례한다는 사실로부터 우리는 우주의 온도가 a에 반비례해서 낮아진다는 사실을 쉽게 알 수 있다. 즉 우주의 크기가

3). 물체가 에너지를 완전히 흡수하고 흡수한 만큼 안정되게 방출하는 상태를 열역학적 평형이라 한다. 이 때 내는 복사 에너지는 흑체복사를 따른다.

오늘날 우주 크기의 10분의 1이었던 과거에는 우주의 온도는 지금보다 10배 높았을 것이다.

오늘날 관측되는 우주의 배경 복사 온도는 2.7 K이다. 이 사실과 우주의 온도가 크기에 반비례한다는 사실로부터 우리는 과거 우주의 온도를 추적할 수 있다. 말할 필요 없이 과거의 온도는 지금보다 더 높았을 것이다. 이제 프리드만의 우주 모형을 좀 더 자세히 살핀 후 우주의 온도 역사에 대해 논의하기로 하자.

에너지 밀도가 우주의 크기에 따라 어떻게 변하는지 상태 방정식에 의해 결정되면 이를 일반 상대성 이론에 의해 주어지는 우주 척도의 진화 방정식에 대입하여 우주의 크기 척도가 시간에 대하여 어떻게 변하는지 알아낼 수 있다. 일반적으로 우주가 지금 팽창하고 있다는 사실에 근거하여 과거에 우주의 크기가 무한히 작았던 때가 있었다고 가정하고 이때의 시간을 t=0으로 두는 것이 보통이다. 이렇게 구한 표준 대폭발 우주론에서의 우주 크기 척도의 시간에 대한 진화는 그림 7-7에 보여진 바와 같이 세 가지 유형으로 갈라질 수 있고 이들의 특성은 다음과 같다.

(1) 열린 우주 : 우주의 크기는 영원히 팽창하며 팽창 속도는 일정한 상수로 접근하게 된다. 이 우주의 3차원 공간의 성질은 열린 공간의 것과 같다.

(2) 편평한 우주 : 우주의 크기는 영원히 팽창하지만 궁극적으로 팽창 속도는 0으로 접근하게 된다. 우주의 크기 척도는 $a(t) \propto t^{2/3}$라는 간단한 관계를 만족한다. 여기서 t는 우주의 나이이다. 공간의 성질은 편평한 공간의 것과 같다.

(3) 닫힌 우주 : 이 우주는 팽창하다가 팽창 속도가 0이 된 후 다시 수축을 하는 우주이다. 이 우주의 기하학적 성질은 닫힌 공간과 같기 때문에 닫힌 우주라 한다.

이렇게 세 가지 다른 경우 중 우리 우주는 어떤 경로로 진화를 할 것인지는 대단히 궁금한 문제이다. 대부분 운동을 기술하는 식들이 그러하듯 이 경우에도 우리는 운동의 초기 상태를 알면 궁극적인 진화를 알 수 있다. 우리 우주의 경우에도 폭발 초기 양상을 정확히 알면 진화를 정확히 예측할 수 있다. 그러나 150억년 전의 조건을 안다는 것은 지극히 힘든 일이다.

운동하는 물체의 장래 궤적을 알 수 있는 또 하나의 방법은 주어진 시점에서 물체의 위치와 속도를 측정하는 것이다. 위치와 속도는 다시 에너지로 환산할 수 있다. 이와 마찬가지로 우리 우주의 궁극적인 진화 양상을 알기 위해서는 현재 우주의 크기에 관한 정보를 가지고 있는 허블 상수와 우주의 에너지에 관한 정보를 알려주는 우주의 평균 밀도를 알면 된다. 현재 우주의 에너지는 물질에 의해 주도되고 있으며 물질의 에너지 밀도는 질량 밀도에 광속의 제곱을 곱한 양이 된다.

허블 상수가 주어지면 편평한 우주가 되기 위한 임계 밀도[4]를 구할 수 있고, 실제 관측한 우주의 밀도가 임계 밀도보다 크면 닫힌 우주, 작으면 열린 우주가 되며 우주 밀도가 임계 밀도와 정확히 같다면 편평한 우주가 된다. 현재 우주 밀도를 임계 밀도로 나눈 값을 Ω라 표시해 이를 '밀도 인자(density parameter)'라 부른다. 만약 밀도 인자가 1보다 크면 닫힌 우주, 작으면 열린 우주이다.

그렇다면 과연 오늘날 관측되는 허블 상수와 밀도 인자는 얼마일까? 우선 허블 상수는 최근에 이루어진 괄목할만한 관측의 발달로 그 불확실성이 많이 없어져 약 70 km/sec/Mpc 로 알려져 있으며 그 오차는 그다지 크지 않다. 그러나 현재 우주 밀도는 더욱 구하기 어려운 양이다. 즉 은하의 질량을 정확히 구하고 이들을 모두 합쳐야 주어진 체적에서의 질량을 구할 수 있는데 은하 하나하나의 질량을 구하기도 어려우며 주어진 공간에서 은하들을 빠짐없이 모두 포함시키는 일도 간단한 일이 아니기 때문이다.

이러한 여러 가지 불확실성 때문에 아직 밀도 인자의 값은 정확히 측정돼 있지 않다. 다만 은하나 은하단의 역학적 질량을 이용해 추정한 밀도 인자의 값은 $\Omega \approx 0.3$ 정도라고 알려져 있다. 물론 이 값은 물질에 의한 에너지 밀도를 말하며 암흑 물질을 포함하고 있다.

우주의 밀도 인자는 에너지 밀도를 직접 측정하지 않고 추정할 수도 있다. 우선 우주배경 복사의 공간 분포는 현재 우주의 공간적 특성이 편평한 우주라는

---

4). 임계밀도는 $\rho_{crit} \equiv \frac{3H^2}{8\pi G}$로부터 구할 수 있다. 여기서 H는 허블 상수, G는 중력 상수이다.

사실을 강력히 시사하고 있다. 편평한 구조를 가지는 우주는 최근 각광받고 있는 급팽창 이론(Inflationary theory)과도 잘 부합한다. 우주가 편평하다는 사실은 실제 우리 우주의 밀도 인자는 1이라는 뜻이다. 물질에 의한 밀도 인자가 0.3이라는 것은 또 다른 형태의 에너지 밀도가 존재한다는 뜻이다.

은하의 후퇴 속도가 그 은하까지의 거리에 비례한다는 허블 법칙은 등방 균일한 우주가 팽창하고 있음을 의미한다. 그러나 은하가 아주 멀리 있을 경우에는 거리를 정의하는 방법이 여러 가지 있을 뿐 아니라 먼 과거의 사실을 보는 것이기 때문에 간단한 허블 법칙이 그대로 적용되지 않는다. 오히려 멀리 있는 은하의 속도와 거리를 정확히 관측하면 우주 팽창이 감속을 하고 있는지 아니면 가속을 하고 있는지까지 알 수 있다.

멀리 있는 은하의 거리를 측정하기 위해서는 아주 밝은 표준 광원이 필요하다. 외부 은하의 거리 측정에 널리 쓰이는 세페이드 변광성은 아주 큰 망원경을 사용한다 하더라도 처녀자리 은하단(약 17 Mpc)을 넘어서면 관측이 어렵다. 반면 초신성은 순간적으로 은하 전체보다 밝아질 수 있기 때문에 아주 먼 거리에 있는 것도 관측할 수 있다. 더구나 제 1a형 초신성은 가장 밝을 때의 절대 등급이 거의 일정한 것으로 알려져 있다. 이런 성질을 이용해 우주 팽창에 대한 연구를 해 본 결과 현재 우주는 실제로 가속 팽창 단계에 있음이 밝혀졌다. 가속 팽창은 우주상수 또는 암흑에너지가 우주 에너지를 지배할 경우에만 가능하다. 아인슈타인이 처음 도입했다가 허블의 발견 때문에 폐기한 우주상수가 다시 필요하게 된 것이다. 암흑에너지가 차지하는 에너지 밀도는 물질 에너지 밀도의 두배가 넘는다. 최근 관측 결과를 모두 종합하면 우주의 에너지의 약 30%는 물질이, 나머지 70% 정도는 암흑에너지가 가지고 있다. 초신성을 이용한 관측과 그 의미에 대해서는 이장의 7절에서 다시 한 번 자세히 다룬다.

4.2 우리 우주의 진화

표준 대폭발 우주론에서는 지금부터 어떤 시간 이전에 우주의 시초가 있어 우리가 볼 수 있는 모든 우주가 한 점에 모여 있었고 에너지 밀도는 무한히 큰 상태에서 출발하여 오늘날에 이르렀음을 가정한다. 이러한 시초 상태를 초기 특이점 또는 원시 화구라 한다.

온도가 아주 높은 상태에서 우주는 높은 에너지의 기본 입자와 광자로 이루어져 있다. 높은 에너지의 광자는 서로 부딪히면서 입자-반입자의 쌍을 만들어 내는데 온도가 10^{12} K(이때 우주의 나이는 0.0001초이다)까지는 양성자나 중성자 등 원자의 핵을 구성하는 기본 입자들인 하드론을 만들어 낸다. 온도가 10^{12} K부터 10^{10} K(이때 우주의 나이는 1초) 때까지는 하드론보다 가벼운 입자인 전자-양전자 쌍을 만들어내며 이러한 입자들을 렙톤이라 부르기 때문에 이 시대를 렙톤 시대라 부른다.

온도가 100억도 이하로 떨어지면 물질의 생성은 끝나고 복사의 시대(또는 빛의 시대)가 시작된다. 이 때 우주의 크기 척도는 $a(t) \propto t^{1/2}$를 따르고 온도는 이미 밝힌 바대로 우주 크기에 반비례해 낮아진다. 우주의 온도가 10억도 정도 되는 100초 때부터 중성자와 양성자가 결합하여 중수소의 핵(deuterium이라 불림)이 만들어지고 중수소의 핵 두개가 결합하여 헬륨 핵 하나를 만드는 원시 핵합성 과정이 이루어지게 된다. 그 이전에는 복사 에너지가 너무 높아 합성된 핵이 곧 분해되기 때문 이러한 핵 합성이 이루어질 수 없다.

헬륨 합성은 우주의 온도가 1억도 정도가 되는 t=3분까지만 지속되고 그 이후에는 온도와 밀도가 너무 낮아져 더 이상의 합성은 일어나지 않는다. 이 때까지 만들어지는 원소들은 중수소(^{2}H), 두 가지의 헬륨 동위 원소(^{3}He, ^{4}He), 그리고 리튬(^{7}Li)정도이다. 이들보다 무거운 원소들도 천체에서 모두 관측되고 있으나 이들은 모두 훨씬 후에 별의 내부에서 핵 융합 반응을 통해 만들어졌다. 헬륨은 질량으로 따져서 우주의 원소 중 약 25%를 차지하는데 이는 모두 초기 우주에서 만들어진 것이다.

이미 앞에서 언급한 바와 같이 빛 에너지 밀도는 우주 크기의 네제곱에 반비례하고 물질 에너지 밀도는 우주 크기의 세제곱에 반비례하기 때문에 우주 초기에는 빛 에너지가 더 중요했었고 우주가 팽창하면서 궁극적으로는 물질 에너지가 더 중요하게 된다(그림 7-6). 이렇게 물질이 우주의 에너지 밀도를 지배하는 물질 지배 시대는 우주의 나이가 약 2,000년 때부터 시작된다. 그러나 이 때도 온도가 충분히 높아 물질은 대부분 이온화되어 있어 빛과 물질이 활발하게 상호 작용을 한다. 따라서 물질과 빛은 잘 섞여 있다. 그러나 온도가 약 3,000 K가 되는 t=100만년정도에는 전자가 모두 양성자와 결합하여 중성 수소를 이루게 되고 중성 수소는 빛과 상호 작용을 하지 않기 때문에 우주는 전체적으로 투명하게 된다.

물질은 빛과 달리 중력의 영향을 받기 때문에 밀도가 높은 지역이 있으면 그곳으로 물질이 몰리는 경향을 가지고 있다. 그러나 이온화된 상태에서는 중력의 영향을 받지 않는 빛과의 활발한 상호 작용 때문에 중력 수축이 일어나지는 않는다. 온도가 떨어져 전자와 양성자가 결합한 이후부터는 물질이 빛의 영향을 받지 않기 때문에 중력 수축이 시작될 수 있고 실제로 밀도가 높은 지역이 이 때부터 수축을 시작해서 은하나 은하단을 만들었다고 믿어진다.

오늘날 우리가 관측하고 있는 우주의 배경 복사는 바로 전자와 양성자가 결합하던 당시 우주의 모습을 보여준다. 그 이유는 우주가 그때부터 투명해지기 시작했으며 그 이전에는 불투명해서 관측이 불가능했기 때문이다. 먼 거리를 보는 것은 먼 과거를 보는 것이며 우주가 투명해지기 시작하는 때 이전의 과거는 볼 수 없다. 이는 마치 태양의 표면으로부터 빛이 자유롭게 빠져 나오는 것과 마찬가지이다. 태양 표면 안쪽에서 나오는 빛은 여러번의 산란과 흡수를 거치기 때문에 직접 우리에게 도달하지 않는다.

우주가 이온화되어 있을 당시는 물질과 빛이 서로 왕성하게 상호 작용을 하기 때문에 이 두 가지는 서로 잘 섞여 있었다. 우주는 대규모로 보아서는 균일하지만 아주 적은 양의 불균질성을 가지고 있다. 따라서 배경 복사의 불균질성은 재결합이 일어나던 당시 물질 분포의 불균질성과 같다는 점에서 우리에게 우주의 초기 상태를 알려줄 수 있다. 불행히도 우주 배경 복사의 불균질성은 너무 낮아 정교한 관측으로도 찾아내는 것이 어렵다. 최근 WMAP(Wilkinson Microwave Anisotropy Probe)라는 인공 위성을 이용해 전 하늘을 관측하여 배경 복사의 불균질성을 관측한 결과가 그림 7-8이다.

그림 7-8. WMAP 위성이 관측한 배경 복사의 불균질 분포. 절대 온도 2.73K보다 약간 온도가 높거나 낮은 지역이 색깔로 표시되어 있다. 불균질의 정도는 약 0.0002K 정도이다(사진 출처 : 미국 NASA/GSFC, http://lambda.gsfc.nasa.gov/product/map/current/).

전자와 양성자의 결합 이후 시작된 중력 수축을 통해 은하와 은하단이 만들어진다. 현재 관측되는 은하의 분포는 우주 초기에 존재했던 물질의 불균질성에 의해 만들어진 것이므로 그 불균질성에 대한 정보를 가지고 있다. 은하가 만들어지는 과정은 아직 정확히는 모르고 있으나 초기 불균질성의 분포를 가정하고 그 이후 우주의 진화를 계산하여 지금 은하 분포와 비교하여 보면 우주의 나이가 약 십억 년이 되는 때부터 은하를 만들기 시작해 오늘에 이르고 있음을 알 수 있다.

은하 형성에 중요한 역할을 하는 것은 암흑 물질이다. 우리가 보통 알고 있는 물질은 양성자, 중성자, 그리고 전자로 구성되어 있고 그중 전자의 질량은 양성자나 중성자의 1/2,000 정도밖에 되지 않는다. 양성자와 중성자를 배리온이라 부르며 현재 우주에서 배리온이 차지하는 질량만으로 구한 밀도 인자 (Ω_B라 표시함)는 0.05 정도이다. 만약 더 많다면 우주 초기에 원시 헬륨이나 리튬 등을 지금 관측되는 양보다 더 많이 만들어내기 때문이다. 역학적으로 구한 우주 밀도 인자가 불확실하기는 하지만 0.3 정도 된다는 사실을 이미 지적한 바 있다. 따라서 우주에는 배리온이 아닌 물질이 상당히 많이 있어야 하며 이를 '우주론적 암흑 물질'이라 한다.

암흑 물질의 존재는 은하 형성에 필수적인 역할을 한다고 믿어진다. 우주 초기에 존재했던 물질의 불균질성이 중력에 의해 은하나 은하단으로 바뀌는 과정은 우주 전체가 팽창을 하고 있기 때문에 비교적 느리게 진행된다. 그러나 관측에 의하면 우주의 나이가 10억년 정도가 될 때 이미 은하가 만들어졌다. 이렇게 빨리 은하를 만들기 위해서는 눈에는 보이지 않지만 많은 물질이 있어야만 가능하다. 암흑 물질은 빛과는 거의 상호작용을 하지 않고 중력의 영향만 받는 성질을 가지고 있다.

이미 제 5.4.2절에서 우리는 개개의 은하가 만들어지는 과정을 살펴보았다. 현재 관측되는 은하들의 분포는 암흑 물질의 정체에 따라 결정된다고 생각된다. 크게 보아 암흑 물질은 차가운 암흑 물질(cold dark matter : CDM이라 부름)과 뜨거운 암흑 물질(hot dark matter : HDM이라 부름)으로 나눌 수 있다. 차가운 암흑 물질은 아주 작은 규모에서 잘 뭉치기 때문에 현재 우주의 작은 구조(수천만 광년 정도)를 잘 설명할 수 있다. 반면 뜨거운 암흑 물질은 큰 규모에서 잘 뭉치기 때문에 큰 구조(수억 광년)를 잘 설명할 수 있다. CDM 모형에서는 작은 규모가 먼저 뭉쳐지고 이들이 중력에 의해 큰 규모의 구조를 만들고 HDM 모형에서는 큰 규모의 구조가 만들어지고 그것이 쪼개져 작은 구조가 만들어진다. 그림 7-1에서 본 실제 은하 분포는 작은 구조와 거대 구조가 잘 어우러져 있다. 지금 많은 학자들이 선호하는 암흑물질은 CDM이지만 아직 은하 형성에 대해서는 많은 부분이 수수께끼로 남아 있다.

5. 표준 이론의 문제점과 급팽창 이론

우주론 중에는 대폭발 이론과 정상 우주론이 가장 잘 알려져 있지만 2.7 K 배경 복사가 발견된 후에는 대폭발 우주론이 우주의 진화를 설명하는 정설로 받아들여지고 있다. 그러나 프리드만 모형으로 불리는 이 이론에도 몇 가지 문제점이 있다. 이런 결함을 보완해줄 수 있는 방법으로 부풀음 이론이 도입되었다. 이제 대폭발 우주론의 문제점과 그 보완을 알아보자.

5.1 편평성의 문제

현재의 밀도 인자 Ω를 정확히 측정하기는 어렵지만 우주가 편평하다는 사실로부터 1이라고 보는 것이 타당할 것이다. 만약 밀도 인자가 1이 아니라면 우주가 팽창함에 따라 변하는 양이다. 따라서 우리는 현재의 값을 이용해 과거에는 어떤 값이었는지 추적할 수 있다. 우주가 팽창하더라도 기하학적 구조는 변하지 않기 때문에 초기 우주에서 1보다 컸으면 지금도 1보다 크고 그 반대이어도 마찬가지이다. 그러나 현재 어떤 값을 가지고 있는가에 상관 없이 과거로 갈수록 1에 가까워진다. 이를 거꾸로 이야기하면 과거의 Ω가 1보다 약간만 작았어도 현재 우주의 나이보다 훨씬 빠른 시간에 너무 팽창해 은하나 별을 만들 수 없을 정도로 우주가 희박해지고 반대로 1보다 약간만 컸었다면 100억년이 되기 훨씬 이전에 팽창을 멈추고 다시 수축했어야 한다. 우주의 나이가 100억년이 넘는 것은 초기 우주의 Ω가 거의 완벽하게 1에 가까웠음을 의미하고 우연히 이런 조건이 만들어졌다고 보기 어렵다는 것을 표준 모형이 안고 있는 '편평성의 문제'라 한다.

5.2 등방성의 문제

우리는 우주가 균일하며 등방하다는 우주론적 원리에 입각해서 우주의 구조와 진화를 이야기해 왔다. 우주가 모든 방향에 대해 등방성을 보인다는 사실은 우주에 존재하는 은하의 분포를 관측한 결과에 바탕을 두고 있기도 하지만 2.7K 흑체 배경 복사의 관측에서 훨씬 더 정량적으로 증명되었다. 그러나 우리가 보고 있는 흑체 배경 복사는 우주의 나이가 약 30만년일 때의 과거를 보고 있는 것이다. 그 이전에는 우주를 구성하는 물질의 대부분을 차지하고 있던 수소가 모두 이온화되어 있어 빛과 물질의 상호 작용이 활발하였다. 이러한 경우

빛이 자유롭게 물질을 통과하지 못한다. 그러나 우주의 나이가 약 30만년이 되면 밀도와 온도가 낮아져 이온화되어 있던 수소가 재결합을 하게 된다. 중성 수소는 빛과 상호 작용을 하지 않아 빛이 자유로이 통과할 수 있는 것이다.

표준 프리드만 모형에 의하면 우주의 나이가 30만년이었을 때 30만 광년 이상 떨어진 두 점은 서로 정보를 교환할 만한 시간적 여유를 갖고 있지 않다. 따라서 그 이상 떨어진 두 점은 상호 관련성이 없기 때문에 물리적 조건이 비슷해야할 이유가 없다. 그 당시 30만 광년 떨어져 있던 두 점은 현재 하늘에서 약 2° 정도 떨어져 있다. 그러나 오늘날 관측되는 흑체 배경 복사는 모든 방향에 대하여 같기 때문에 이러한 관측 사실을 표준 이론에서는 자연스럽게 설명할 수 없다.

5.3 급팽창 이론

표준 대폭발 이론의 문제점을 해결하기 위해 등장한 것이 급팽창[5] (Inflationary Theory)이다. 이 이론은 입자 물리학자인 구스(Guth)에 의해 1980년에 처음으로 제창되었다. 입자 물리학 이론에 의하면 우주 초기 고온 상태에서는 진공도 에너지를 가질 수 있다. 상대론적 입자 에너지 밀도가 a^{-4}에 비례하여 떨어지는 반면 진공 에너지 밀도는 우주가 팽창하더라도 그 값이 변하지 않는다. 따라서 우주 팽창에 의해 진공 에너지 밀도가 입자나 빛의 에너지 밀도보다 커지게 된다. 물질이나 빛 에너지 밀도가 무시될 수 있는 경우 우주 진화 방정식을 풀어보면 우주의 크기 척도는 다음과 같은 지수 함수를 따른다.

$$a(t) \propto \exp(Ht)$$

이런 식의 진화는 우주 나이가 약 10^{-35}초부터 10^{-33}초 때까지 지속되었을 것으

---

5). 학자에 따라 '급팽창', 또는 '초팽창'이라는 말이 사용된다. 이들 용어가 아주 빠른 팽창을 뜻한다는 장점이 있으나 영어에서 쓰이는 inflation을 직접 번역하여 '부풂음'이라고 부르기도 한다.

로 추측한다. 여기서 H는 허블 상수로서 부풀기 시작할 당시 우주 나이의 역수 정도였을 것이기 때문에 아주 짧은 기간동안 우주는 약 $e^{100} \approx 10^{63}$배만큼 팽창할 수 있다. 우주의 이러한 지수 함수 팽창은 진공 에너지가 다시 0으로 내려가면서 정상적인 프리드만 모형으로 환원된다. 우주가 지수 함수적으로 팽창하는 시기를 급팽창 시기라 한다.

순간적인 팽창은 결국 우주의 모양을 거의 편평하게 만든다. 조그마한 풍선 위에 개미가 놓여 있다고 가정할 때 풍선이 급격하게 팽창한 후 그 개미는 자신이 살고 있는 공간은 편평하다고 생각하게 될 것이다. 이렇게 해서 '편평성의 문제'는 해결 되며 우주의 Ω는 거의 정확하게 1이 된다. 따라서 급팽창 이론에서는 현재의 우주도 Ω=1임을 예측한다.

초기 우주에서 일어나는 급팽창은 우주의 아주 작은 부분을 팽창시켜 거대하게 만들기 때문에 등방성의 문제도 자연스럽게 해결한다. 다시 말해 오늘날 우리가 보는 우주 전체는 급팽창이 시작하던 때 상호 정보 교환이 일어날 수 있을 정도로 작은 부분이 팽창해 만들졌다는 것이다.

급팽창 이론에는 여러 가지 형태가 있어 아직 어느 것이 정설이라고 말하기는 어려운 단계이다. 그러나 이 이론은 표준 대폭발 이론의 모순점을 해결하고 있다. 이 이론에 의하면 은하 형성의 씨앗이 되는 물질 분포의 불균질성도 우주 초기에 존재했던 양자 역학적 불균질성이 급팽창 시기 동안 증폭되어 만들어진 것이라 한다. 이 경우 불균질성의 분포를 정확하게 예측할 수 있고 이는 COBE 위성이 관측한 우주 배경 복사의 불균질성 분포와도 잘 맞는다. 물론 급팽창 이론 자체는 암흑 물질의 성질에 대해서는 예측을 하지 않기 때문에 관측과 가장 잘 맞는 암흑 물질을 가정해야 한다.

6. 초신성과 우주론

초신성이 폭발해서 몇 일 동안은 은하 전체의 밝기에 해당하는 빛을 내기 때문에 아주 멀리 있는 은하에서도 관측이 가능하다. 한 은하에서 초신성이 나타나는 율은 수십 내지 수 백년에 하나 정도이지만 여러 은하를 계속해서 감시하면 훨씬 자주 초신성을 발견할 수 있다. 특히 최근에는 광시야 자동 망원경을 이용해 전세계의 여러 그룹이 외부 은하에서 초신성을 찾아내려는 관측을 시도하고 있으며, 국내의 서울대학교 연구진도 1999년 보현산 천문대 망원경을 이용해 Abell 2065라는 은하단에서 폭발하는 초신성을 발견한 바 있다(그림 7-9). 초신성은 종류에 따라 독특한 광도 곡선을 보이고 아주 멀리서도 관측할 수 있기 때문에 주로 먼 은하의 거리 추정에 사용된다. 비교적 가까운 천체(거리 수십 Mpc 이내)의 경우에는 단순히 천체의 후퇴 속도가 거리에 정비례하지만 먼 천체(수백 Mpc 이상)의 경우에는 우주 팽창의 감속 또는 가속 여부와 정도에 따라 그 관계가 달라진다. 만약 밝기가 일정한 천체를 서로 다른 거리에서 관측하면 겉보기 등급은 거리에 의해 결정된다는 사실을 우리는 알고 있다(**글상자**

그림 7-9. 멀리 있는 은하단 Abell 2065에서 발견된 초신성. 왼쪽사진에서 보이지 않던 천체가 오른쪽 사진에서 나타난 것은 두 시점 사이에 초신성이 폭발했기 때문이다(사진 제공 : 서울대학교 이명균 교수).

2-3 참조). 적색 이동과 겉보기 등급 사이의 관계를 그래프로 그린 것을 허블 그림이라 하며 가까운 천체의 경우에는 이 그림에서 일직선상에 나타나게 된다. 그러나 적색 이동이 큰 천체는 우주 팽창 양상에 따라 달리 나타난다. 그림 7-10은 다양한 거리에서 발견된 초신성에 대한 허블 그림을 보여준다. 이 그림에서 우리는 적색 이동이 큰 초신성은 단순한 허블 법칙에서 예측하는 것보다 더 빨리 어두워짐을 알 수 있다. 이 사실은 우리 우주의 팽창이 감속되고 있는 것이 아니고 오히려 가속되고 있어야 설명이 가능하다. 이는 그림 7-7에서 보여준 표준 우주론과는 배치되는 사실이다. 프리드만의 모형에 의하면 우주 팽창 속도는 점점 감속되지 가속되지는 않기 때문이다.

우리는 제 4절에서 중력은 끌어당기기만 하는 힘이기 때문에 우주 팽창은 감속 팽창이어야 한다고 설명하였다. 만약 우주가 가속 팽창을 하고 있다면, 이는 중력 이외의 다른 힘이 있어야 함을 의미한다. 바로 앞 절(제 5절)에서 살펴본 급팽창 시기는 바로 중력에 대항하는 다른 힘이 월등하게 크기 때문에 일어나는 현상이며, 암흑 에너지가 있을 경우에 가능함을 알 수 있었다. 암흑 에너지는 바로 아인슈타인이 정지 우주 모형을 만들기 위해 도입했던 우주론적 상수가 있을 경우에 나타나는 현상이다. 따라서 이 결과에 의하면, 우주는 지금까지 생각해 왔던 것과는 좀 더 다른 형태의 진화를 해 왔음을 알 수 있다.

현대 우주론에서 풀기 어려웠던 문제 중 하나는 우주의 나이에 관한 것이다. 이미 우리는 허블 상수가 우주 나이의 역수에 해당된다는 점을 지적하였다. 구체적인 우주 나이는 허블 상수의 역수에 적당한 수를 곱해야 하는데 이 곱하는 상수는 프리드만 모형의 경우 Ω에 따라 달라진다. 급팽창 이론에 의해 예측되는 Ω=1 모형(편평한 우주)에 의하면, 우주의 나이는 허블 상수가 70 km/sec/Mpc일 때 약 93억년 정도가 된다. 반면 우리 은하에서 가장 나이가 많다고 여겨지는 구상 성단의 나이는 약 120억년 이상이다. 따라서 우주의 나이가 이를 구성하는 천체의 나이보다 젊다는 모순에 직면하게 된다. 구상 성단의 나이를 추정하기 위해서는 항성 진화 이론에 의존해야 하기 때문에 아직 바뀔 가능성은 있지만, 수 십 억 년 이상이나 차이가 나는 것은 이해하기 어렵다. 가속팽

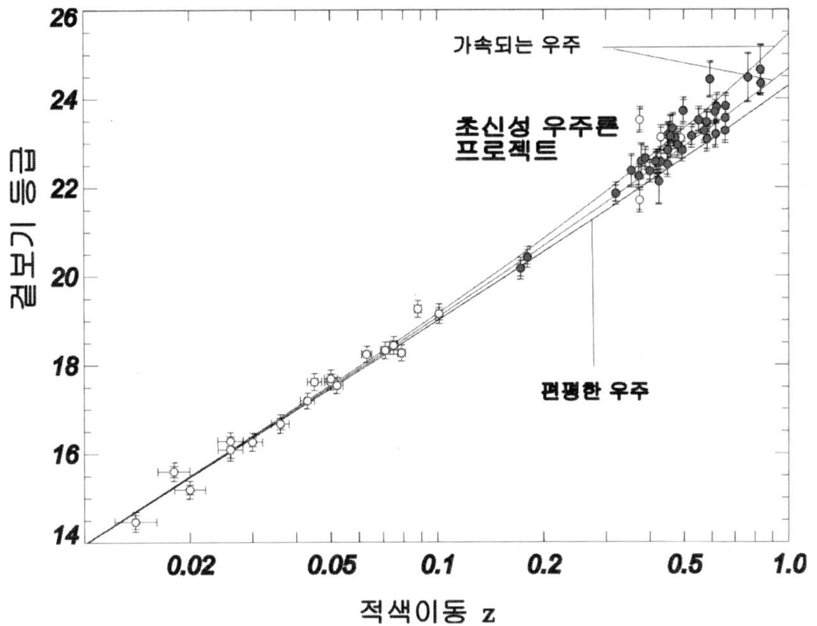

그림 7-10. 적색이동에 따른 초신성의 겉보기 등급 변화. 적색이동이 아주 큰 초신성은 편평한 모형이 예측하는 것보다 빨리 어두워 진다. 이는 우주가 가속 팽창하는 모형으로 더 잘 설명할 수 있다(S. Perlmutter 등의 논문에 의함).

창을 하는 우주는 이러한 어려운 문제를 풀어준다. 위에서 살펴본 초신성 탐사 결과를 잘 맞춰주는 우주론 모형에 의하면 우주의 나이는 약 140억년 정도로서 구상 성단의 나이와 모순이 없게 된다.

7. 우주의 미래

아주 작은 부분이 팽창해 현재의 우주를 만들어냈다고 하는 대폭발 우주론은 현재 관측되는 우주를 잘 설명해주고 있지만 또 다른 의문을 가져다준다. 우주가 팽창을 계속하면 결국 어떻게 될 것인가? 암흑 에너지는 영원히 같은 밀도를 가지고 있을 것인가?

우주가 현재와 같은 양상의 팽창을 계속한다면 팽창 속도는 점점 빨라져 은하 사이의 거리는 가속적으로 멀어질 것이다. 개개의 은하에서는 점점 많은 질량이 죽은 별로 바뀔 것이고 궁극적으로는 가스가 부족해져 더 이상 별을 만들지 못할 것이다. 이미 만들어져 있는 별들이 진화해감에 따라 은하의 밝기는 점차 어두워질 것이다. 또 은하 내에 있는 별들조차도 아주 느린 속도이기는 하지만 천천히 은하를 빠져나가 은하와 은하 사이의 텅 빈 공간을 떠돌아다닐 것이다. 우주는 점점 어둡고 적막하게 변해가는 것이다.

표준 우주론의 특징 중 하나인 우주 나이가 유한하다는 사실은 무한성 이상으로 우리에게 어려운 질문을 던져준다. 과연 대폭발 이전에는 어떤 일이 있었는가? 시간은 대폭발 이전에도 존재했는가 아니면 대폭발과 함께 시간과 공간이 같이 만들어 졌는가? 우주는 단 한 개만 존재하는가 아니면 우리의 우주 외에 다른 우주가 있는가? 그렇다면 우리는 다른 우주를 관측할 수 있는가? 우주는 가속적인 팽창을 계속해 결국 아무것도 남지 않는 상태로 바뀔 것인가?

이런 문제들에 대한 연구는 일부 학자들에 의해서만 간헐적으로 이루어지고 있다. 어떤 이론에 의하면 우주는 팽창을 계속하다가 결국 거의 아무것도 없는 암흑 상태에 이른 후 다시 에너지가 높아져 팽창을 시작해 주기적인 생애를 가지고 있다고 한다. 이런 이론들은 아직 관측적으로 검증하기 아주 어렵기 때문에 많은 사람의 주목을 받고 있지는 못하다. 그러나 만약 이런 이론이 특별한 관측 효과를 예측하고 그러한 예측이 검증된다면 새로운 국면을 맞을 수도 있을 것이다. 아마도 우주의 먼 과거에 일어난 일과 미래의 운명을 결정해줄 수 있는 관측은 어려울 뿐 아니라 논쟁의 여지를 가지고 있을 것이다. 그렇지만 최근 100여년 사이에 우리가 겪었던 인식의 변화와 과학의 새로운 발전을 되돌아보면 어떠한 놀라운 일이 일어날지 예측할 수 없다. 지금 우리가 알고 있는 우주는 지금부터 약 140억년 전에 출발하였지만 그 이전에는 우주와 시간이 없었다고 단정할 수는 없는 것이다.

참고 문헌

우주론을 쉽게 기술한 책은 다음과 같다.

1. 대폭발, 죠셉 실크 지음, 홍승수 옮김, 민음사 (1991)
2. 시간의 역사, 스티븐 호킹 지음, 현정준 옮김, 삼성 이데아 (1989)
3. 인간과 우주, 박창범 지음, 가람 기획 (1995)

8
태양계

지금까지 우리는 우주에 존재하는 다양한 천체와 우주 전체의 특성, 구조, 그리고 진화 등을 살펴보았다. 이제 우리의 눈을 가까운 곳으로 돌려 태양계를 바라보자. 태양계란 태양과 우리가 살고 있는 지구를 포함하는 8개의 행성, 왜소행성, 혜성, 소행성, 위성, 행성간 물질 등을 통틀어 일컫는 말이다. 우리는 이미 제 1장에서 천문학의 역사를 살펴보면서 인류의 천문학에 대한 이해가 태양계를 시작으로 해서 이루어졌음을 알고 있다. 즉 고대인들에게는 태양계가 우주의 전체였다고 해도 과언이 아니다.

현대 천문학이 발달하면서 천문학자들의 주요 관심 분야는 태양계보다 훨씬 큰 범위의 천체로 넓어졌다. 이러한 천문학의 여러 분야는 이미 앞에서 살펴 보았다. 태양계에서 일어나는 현상은 아주 상세히 관측할 수 있기 때문에 이제 태양계에 대한 연구는 천문학자들의 영역에서 지구 현상을 다루는 여러 분야인 지질학, 지구물리학, 대기과학 등의 방법론의 도움을 받아 새로운 분야로 형성되어 가고 있다.

그러나 아직도 일반 학생이나 성인들이 천문학을 처음으로 접하는 것은 태양계 내의 천체를 통해서이다. 태양계는 천문학적 관점에서는 아주 작은 것이지만 사람의 눈으로 보아서는 아주 큰 것이다. 인류의 우주 탐사 노력이 50년이 넘었지만 사람의 발자국이 찍힌 천체는 지구를 제외하고는 달이 유일할 뿐 가장 가까운 화성이나 금성에는 무인 인공위성이나 로봇만이 착륙하여 탐사한 정도이다.

항성 구조나 진화 이론의 중요한 출발점은 태양이다. 제 3장에서 살펴 본대로 태양은 항성 중 유일하게 상세한 관측이 가능한 천체이다. 항성 진화 이론을 점검하려면 우선 태양의 나이를 아는 것이 중요하다. 동시에 만들어진 별이 한꺼번에 모여 있는 집단인 성단의 나이는 구할 수 있으나(제 3.6절) 태양과 같은 고립된 항성의 나이를 추정하는 것은 불가능하다. 그러나 태양계를 이루는 천체들이 모두 한꺼번에 만들어졌다면 지구, 달, 또는 지구로 떨어진 운석의 나이로부터 태양계의 나이를 추정할 수 있다(글상자 8-2, 8-3). 이렇게 구한 태양계의 나이는 약 46억년 정도이다.

이제 우리는 태양계의 복잡한 현상 중 몇 가지 중요한 사실을 살펴본 후 태양계의 기원에 대한 이론들을 고찰하고자 한다.

1. 행성의 특성

동서양을 막론하고 행성은 움직이는 별이라는 의미로 쓰여 졌고, 이에 따라 선사시대부터 알고 있던 수성, 금성, 화성, 목성, 토성과 망원경 발명 이후 발견된 천왕성, 해왕성, 명왕성에 지구를 포함한 9개의 천체를 행성이라 불렀다. 그러나 망원경의 발달로 기존의 행성보다 작은 움직이는 천체가 많이 발견되어 이들을 소행성이라 불렀으나 21세기 초 해왕성 바깥에서 기존의 소행성 보다는 크고 명왕성과 여러 가지 특성이 유사한 천체들이 발견됨으로서 이들을 행성으로 볼 것인지 여부를 두고 논란이 있었다.

발견된 천체가 행성인지 아닌지 판별하는데 논란이 생기는 이유는 행성의 정의가 뚜렷하지 않기 때문이었다. 이런 이유로 2006년 국제천문연맹은 태양계의 천체 중 다음 세 가지 특성을 가지는 천체를 행성으로 정의하였다. 즉, 행성은 태양 주위를 도는 궤도 운동을 하여야 하고, 질량이 충분히 커서 자체의 중력에 의해 모양이 구형을 이룰 수 있어야 하고, 궤도 주변에 있는 작은 물체들을 청소한 천체여야 한다. 이런 기준에 의해 명왕성은 주변의 천체들을 치우지 못했으므로 행성이 되지 못하고 왜소행성이란 새로운 범주로 분류되었다.

태양계를 구성하는 여덟 개 행성의 물리적 성질은 표 8-1에 요약되어 있다. 행성의 궤도가 지구 궤도 안쪽에 있는 것을 내행성, 바깥쪽에 있는 것을 외행성이라 부른다. 또 행성은 물리적 성질에 따라 크게 지구형 행성과 목성형 행성으로 나눈다. 지구형 행성은 지구를 비롯해 수성, 금성, 화성 등이 이에 속하며 목성형 행성들은 목성, 토성, 해왕성, 천왕성 등을 일컫는다. 이러한 구분의 기준을 살펴보면 다음과 같다.

지구형 행성 : (1) 밀도가 높다(즉 $\rho \approx 3.5-7\text{g/cm}^3$).
(2) 질량과 반지름이 모두 작다.
(3) 행성간 궤도 간격이 짧다.
(4) 위성이 거의 없고(예외 : 지구에 속한 달) 고리가 없다.
(5) 고체 상태이며 주로 니켈이나 철 등 무거운 원소로 된 핵을 가지고 있다.

목성형 행성 : (1) 밀도가 낮다
(2) 질량과 반지름이 모두 크다.
(3) 행성 사이의 궤도 간격이 크다.
(4) 위성이 많고 모두 고리를 갖고 있다.
(5) 기체나 액체 상태이다.

이런 물리적 차이 이외에도 지구형 행성은 주로 태양계 안쪽에 있고 목성형 행성은 바깥쪽에 있다는 차이가 있다. 2006부터 행성의 자격을 잃은 명왕성은 위의 두 가지 유형 어느 것에도 속하지 않고, 왜소행성이라는 새로운 분류의 대표가 되었다. 명왕성이 행성 자격을 잃은 가장 중요한 이유는 해왕성 궤도 밖에서 명왕성과 유사한 크기의 천체들이 몇 개 더 발견되어 행성의 정의를 구체적으로 규정하지 않으면 행성과 소행성의 구별이 어려워지기 때문이었다.

표 8-1. 행성들의 물리량

이 름	질량/ 지구질량	지름/ 지구지름	밀도 (g/cm^3)	탈출속도 (km/s)	표면 온도 (K)
수 성	0.0533	0.382	5.43	4.3	100-700
금 성	0.815	0.949	5.25	10.3	730
지 구	1.000	1.000	5.518	11.2	130-290
화 성	0.107	0.532	3.95	5.0	130
목 성	317.9	10.86	1.33	59.5	95
토 성	95.2	8.89	0.69	35.6	95
천왕성	14.5	4.01	1.19	21.2	95
해왕성	17.2	3.96	1.66	23.6	50

행성의 운동은 다음의 세 가지 케플러 법칙으로 요약할 수 있다 : (1) 행성의 궤도는 태양을 초점으로 하는 타원 궤도이다. (2) 주어진 행성이 단위 시간에 휩쓸고 지나가는 면적(즉 면적 속도)은 궤도의 위치에 관계없이 일정하다. (3) 궤도 주기의 제곱은 장반경의 세제곱에 비례한다. 케플러의 법칙은 당시 유명한 천문학자였던 티코 브라헤(Tycho Brahe)가 오랫동안 관측한 행성의 운동을 분석해 발견한 경험 법칙이지만 곧 뉴턴의 역학 이론에 의해 완벽하게 설명될 수 있었다.

행성 궤도를 특징짓는 또 하나의 중요한 사실은 모든 행성의 궤도면이 거의 일치한다는 점이다. 또 금성과 천왕성을 제외한 대부분의 행성들은 자전축이 공전축과 크게 다르지 않으며 자전 방향도 공전 방향과 같다. 이러한 관측 사실들은 태양계의 생성 이론에서 반드시 설명해야 할 부분들이다. 이제 태양계를 이루는 각 천체들의 성질을 살펴보자.

1.1 수성(Mercury)

지구에서 볼 때 수성은 태양으로부터 각 거리가 28도 이상 떨어지는 일이 없

그림 8-1. 수성의 표면. 마리너 위성으로 찍은 사진이다(사진 제공 : NASA).

다. 따라서 수성을 관측할 수 있는 때는 해 진 직후나 해 뜨기 직전이다. 수성은 지평선에 아주 가까이 놓이기 때문에 이를 관측하기 위해서는 시야가 좋은 높은 산이나 넓은 평지에 가야 하며, 하늘이 맑고 주변에 밝은 광원이 없어야 한다. 이런 이유로 해서 오염 물질에 의한 공해와 광해[1]가 심한 현대의 도시에서는 관측이 거의 불가능하다.

수성은 지구에 비해 질량이 작고 대기가 아주 희박하며 겉모양은 마치 달과 같다. 대기가 없는 이유는 수성 표면으로부터의 탈출 속도가 아주 작아 분자나

---

[1]. 밤거리의 밝은 빛 때문에 하늘이 밝아 어두운 천체를 볼 수 없게 되는 현상을 천문학에서 광공해 또는 광해라 부른다.

원자의 열운동에 의해 이들이 탈출했기 때문이다. 두터운 대기를 가진 다른 행성들과 달리 수성은 그 표면을 직접 관측할 수 있다. 따라서 수성의 표면에 대해서는 다른 행성보다 잘 알고 있다고 말할 수 있다. 그림 8-1에 보여진 대로 수성 표면에는 분화구 같은 구덩이가 많이 있다. 이러한 구덩이는 화산 폭발보다 외부로부터 날아와 떨어진 유성 등과의 충돌에 의해 만들어졌다고 생각한다. 수성에는 대기가 없기 때문에 유성이 떨어지면서 타버리지 않고 표면까지 도달하여 충돌하였을 것이다.

수성은 태양으로부터 가까이 있어 태양의 강한 조석력(**글상자** 8-1)을 받는다. 이러한 조석력은 일반적으로 공전 주기와 자전 주기를 같게 만들어 준다. 따라서 천문학자들은 수성도 당연히 공전 주기와 자전 주기가 같아서 수성의 한 면은 항상 태양을 향하고 있으리라 생각하였다. 그러나 1965년 레이더를 이용해 자전 주기를 정확히 측정한 결과 이미 잘 알려진 공전 주기인 88일과는 다른 약 59일의 자전 주기를 가지고 있음을 알게 되었다. 그 후 더욱 정교한 관측을 통해 수성의 자전 주기는 공전 주기의 정확히 2/3배인 58.65일임이 알려졌다. 이렇게 수성의 자전 주기가 공전 주기의 2/3배가 된 것도 태양의 강한 조석력 때문이다.

수성은 초기에는 지금보다 훨씬 빠른 속도로 자전했을 것이다. 조석력은 거리가 가까울수록 강하게 작용을 한다. 따라서 수성이 근일점 부근으로 접근하면 강한 조석력을 받는데 근일점[2] 부근에서는 수성의 운동 속도가 빨라 이 부근에서 동주기 현상[3]이 일어날 경우 그 자전 주기는 공전 주기의 2/3 정도가 된다. 따라서 수성의 자전 주기는 공전 주기의 2/3 동주기 공명에서 벗어나지 못한 것이다.

수성 궤도는 이심률이 크고 태양으로부터 가까이 있어 깊은 중력장에 놓여 있다. 따라서 일반 상대론적 효과에 의해 근일점이 이동한다. 이러한 근일점 이동 정도는 100년당 43.11"로서 일반 상대성 이론에서 예측하는 값인 43.03"와

---

3. 태양으로부터 가장 가까운 곳

3). 공전과 자전 각속도가 같은 것. 케플러의 면적 속도 일정 법칙에 의해 타원 궤도를 그리는 천체의 공전 각속도는 태양에 가까울수록 커진다.

거의 같아 일반 상대성 이론의 중요한 실험적 바탕이 되고 있다.

수성 내부는 철 같은 무거운 원소로 이루어진 핵을 갖고 있고 그 주변을 바위가 싸고 있으며 아주 얇은 지각이 그 위를 덮고 있으리라고 추정한다. 그러나 수성의 경우에 착륙한 인공위성이 없어 내부 구조에 대한 상세한 연구는 이루어지지 않고 있다.

1.2 금성(Venus)

금성은 또 하나의 내행성으로서 해뜨기 전이나 해가 진 직후에 볼 수 있으며 태양과 달을 제외하고는 가장 밝은 천체이다. 마치 달이 태양과의 상대 위치에 따라 그믐, 반달, 그리고 보름 등의 서로 다른 위상을 보여주듯이 금성도 태양과의 각도에 따라 다른 위상을 보여준다. 이는 지구가 태양계의 중심에 있다고 가정하면 불가능한 일이기 때문에 갈릴레이는 그가 만든 망원경으로 금성의 위상을 보고 코페르니쿠스의 태양 중심설이 옳다는 생각을 했다고 한다.

금성은 두터운 대기로 덮여 있어 실제 표면을 보는 것이 불가능하다. 금성의 압력은 지구의 것에 비해 약 90배 정도 많으며 이는 주로 대기가 많기 때문에 나타나는 현상이다. 금성 대기의 97%는 이산화탄소(CO_2)로 되어 있고 나머지 약 3%는 질소 분자(N_2)이다. 최근 발사되어 금성 주변을 돌고 있는 마젤란이라는 인공위성의 레이더를 이용해 표면의 모양이 서서히 밝혀지고 있다(그림 8-2).

금성 표면의 두터운 대기는 온실 효과를 일으켜 온도를 높은 상태로 만드는 역할을 한다. 태양으로부터 나오는 가시광선은 잘 통과시키는 반면 표면으로부터 나오는 열복사인 적외선은 흡수시켜 복사 방출을 막기 때문이다(그림 8-3). 이러한 온실 효과로 인해 금성 표면 온도는 750 K 정도이며 이는 섭씨로 480도 정도에 해당한다.

지구와 금성은 여러 면에서 비슷한 조건을 가지고 태어났다. 그러나 이미 언급한대로 금성 대기는 높은 온도와 압력을 가지고 있어 생명이 살아가기에는 부적합한 천체로 여겨진다. 이런 큰 차이는 이 두 행성이 겪은 대기 진화의 차이

그림 8-2. 레이더를 이용해 추정한 금성 표면의 모습. 밝은 부분은 높은 곳이고, 어두운 부분은 낮은 곳이다. 파이오니어와 마젤란 위성의 데이터를 이용해 만든 것이다(사진 제공 : NASA/USGS/JPL).

에 기인하는 것으로 추정된다. 현재 이 두 행성의 근본적 차이는 금성에서는 지구에 비해 물이 부족한 반면 이산화탄소는 풍부하다는 사실에 있다. 물론 지구에는 광합성에 의해 생성되는 산소가 있음을 잊어서는 안 될 것이다.

탄소는 우주에서 수소와 헬륨 다음으로 풍부한 원소로 원시 금성이나 지구 모두에 탄소가 많이 존재했을 것이다. 실제로 지구에도 많은 탄소가 있으나 대부분 고체 상태로 묶여 있다. 즉 대부분의 탄소는 바다 속에 이산화탄소의 형태로 녹아 있었고 이를 바다 생물이 흡수하여 조개 껍질을 만들고 이들이 죽은 후

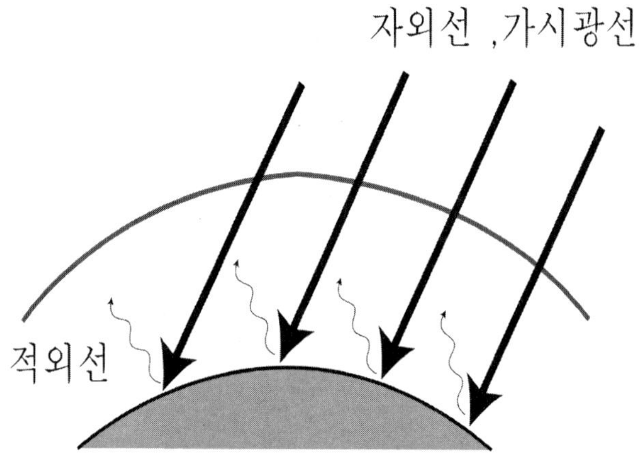

그림 8-3. 온실 효과.

침전물이 되어 탄화칼슘 형태로 암석이 되었다고 보인다. 또 규산염 바위 속에서 탄산염도 직접 만들어졌다. 현재 우리가 쓰고 있는 화석 연료의 주성분은 전체 탄소의 극히 일부분이다. 이러한 탄소가 모두 기체 상태로 존재하여 이산화탄소를 형성한다고 하면 지구의 대기량도 현재의 약 70배 정도가 되리라 추정된다. 따라서 금성이나 지구 모두 초기 구성 성분은 큰 차이가 없었다는 가정을 할 수 있을 것이다.

탄소를 고체 상태로 묶어둔 것은 생명체이다. 지구와 금성의 차이를 만들어 낸 데에는 생명체의 역할이 컸으며 이러한 생명체는 바다에서 시작되었다. 바닷물에 녹아 있던 이산화탄소를 고체로 만든 것이 바로 바다 생명체이다. 현재 금성은 아주 건조한 반면 지구에는 풍부한 바닷물이 있다는 사실도 태양열을 받아 조금 다른 형태로 진화했기 때문이다.

금성은 지구보다 태양에 약간 가깝기 때문에 단위 면적당 받는 에너지가 지구보다 약 두배 정도 된다. 따라서 원시 금성에도 지구와 같은 바다가 있었다면 바닷물 온도는 지구 온도보다 높아 증발하여 대기로 떠오르게 된다. 대기중 수증기의 양이 많아지면 태양 열에 의해 덮여진 금성 표면이 내는 적외선을 흡수하여 온실 효과가 나타난다. 온실 효과는 금성 온도를 더 높여주어 증발은 더 빠른 속도로 일어날 것이고 이에 따라 대기중 수증기 양이 증가하기 때문에 온실 효과는 더욱 가속된다. 이렇게 하나의 물리 과정이 다른 물리 과정과 결합되어 걷잡을 수 없게 진행되는 불안정한 형상을 '폭주 불안정(runaway instability)'이라 한다.

불안정한 온실 효과에 의해 금성의 바닷물이 대부분 증발하고 온도가 높아지면 수증기 분자(H_2O)는 대기 표면 높은 곳까지 다다른다. 행성 대기의 상층부에는 태양으로부터 오는 자외선을 막아주는 물질이 없기 때문에 자외선에 의해 물분자가 수소와 산소 원자로 분리되는 해리가 일어난다. 물로부터 나온 수소 원자(또는 분자)는 금성의 중력권을 쉽게 벗어나 영원히 사라진다. 이렇게 하여 금성의 물은 모두 증발해 버렸을 것이다. 물분자의 해리로부터 나오는 산소 분자는 그 후 다른 원소들과 결합하게 된다. 따라서 태양으로부터의 거리가 지구보다 약간 작은 연유로 해서 전혀 다른 표면 진화의 경로를 걷게 된 것이다.

1.3 화성(Mars)

화성은 밤하늘에 유난히 붉게 보이는 지구에서 금성 다음으로 지구와 가까운 행성이다. 옛 부터 화성은 생명이 존재할 가능성이 가장 높은 지구 외의 행성으로 알려져 있었다. 그 이유로는 화성의 표면 온도나 대기 성분이 지구와 가장 비슷하기 때문이다.

1975년 화성에 착륙하여 그곳의 토양을 분석한 바이킹 인공위성의 결과에 의하면 생명체의 존재 가능성은 거의 없는 것으로 나타났으나 이 실험으로 생명체 존재 여부에 대한 논쟁이 끝난 것은 아니다. 화성의 기원과 역사에 대한 본격적인 탐사를 위해 1997년 7월에는 화성에 패스파인더(Pathfinder)라는 무인 인공 위성을 착륙시켰다. 이 위성에는 원격 조정이 가능한 소저너(Sourjourner)란 로봇이 포함되어 있어 화성 표면의 각종 지질 조사를 수행하고 있다. 특히 이 탐사 장비 중에는 X-선 분광기가 있어 표면의 화학 조성을 알 수 있고 생명체의 흔적을 밝히는데 도움이 될 것으로 기대된다. 그러나 보다 본격적인 생명체 조사를 위한 차기 탐사가 계획되어 있어 좀 더 기다려 보아야 할 것이다.

화성에는 포보스와 데이모스라는 두 개의 위성이 있으며 그 크기가 작고 모양도 불규칙하다. 이들 두 위성은 다른 행성에 딸린 위성과 달리 화성이 만들어진 후 주변을 지나가던 소행성이 포획된 것일 가능성이 크다.

화성의 반지름은 지구의 반 정도이며 평균 밀도도 약 3.8 g/cm^{3}로 지구의 5.4 g/cm^{3}보다 작다. 따라서 화성의 구성 물질은 지구보다 가벼운 것들이다. 즉 화성 중심의 철 핵은 지구보다 훨씬 작을 것이다. 화성의 대기는 금성과 마찬가지로 주로 이산화탄소로 이루어져 있으며 나머지는 질소와 아르곤이다. 그러나 대기량은 금성에 비해 수천분의 1 정도로 희박하다.

화성의 북극과 남극에는 흰 색으로 보이는 극관이 있다. 이 극관의 크기는 계절에 따라 변하며 주로 이산화탄소의 고체 상태인 드라이아이스와 얼음으로 이루어졌다. 따라서 온도가 높아지면 극관의 크기가 작아지고 온도가 낮아지면

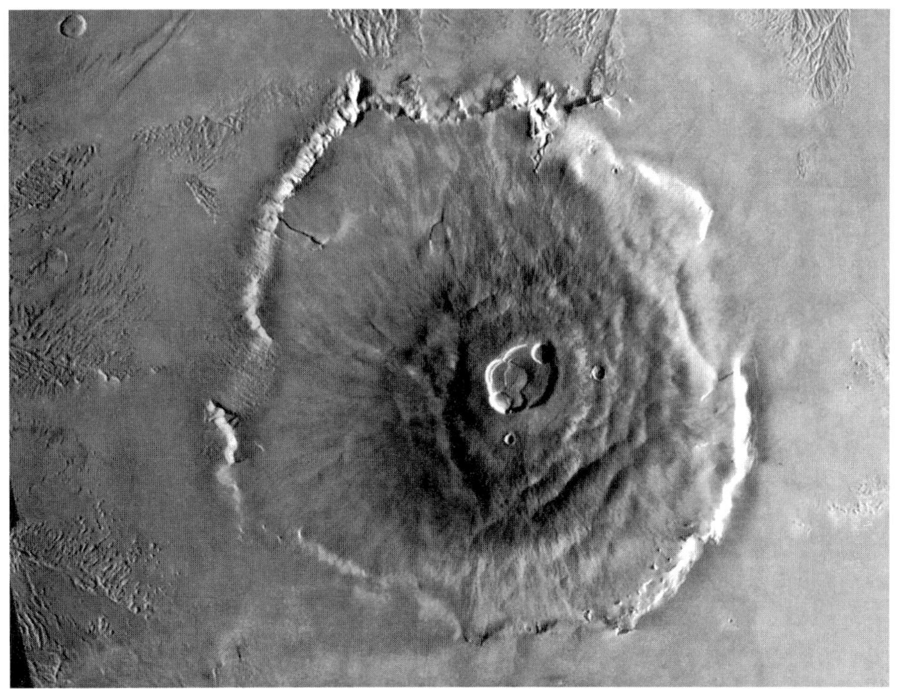

그림 8-4. 화성 표면 분화구와 그 주변 모습(사진 제공 : NASA).

커지는 것이 계절에 따라 반복된다. 화성의 자전축은 공전축에 대해 약 25도 정도 기울어져 있기 때문에 지구와 같이 뚜렷한 계절이 나타난다.

화성은 유난히 붉다. 화성의 대기는 희박하여 우리가 보는 붉은 색은 화성 표면을 이루고 있는 토양의 색깔이 반영된 것이다. 화성의 토양이 붉은 색을 띠는 이유는 산화철이 많이 섞여 있어서라고 생각되어 왔으며 바이킹 인공 위성의 실험에서 확인되었다. 화성 표면의 흙은 입자가 아주 작으며 먼지 폭풍이 일어나면 먼 곳까지 옮겨진다. 바이킹의 실험 결과에 의하면 화성의 흙은 철분이 풍부한 지구의 흙과 거의 비슷하다.

화성 표면에는 달이나 수성과 같이 수많은 충격 분화구가 존재한다. 이들은 물론 운석과 부딪혀 만들어졌다. 그러나 그림 8-4에서 볼 수 있는 것처럼 화성의 분화구 중에는 다른 천체의 것과 약간 차이를 보이는 것이 있다. 즉 화성의 분화구 중에는 분화구 주변으로 유체가 흘러간 것 같은 모양을 보여주는 것이 있다. 화성 분화구로부터 뿜어져 나온 물질은 충격 때 유체화 한 것이라고 생각된다.

유체의 성질을 가진 분출물은 화성 표면에 많은 물이 존재했음을 의미한다. 만약 분화구가 만들어지던 시절의 화성 표면이 지금과 비슷했다면 이 물들은 대부분 얼음 상태로 존재했을 것이며 운석과의 충돌 때 녹았을 것이다. 그 반면 달이나 수성에는 물이 없어 화성의 분화구와는 다른 양상을 보이고 있는 것이다. 지구의 경우에도 운석 충돌에 의한 분화구는 화성과 비슷한 양상을 보였을 것이나 지구에서는 활발한 지각 활동으로 인해 이러한 모습을 찾을 수 없게 되었다.

화성에 많은 물이 있었다는 또 다른 증거는 화성 표면에 존재하는 수많은 수로들이다. 물론 현재 이러한 수로들에 물이 흐르고 있지는 않지만 과거에는 물이 흘렀었음을 쉽게 짐작할 수 있다. 화성 수로에는 배수형 수로(runoff channels, 그림 8-5)와 솟구침 수로(outflow channels) 두 가지 형태가 있으며 이들은 각각 서로 다른 연유로 해서 생겼다고 생각한다.

솟구침 수로는 지구의 강에 비해 깊이도 깊고 폭도 넓어 지구보다 훨씬 대규

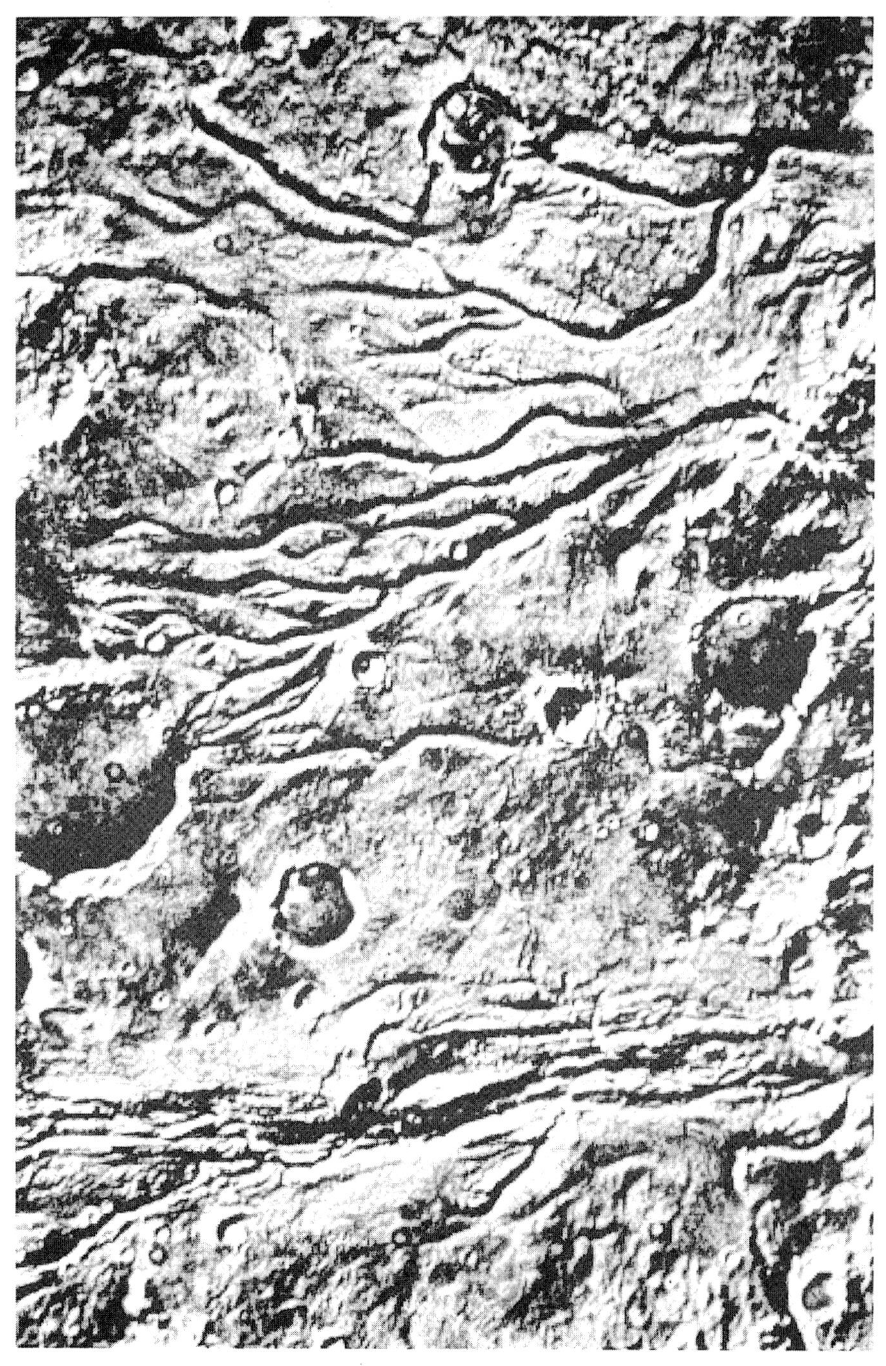

그림 8-5. 화성의 배수형 수로(사진 제공 : NASA).

모로 물이 흘렀을 것으로 추정된다. 화성의 강이나 수로는 느린 대기 순환에 의한 강우 현상에 의해 생겼다기 보다 많은 물을 붙들고 있던 자연적인 댐이 무너지며 일어난 대홍수에 의한 것이라는 추측이 가능하다. 그러면 이러한 대홍수는 어떻게 일어났는가?

화성의 대기는 지구에 비해 아주 희박하기 때문에 지구에서와 같은 물의 순환은 기대할 수 없다. 또 화성의 표면 온도는 어는 온도보다 낮아 물은 얼음 상태로 존재할 수밖에 없다. 따라서 땅 속에 얼어 있던 물들이 화산 활동이나 다른 지각 활동에 의해 갑자기 녹아 대홍수가 일어났으리라 추측된다.

배수형 수로는 주로 충돌 분화구 근처에 존재해 땅 속에 얼어 있던 물이 운석과 충돌할 때 녹아 흘러내린 것이라고 생각된다. 물론 이렇게 흘렀던 물은 다시 화성의 흙에 흡수되어 지금도 얼음 상태로 존재하고 있을 것이다. 모든 화성의 수로는 지금부터 약 35억년 전부터 마른 강 상태가 되었을 것이라고 추정된다.

화성에는 과거에 물이 풍부했기 때문에 생물이 존재했을 가능성이 있다. 다만 현재 우리가 그 증거를 찾아내지 못하고 있는지도 모른다. 패스파인더 이후에 계획된 여러 탐사선들은 과거 화성에서의 생명체 존재 여부를 명확히 밝혀줄 것이다.

1.4 목성(Jupiter)

목성은 행성 중 크기와 질량이 가장 크다. 작은 망원경을 통해 보면 목성 주위에 네 개의 위성이 보이는데 갈리레오의 관측 때부터 알려지기 시작해 갈릴레오 위성이라 부른다. 목성의 질량은 태양 질량의 약 1,000분의 1이고 다른 행성의 질량을 모두 합친 것보다 크다. 태양계가 가지고 있는 각운동량의 약 95%는 목성에 속해 있다. 목성의 반지름은 지구의 10배가 넘는 71,400km이다. 목성은 63개의 위성을 가지고 있어 태양계에 가장 많은 위성을 가진 행성이다. 그림 8-6은 목성과 갈릴레오 위성으로 부르는 4개의 큰 위성을 보여준다.

그림 8-6. 목성의 네 갈릴레이 위성 왼쪽 위부터 시계 방향으로 이오, 유로파, 칼리스토, 가니메데 (사진 제공 : NASA).

목성은 질량이 크기 때문에 혜성의 궤도를 바꾸는데 큰 영향을 미치는 것으로 알려져 있다. 이심률[4)]이 큰 궤도를 그리는 주기성 혜성의 궤도가 목성에 의해 변하는 경우가 가끔 있으며 1994년에는 혜성의 궤도가 바뀌어 목성과 충돌한 일도 있다(그림 8-7 및 8-8 참조).

목성의 평균 밀도는 약 1.3g/cm^{3}로서 태양과 아주 비슷하고 지구를 포함하는

[4)] 궤도의 일그러진 정도를 나타내는 양으로서 원궤도의 이심률은 0이고 일그러진 궤도일수록 1에 접근한다.

그림 8-7. 목성과 충돌하기 직전의 슈메이커-레비 혜성(사진 제공 : NASA).

지구형 행성에 비해 훨씬 작다. 목성을 이루고 있는 물질은 우주에 가장 흔한 원소인 수소와 헬륨이다. 목성은 지구와 달리 기체나 액체 상태로 되어 있다. 즉 대기는 기체이지만 두께가 약 12,000km에 달하는 거죽 부분은 수소 분자로 이루어진 액체 상태이다. 더 안쪽으로 들어가면 수소가 아주 높은 압력에 놓여 있기 때문에 전자가 자유롭게 움직일 수 있어 액체 상태이면서 전기 전도도가 높아 금속 수소라 부르는 상태에 놓여있다. 목성의 중심 약 6,700km 정도는 목성 생성의 씨앗이었던 바위 덩어리일 것으로 추정된다. 일반적으로 행성의 내부 구조는 지진파 탐사를 이용하여 구할 수 있지만 목성의 경우에는 앞으로도 이 방법을 쓸 수 없어 정확한 구조를 알아내기는 어려울 것이다.

목성이 태양으로부터 받는 에너지의 약 두배 정도를 외부로 방출하는 것으로 보아 자체의 에너지원을 가지고 있다고 생각된다. 물론 이 에너지는 가시광선으로 나오는 것이 아니고 이보다 훨씬 긴 파장의 적외선으로 나온다. 그러나 목성의 질량은 핵융합을 일으킬 수 있는 가장 작은 질량인 0.08 $M_{\odot}$보다 훨씬 작아 핵융합을 통해 에너지를 만들지 못한다. 그렇다면 목성은 어떤 방법으로 에너지를 만들어내는가?

목성이 처음 만들어질 당시에는 중력 수축에 의한 에너지가 남아 있어 붉은 색을 띨 정도로 뜨거웠을 것이며 이런 잠열이 지금도 방사되고 있다. 또 목성이

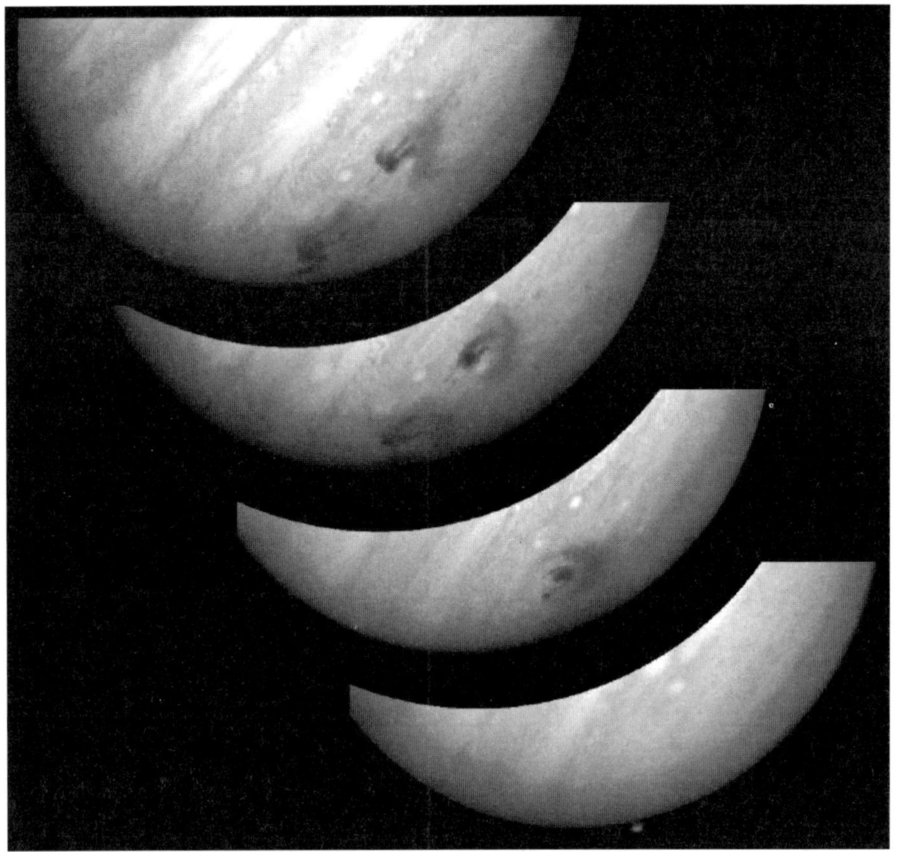

그림 8-8. 슈메이커-레비가 충돌한 후 목성에 생긴 자국의 시간에 따른 변화(사진 제공 : NASA).

식어감에 따라 중력에 대항하는 압력이 서서히 낮아져 아직도 수축하고 있다. 물론 현재의 수축률은 아주 작아 목성 크기는 1년에 1 mm 정도씩 줄어들고 있다. 수축하는 천체가 에너지를 낼 수 있음은 글상자 3-3에서 보았다.

목성 표면에는 두터운 대기가 있으며 주성분은 수소와 헬륨이지만 구름을 형성하고 있는 것은 주로 메탄과 암모니아이다. 목성 표면의 온도는 190K(섭씨 약 -80도) 정도이기 때문에 암모니아 증기가 응집을 할 수 있다. 따라서 목성 상층부에는 고체 상태의 결정 암모니아가 존재하고 그 밑으로 내려가면 증기 암모니아와 다른 물질들로 이루어진 구름이 존재한다.

목성 표면에 보이는 많은 모양들은 이러한 구름으로 이루어진 것이다. 이들

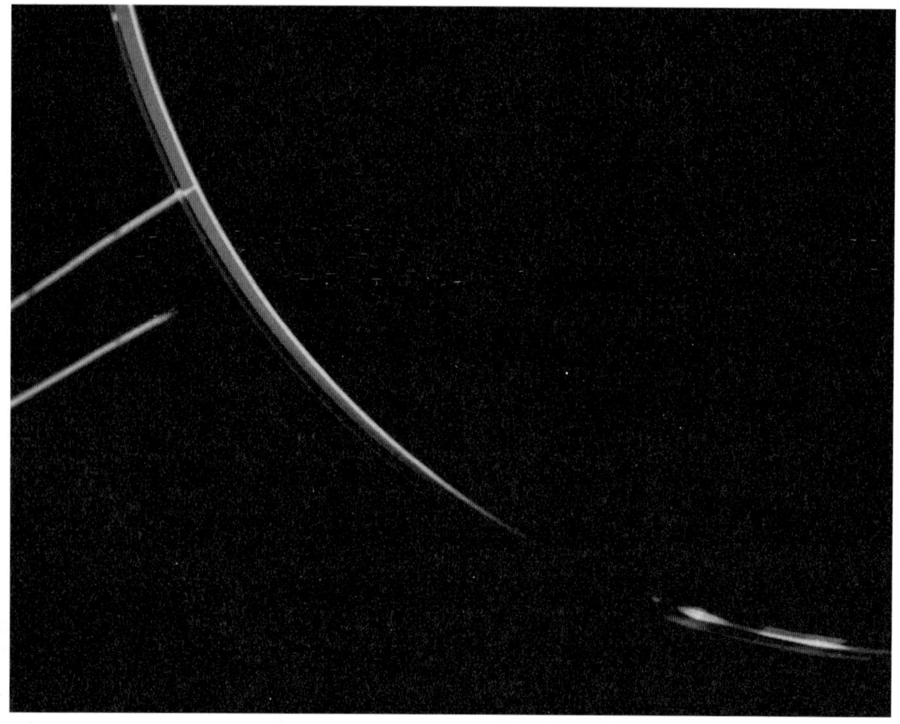

그림 8-9. 보이저 위성이 관측한 목성의 고리(사진 제공 : NASA).

모양은 대부분 시간에 따라 변하며 특히 대적반이라 불리는 반점은 지구보다 수배 정도 큰 타원 모양의 구름으로서 갈릴레오가 망원경으로 처음 목성을 관측하기 시작한 이래 아직도 보이는 현상이다. 이러한 대적반은 지구에서 나타나는 태풍과 같은 현상이지만 워낙 크기가 크기 때문에 수명도 매우 길다고 생각된다.

1994년 7월에는 슈메이커-레비라는 혜성이 목성 표면과 충돌하였다. 이 혜성은 목성 주위를 지나다가 목성에 잡힌 것으로서 그 후 목성의 조석력 (또는 차등 중력)[5)]에 의해 수십 조각으로 부서진 후 이들이 순차적으로 목성 표면과 충

[5)] 중력은 거리의 제곱에 반비례하기 때문에 크기를 가진 물체는 끌어당기는 물체와 가까운 쪽과 먼 쪽이 조금씩 다른 힘을 받아 양쪽이 받는 힘의 차이를 차등 중력이라 한다. 바닷물의 조석 간만은 달에 의한 차등 중력에 의해 나타나기 때문에 조석력이라 부르기도 한다. 보다 자세한 것은 글상자 8-1 참조.

돌한 것이다. 이 사건은 목성 대기를 연구하는데 대단히 중요한 것이었다. 충돌 직전의 슈메이커-레비의 모습은 그림 8-7에서 볼 수 있으며 그림 8-8에는 충돌 후 생긴 자국을 보여주고 있다. 이런 혜성의 충돌은 목성에서 2000년에 한 번 정도 있으리라 추정하고 있다.

목성에는 수많은 위성이 있다. 그중 안쪽 네 개의 갈릴레오 위성은 질량이 비교적 크지만 나머지는 질량이 작다. 최근 보이저 인공위성에 의해서 발견된 3개의 위성을 포함하여 4개의 위성이 갈릴레오 위성 궤도 안쪽에 있음이 밝혀졌다. 갈릴레오 위성 궤도의 바깥쪽에는 50개 이상의 위성이 있다. 이렇게 많은 위성 중에서 갈릴레오 위성만이 크기가 수 천 km 정도이고 나머지는 모두 수백 km 정도로 작다. 특히 갈릴레오 위성 중 하나인 이오(Io)에서는 두드러진 화산 활동이 보이저에 의해 관측되어 지구를 제외한 행성에서의 화산 활동이 관측된 첫 번째 천체가 되었다.

목성에도 고리가 있음이 보이저 위성에 의해 1979년에 발견되었고 이는 그 후 지상 관측에 의해서도 확인되었다. 행성의 고리에 대해서는 토성에서 좀 더 자세히 다룬다.

1.5 토성(Saturn)

토성은 목성 다음으로 큰 행성으로 목성과 여러 면에서 닮았다. 우선 내부 구조를 보면 중심 부분은 바위로 이루어져 있으며 그 주변을 얼음층, 금속 수소층, 그리고 분자 수소층이 둘러싸고 있다고 생각된다. 토성의 대기도 목성과 마찬가지로 주로 수소와 헬륨으로 이루어져 있으며 그 다음으로 메탄과 암모니아가 많이 존재한다. 토성의 평균 밀도는 목성보다 더 작아 0.7 g/cm^3 정도이다.

토성도 목성과 마찬가지로 태양으로부터 받는 에너지의 두 배 정도를 내는데 그 에너지원은 목성과는 다른 것으로 생각하고 있다. 즉 토성은 목성에 비해 크기가 작아 중력 수축 후에도 표면 온도가 충분히 뜨겁지 않았으므로 형성 당시의 잠열이 남아 있지 않다. 토성의 에너지 방출 방법은 내부 온도가 목성에 비해 작다는 점으로부터 끌어낼 수 있다. 즉 충분히 높은 온도와 압력 아래에서는 액체 헬륨은 액체 수소에 잘 용해된다. 그러나 온도가 충분히 높지 않으면 설탕이 찬 물에 잘 녹지 않는 것처럼 잘 녹지 않는다. 따라서 액체 헬륨은 액체 수소와 섞이지 않고 또한 비중이 크기 때문에 중력에 의해 중심으로 몰려들게 된다. 이렇게 헬륨의 추락이 서서히 이루어지는 과정에서 에너지를 내게 되는 것이다.

토성에서 가장 눈에 띄는 것은 토성의 적도 부근에 있는 둥근 고리이다. 토성의 고리는 토성을 돌고 있던 위성이 조석력으로 인해 깨지면서 그 잔해가 퍼져 이루어진 것이라고 믿어진다(글상자 8-1). 이는 목성의 경우도 마찬가지이며 그 고리를 이루고 있는 것은 작은 얼음이나 바위 알갱이들이다. 지상 관측으로도 토성 고리는 여러 층으로 이루어진 것으로 보이며 특히 가운데 부근에 띠가 없는 부분이 있는데 이를 카시니(Cassini) 간극이라 한다. 보이저 인공위성의 관측에 의하면 토성의 띠는 더욱더 작은 미세한 구조를 가지고 있다(그림 8-10). 이런 아름다운 모양은 모두 토성과 토성 주위의 위성과의 사이에 나타나는 역학적 공명에 의해 만들어진 것이다.

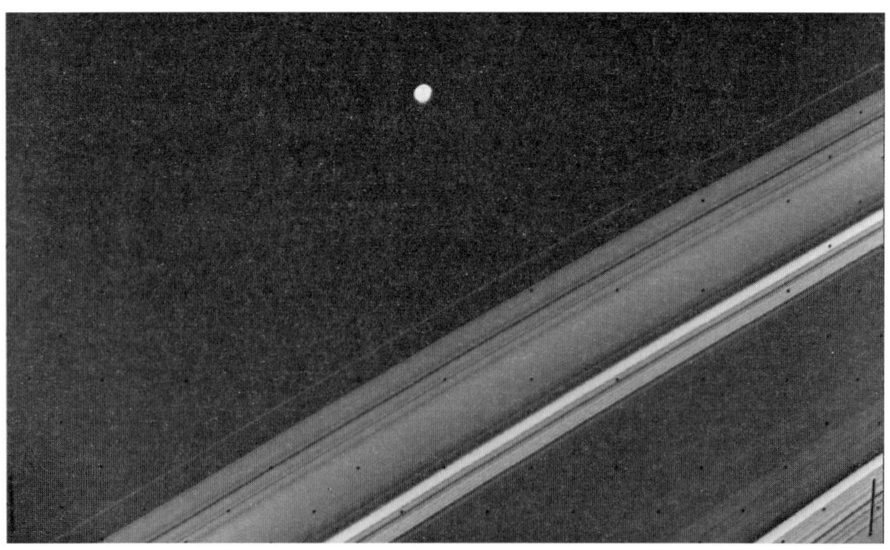

그림 8-10. 보이저 인공 위성이 관측한 토성 띠의 미세한 구조와 미마스 위성(사진 제공 : NASA).

글상자 8-1. 조석력과 로슈 거리

크기 R인 천체가 거리 d만큼 떨어져 있는 질량 M인 천체에 의해 받는 중력 가속도는 $\frac{GM}{d^2}$이다. 그러나 질점 M에 가까운 쪽의 중력 가속도는 $\frac{GM}{(d-R)^2}$이고 그 반대쪽의 가속도는 $\frac{GM}{(d+R)^2}$이다. 따라서 양쪽 끝의 중력 가속도 차이는 대략 $2\frac{GM}{d^3}2R$이 되며 방향은 마치 양쪽 끝에서 잡아 당기는 것과 같이 작용한다. 이를 조석력 또는 기조력이라 하며 차등 중력이 그 원인이다. 천체의 응집력이 차등중력보다 작으면 이 천체는 깨진다. 천체가 깨지지 않는 최대 거리를 로시(Roche) 거리라 한다. 응집력은 유체의 경우 대략 자체 중력에 해당한다. 행성의 고리는 모두 로슈 거리 안쪽에 있는 것으로 보아 위성이 깨져 만들어진 것이라 추정한다.

토성은 태양계 행성 중 목성 다음으로 가장 많은 위성을 가지고 있다. 보이저 인공위성이 지나면서 작은 위성 15개를 발견한 후 계속 발견이 이루어져 지금까지 알려진 위성의 수는 62개이며 이 중 53개에는 이름을 붙였다. 물론 이들은 대개 질량이 작다. 목성의 경우 갈릴레오 위성 4개의 크기가 모두 엇비슷하게 크고 나머지는 모두 작은 반면 토성의 경우에는 타이탄만이 달 정도의 크기이고, 그 외 큰 위성으로 분류되는 6개의 위성도 가장 큰 리아(Rhea)의 직경이 1500km이고 가장 작은 미마스(Mimas)는 400km정도다, 그 외의 모든 위성들은 직경이 수십 km보다 작다. 토성의 위성들 중 24개는 토성의 적도면에 나란하고 토성의 자전 방향과 같은 방향으로 토성 주위를 공전하고 있으나 나머지 38개의 위성은 토성으로부터 멀리 떨어져 있으며, 적도면에 대해 많이 기울어져 있고 공전 방향이 토성의 자전 방향과 같은 것과 다른 것이 뒤섞여 있다.

1.6 천왕성(Uranus)과 해왕성(Neptune)

외행성 중 천왕성과 해왕성은 질량이 지구의 수십 배에 이를 정도로 크지만 목성이나 토성에 비해서 작은 편이다. 천왕성과 해왕성은 크기가 거의 같고 이들 모두 목성이나 토성과 같이 고리를 가지고 있다. 이 두 행성의 평균 밀도는 약 1.5g/cm^{3}로써 목성이나 토성보다 약간 크다. 만약 이들이 목성과 같은 성분으로

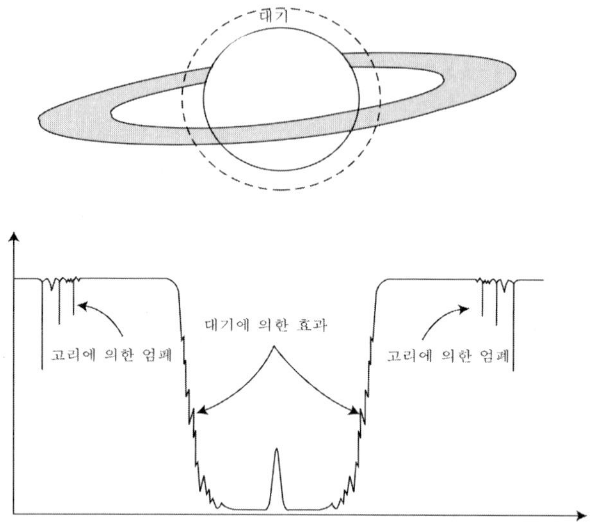

그림 8-11. 별의 엄폐에서 나타난 천왕성 고리의 증거.

이루어졌다면 평균 밀도는 목성보다 훨씬 작아야 하는데 실제로는 더 크기 때문에 목성보다 무거운 물질로 이루어져 있음을 알 수 있다.

천왕성의 밀도가 목성이나 토성에 비해 무거운 이유는 이들이 수소나 헬륨이 아니라 주로 물이나 암모니아, 메탄의 얼음으로 되어있기 때문이다. 즉, 천왕성의 구조는 수소와 헬륨으로 된 기체층, 얼음으로 된 맨틀, 바위로 된 핵으로 구성되어 있으며, 이 중 물, 암모니아, 메탄의 얼음이 전체 질량의 90% 이상을 차지한다. 해왕성도 이와 비슷한 구조를 가진다고 생각되기 때문에 최근에는 천왕성과 해왕성을 목성과 토성 같은 가스 행성이 아니라 얼음 행성으로 구분한다.

천왕성의 대기층은 온도 구조에 따라 대류권, 성층권, 열권으로 나눌 수 있으며, 주로 수소와 헬륨으로 되어 있다. 메탄은 얼음으로 되어 있는 맨틀의 주요 구성성분이지만 대기에도 수소와 헬륨 다음으로 많이 있다. 대류권에서는 강한 바람이 불고 구름이 있으며 계절적 변화가 나타난다. 성층권의 상부와 열권은 이온층을 이루며, 천왕성의 이온층은 토성이나 해왕성보다 밀도가 높다. 천왕성도 자기권이 있으며 주로 양성자와 전자로 되어 있다.

천왕성에 있는 고리의 존재가 처음으로 알려진 것은 1977년 별이 천왕성 뒤

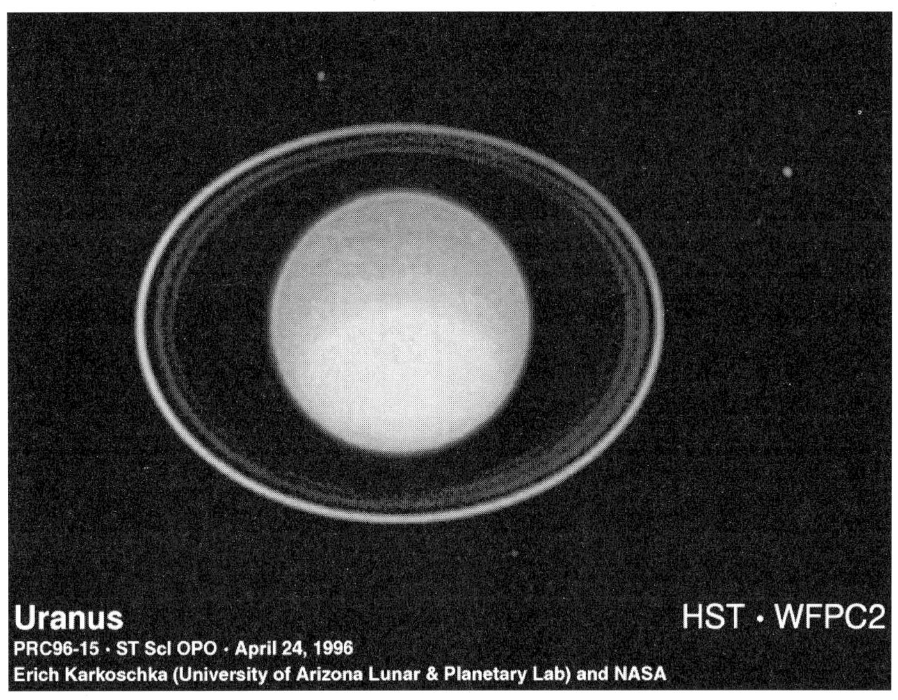

그림 8-12. 보이저 위성이 촬영한 천왕성 띠(사진 제공 : NASA).

로 숨을 때 나타나는 밝기의 변화에서였다. 별이 천왕성 뒤로 숨기 직전과 다시 나타난 직후의 별 밝기가 순간적으로 어두워지는 현상이 거의 대칭적으로 나타난 것이다(그림 8-11). 이는 별빛이 고리에 가려 나타난 것으로 보다 상세한 관측은 그 후 보이저 인공위성에 의해 이루어졌다(그림 8-12). 이들 그림에도 볼 수 있듯이 천왕성의 고리는 토성의 경우와 달리 아주 얇다.

천왕성의 자전 궤도는 공전 궤도에 대해 거의 98°로 기울어져 있다. 천왕성은 27개의 위성을 가지고 있으나 천왕성에서 가장 무거운 5개 위성의 질량을 합쳐도 해왕성의 위성인 트리톤 질량의 반도 되지 않을 정도로 작은 위성이 대부분이다.

해왕성은 행성 중 태양으로부터 가장 멀리 있는 행성으로 태양으로부터 평균 거리는 30.1 AU다. 다른 행성과는 달리 우연히 발견된 것이 아니라 천왕성의 궤도 이상으로부터 그 존재를 예측하여 1846년 발견한 행성이다. 해왕성은 화학 조성이나 내부 구조 등 여러 면에서 천왕성과 비슷하나, 대기 상태는 천왕성과 많이 다르다. 해왕성의 대기에서는 활발한 기후 변화가 나타나는데 목성의 대적반에 대응되는 대암반 같은 구조도 있다. 태양으로부터 가장 멀리 떨어져 있어 구름위의 온도는 55K 정도로 낮다.

해왕성에는 13개의 위성이 있는 것으로 알려져 있으며, 이 중 트리톤의 질량이 위성 전체 질량의 99.5%를 차지한다. 트리톤은 해왕성의 자전 방향과 반대로 공전하며 거의 동주기 자전을 하고 있다. 트리톤이 역방향의 공전을 하는 이유는 명확하지 않으나 트리톤이 해왕성과 함께 만들어진 것이 아니라 카이퍼대에서 만들어진 후 해왕성에 포획된 위성일 가능성을 강하게 암시한다.

천왕성과 함께 얼음 행성으로 알려진 해왕성의 생성 과정은 여전히 안개에 가려있지만 최근에 목성형 행성의 생성 기작으로 제기된 태양계 원반의 불안정성에 의해 만들어졌다는 모형이 주목을 받고 있다. 목성이나 토성의 경우에는

그림 8-13. 보이저 2호가 촬영한 해왕성과 트리톤의 모습.

핵이 먼저 응결된 후 물질이 부착되며 커져 결국에는 중력이 주변의 물질을 끌어들여 행성이 되었다는 모형이 여전히 유력하지만 천왕성과 해왕성의 경우에는 이들이 있는 원시 원반의 밀도가 너무 낮아 핵이 형성되기 어렵기 때문에 원반의 중력 불안정설이 주목을 받게 된 것이다.

2. 왜소행성과 소천체

국제천문연맹이 2006년 총회를 통하여 결정한 태양계 천체들의 정의에 따라 태양계에서 태양 주위를 궤도 운동하는 천체는 행성, 왜소행성, 태양계 소천체로 구분된다. 왜소행성은 행성과 다른 특성은 같으나 궤도에 있는 미행성체 등 작은 천체들을 청소하지 못한 천체이고, 태양계 소천체는 태양 주위를 돌고 있으나 행성도 아니고 왜소행성도 아닌 모든 천체를 지칭한다. 소행성이나 혜성이 대표적이며 해왕성 궤도 바깥에 있는 대부분의 천체가 이에 속한다.

2.1 왜소행성(Dawrf planets)

왜소행성은 2006년 명왕성의 행성 지위 박탈과 함께 새롭게 도입된 개념의 천체로 명왕성을 비롯하여 원래는 소행성으로 분류되었던 세레스를 포함하여 현재까지 5개의 왜소행성이 발견되었다. 이들 중에는 명왕성보다 질량이나 반경이 더 크며, 카이퍼대 밖에 있는 에리스(Eris)도 있으나 하우메아(Haumea)와 마케마키(Makemake)는 명왕성보다는 다소 작으며 명왕성과 함께 카이퍼대 안에 있는 KBO (Kuiper belt objects)의 일종이다.

명왕성은 1930년 톰바우(C. Tombaugh)에 의해 발견되어 76년 동안 행성으로 간주되었으나 2006년 국제천문연맹에 의해 도입된 새로운 행성의 정의에 따라 행성의 자격을 잃고 왜소행성의 대표 천체가 되었다. 명왕성은 달보다 약간 작으며 평균 밀도는 약 0.21g/cm^{3}이다. 크기가 아주 작으면서 밀도도 작다는 사실로부터 명왕성이 주로 질소(N_2) 얼음으로 이루어진 물질이 둘러싸고 있는 것으로 추정된다. 이러한 특성은 명왕성이 지구형 행성이나 목성형 행성과는 물리적 상태가 다른 특수한 천체임을 보여준다.

명왕성의 궤도는 이심률이 커서 근일점 거리는 해왕성의 것보다 더 작으며, 궤도면도 황도면에 대해 많이 기울어져 있다. 이런 여러 가지 이유로 명왕성은 다른 행성들과는 다른 경로로 만들어졌을 가능성이 대단히 크다. 한 때는 명왕성의 기원으로 해왕성의 위성설이 있었으나 1978년 명왕성에서 카론(Charon)이란 이름을 가지게 된 위성이 하나 발견되어 이 이론을 정당화시키기 어렵게 되었다. 명왕성 생성에 관한 또 하나의 이론으로는 명왕성이 소행성과 같은 과정을 거쳐 만들어졌다는 가설이 있었는데, 1992년 해왕성 바깥에 있는 카이퍼대에서 KBO라 부르는 많은 수의 작은 천체들이 발견됨으로서 이 이론이 이제 정설로 굳어지고 있다. KBO로 불리는 작은 천체들은 태양으로부터 30AU와 50AU 사이에 존재하며, 단주기 혜성의 중요한 공급원이다. 다른 KBO처럼 명왕성도 태양풍에 의해 표면이 조금씩 외부로 날아가는 현상이 일어나는데 이 때문에 명왕성도 혜성의 특징을 일부 공유하고 있다고 생각된다.

과거에는 명왕성의 질량이 불확실했으나 카론의 발견을 통해 명왕성의 질량이 정확히 결정되었다. 명왕성은 카론에 대해 완벽한 동주기 자전을 하고 있으며 카론의 궤도면은 명왕성의 적도면과 완전히 일치한다. 명왕성에는 카론 이외에도 닉스(Nix)와 히드라(Hudra)라 불리는 작은 두 개의 위성이 있다. 카론은 크기가 명왕성의 반 정도 되지만 닉스와 히드라는 명왕성 크기의 5%도 되지 않는다.

2.2 소행성(Asteroids)

소행성은 태양 주위를 궤도 운동을 하는 태양계의 소천체이다. 크기는 작은 것은 먼지 크기에서 큰 것은 직경이 수 백km에 이른다. 200km보다 큰 소행성의 수는 26개이고 수 천개의 소행성 궤도가 알려져 있다.

최초의 소행성 발견은 행성의 위치를 나타내는 경험 법칙인 티티우스-보데의

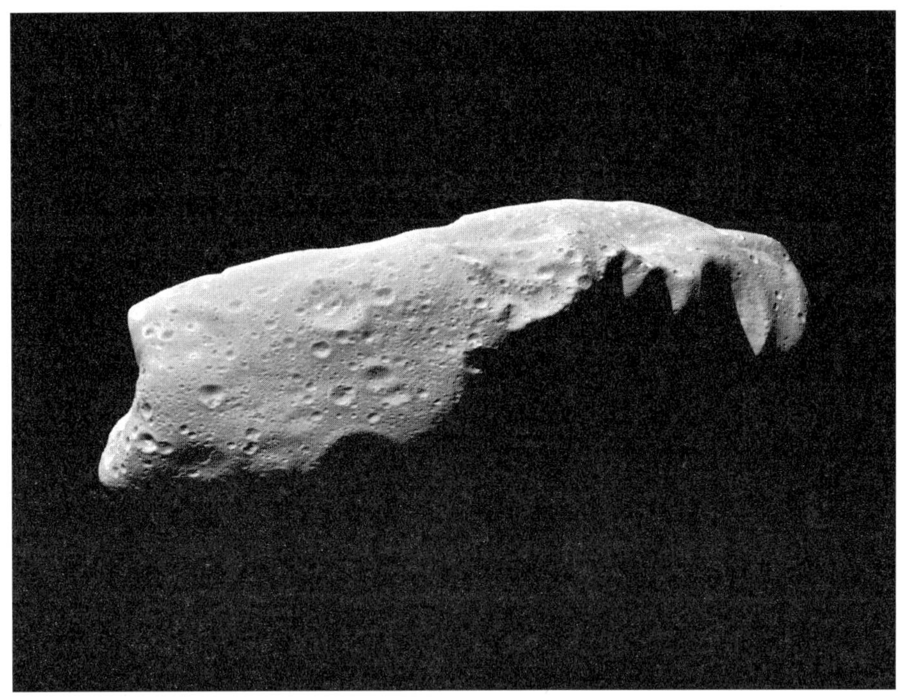

그림 8-14. 갈릴레오 위성이 촬영한 소행성 Ida의 모습(사진제공 : NASA).

법칙에 의해 화성과 목성 사이인 약 2.8AU 부근에 있을 것으로 예측된 행성을 찾기 위해 시도한 대규모 탐사를 통해 이루어졌다. 탐사 결과 1801년 이태리 천문학자 피아지(Piazzi)는 작은 천체를 발견하였고 그 후 이 부근에 엄청난 수의 비슷한 천체들이 있음이 확인되어 이들을 소행성이라 부르게 된 것이다. 소행성은 태양으로부터 2.2 AU에서 3.3 AU 떨어진 곳에 분포하고 있어 이 구간을 소행성대라 부른다. 소행성은 태양계를 만들고 남은 찌꺼기라 생각된다.

소행성 중 가장 큰 것은 피아지에 의해 처음 발견된 세레스(Ceres)로서 반지름이 1,000km 정도이고 대부분은 이보다 훨씬 작은 것들이다. 세레스는 이제 행성과 왜소행성의 정의에 의해 왜소행성이 되었다. 소행성대의 수많은 소행성에 포함되어 있는 질량을 모두 합쳐도 지구 질량의 1/2,000 정도 밖에 되지 않는다. 그림 8-13은 1993년 갈릴레오 탐사선에 의해 관측된 소행성 Ida의 모습이다. 긴 쪽이 55 km로서 전형적인 소행성의 모습을 보이고 있다.

소행성의 약 75%는 주로 흑연(탄소)으로 이루어져 있어 반사율이 3~6% 정도로 대단히 낮으며 이들을 C-형 소행성이라 한다. 그러나 어떤 소행성은 규산염 등으로 이루어져 있어 반사율이 15~25% 정도로 비교적 높으며 이들을 S-형 소행성이라 부른다. S-형 소행성은 전체의 약 15%를 차지하고 나머지 약 10% 정도는 어떤 형인지 구별이 어려운 것들이다. 소행성대에서 S-형 소행성은 주로 안쪽에 위치하고 있고 C-형 소행성은 주로 바깥쪽에 위치한다. 이러한 분포 양상은 아마도 태양계 형성 과정에서 결정된 것이라고 생각한다. 즉 탄소는 규산염에 비해 낮은 온도에서 응집되는데 원시 태양계는 안쪽에 비해 바깥쪽이 온도가 높기 때문이다. 운석 역시 주로 탄소로 이루어진 것과 규산염으로 이루어진 것으로 나뉜다. 그러나 운석과 소행성이 같은 것인지는 확실치 않다. 소행성들은 소행성대에 거의 균일하게 분포해 있으나 목성의 섭동을 주기적으로 받아 소행성이 상대적으로 적은 영역이 있다. 대표적인 것이 커크우드 틈새(Kirkwood gaps)로 3.3 AU 인 곳에 있다. 목성의 섭동은 소행성 띠의 어떤 부분에서 이들을 없애기도 하고 공명을 받는 위치에 모으기도 한다. 특히 목성 궤도와 1 : 1 공명을 일으키는 곳에 트로이 소행성(Trojan asteroids)이 많이 몰려 있다.

2.3 혜성 (Comets)

핼리 혜성으로 인해 일반인들에게도 널리 알려져 있는 혜성은 주기적으로 나타나는 주기성 혜성과 한번 나타났다가 다시는 되돌아오지 않는 비주기성 혜성으로 나뉜다. 주기성 혜성이라 하더라도 그 궤도는 이심률이 거의 1에 가까운 타원이기 때문에 근일점은 태양에 가깝지만 원일점은 대단히 멀리 있다. 대부분의 혜성들은 비주기성 혜성이다. 이렇게 비주기성 혜성이 계속 나타난다는 사실은 끊임없이 혜성을 공급해 주는 곳이 있다는 것을 의미한다. 네덜란드의 천문학자 오오트(Oort)는 수많은 혜성으로 구성된 '구름'이 태양을 중심으로 반지름 10만 AU되는 곳에 존재할 것이라는 예측을 하였다. 이를 지금은 오오트 구름이라 부르며 아마도 태양계가 만들어지고 남은 찌꺼기일 것이다. 그림 8-14는 주기성 혜성인 헤일-밥(Hale-Bopp)의 모습을 보여준다.

주기성 혜성은 다시 장주기 혜성과 단주기 혜성으로 나누어진다. 이러한 주기별 구분의 기준은 임의로 선택된 200년이다. 따라서 주기가 76년인 핼리 혜성은 단주기 혜성에 속한다. 그러나 단주기 혜성의 대부분은 주기가 5~8년 정도의 범위에 놓여 있어 원일점은 목성의 궤도 부근이다. 따라서 이러한 종류의 혜성을 목성형 혜성이라고도 한다. 혜성의 궤도는 행성의 것과는 달리 황도면에 국한되어 있지 않고 궤도 방향도 행성의 것과는 전혀 상관이 없다.

혜성은 핵과 코마(coma), 그리고 꼬리로 이루어져 있다. 핵은 바위로 이루어진 중심이 있고 그 주위를 먼지나 메탄(CH_4), 암모니아(NH_3), 얼음(H_2O), 이산

그림 8-15. 소백산 천문대에서 찍은 헤일-밥 혜성의 모습(사진 제공 : 소백산 천문대).

화탄소(CO_2)의 얼음 조각으로 이루어졌을 것으로 추측되며 이러한 추측은 1986년 핼리 혜성이 지구에 접근했을 때 인공위성이 직접 이 혜성 근처에까지 다가가 실험한 결과 사실로 판명되었다.

혜성의 기원론은 크게 두 가지로 나눌 수 있다. 하나는 태양계 기원론이고 다른 하나는 성간구름 기원론이다. 전자는 모든 혜성이 태양계가 생성되는 과정에서 행성이 되고 남은 물질들이 혜성의 핵이 되었다는 것이고, 후자는 혜성의 핵이 태양계 바깥의 성간 구름에서 만들어진 후에 태양에 의해 포획되었다는 것이다. 이제 이들을 자세히 살펴보자.

(가) 태양계 기원론

태양계 기원론의 창시자는 오오트로서 그는 1950년 태양계 바깥 수만 AU 떨어진 곳에 소위 오오트 구름(Oort's cloud)이라 부르는 혜성의 핵으로 된 구름 덩어리를 가정하였다. 혜성의 핵은 태양계가 형성될 당시 만들어진 미행성체로서 물이 주성분이고, 메탄 암모니아 등이 티끌과 함께 얼어붙어 있는 것인데, 지름이 수 km 또는 수십 km 정도이다. 오오트 구름은 소행성 띠 부근에서 생성된 이러한 미행성체들이 이미 만들어진 행성들의 섭동에 의해 밖으로 밀려나 10^5 AU 되는 곳에 공 모양으로 만들어진 것이다.

오오트 구름에 있던 혜성의 핵이 태양계 주변을 지나는 별이나 성간 구름의 영향을 받게 되면 궤도가 바뀌어 태양계의 안쪽으로 들어오게 되는데, 태양에 접근할수록 뜨거워져 가스와 티끌이 핵으로부터 증발하여 코마를 이루며 밝아지게 되는 것이 혜성이다. 혜성의 기원을 설명하는 오오트의 이러한 모형은 현재는 많이 다듬어졌지만 장주기 혜성의 기원에 대한 설명은 오오트의 모형과 그다지 차이가 없다. 그러나 이 모형은 관측되는 단주기 혜성의 개수나 공간적인 분포 등을 제대로 설명할 수 없다.

1970년대까지 단주기 혜성이란 장주기 혜성이 행성들의 섭동에 의해 궤도 장반경이 짧아진 것에 불과하다는 생각이 지배적이었다. 주로 목성에 의해 이루어지는 이러한 행성의 섭동은 장주기 혜성의 궤도를 바꾸어 태양계 밖으로 내보내기도 하지만 전체 장주기 혜성의 0.1에서 0.01% 정도가 단주기 혜성이 되는 것으로 생각해온 것이다. 그러나 이러한 생각에 바탕하여 추론되는 단주기 혜성의 개수가 관측된 단주기 혜성의 개수와 잘 맞지 않고, 황도면에 대한 궤도면의 경사각 분포를 이러한 모형으로 설명할 수 없기 때문에 최근에는 카이퍼(Kuiper)가 제안한 카이퍼대에 바탕하여 단주기 혜성의 기원을 설명하고 있다.

카이퍼는 1951년 혜성의 핵들이 되는 미행성체가 만들어진 위치가 오오트가 제안한 것과 같이 소행성대가 아니고, 해왕성 바깥이라고 설명하였다. 그는 이들이 명왕성의 섭동에 의해 멀리 밀려나 장주기 혜성의 기원이 되는 오오트 구름을 형성하고(그 당시는 명왕성의 질량이 큰 것으로 생각하였다), 명왕성 궤도 밖에 생긴 미행성체들은 밖으로 밀려나지 않고 그대로 남아 있다고 생각하였다. 카이퍼가 이러한 생각을 하게 된 이유는 소행성과 혜성의 화학조성이 많이 다르기 때문에 이들이 생성된 곳이 다를 것이라는 추측 때문이었다.

카이퍼대는 해왕성 궤도의 바로 바깥인 35~50 AU 사이에 있는 원시 태양계의 생성 때 만들어진 미행성체들이 행성으로 뭉치지 못하고 남아생긴 것으로 보인다. 이들 중 일부가 행성의 섭동을 받아 해왕성의 궤도 속으로 들어오면 목성과 같은 다른 행성들의 섭동을 계속 받게 되어 결국 단주기 혜성이 된다고 추측한다. 단주기 혜성의 기원으로서 카이퍼대가 가지고 있는 장점은 이에 바탕한 모형이 관측된 단주기 혜성들의 궤도 경사각 분포를 잘 설명할 수 있다는 것이다. 왜냐하면 공 모양의 분포를 하고 있는 오오트 구름에서 떨어져 나온 장주기 혜성이 행성의 섭동으로 단주기 혜성이 되었다는 고전적인 모형으로는 단주기 혜성들의 궤도 경사각이 대부분 작은 것을 도저히 설명할 수 없으나 카이퍼대는 자체가 황도면에 있기 때문에 이로부터 나온 혜성의 궤도면이 자연히 황도면에 가깝게 있을 것이기 때문이다.

(나) 성간물질 기원론

혜성이 태양계와 함께 만들어 졌다는 것이 혜성의 기원에 대한 일반적인 설명이지만 태양계 밖의 성간물질에서 만들어진 후 태양의 조석력에 의해 끌려

들어온 것이란 생각도 여전히 유력한 설명으로 남아 있다. 왜냐하면 태양은 은하 원반을 통과하며 거대 분자구름과 충돌하게 되며 이런 충돌에 의해 오오트 구름이 파괴되고 새로운 혜성의 구름을 태양이 포획할 수 있기 때문이다.

그러나 현재 있는 오오트 구름이 원시 태양계가 형성될 때 생긴 것인지 또는 원래 오오트 구름은 거대 분자구름과의 충돌로 파괴되고 그 후 성간물질로부터 새롭게 포획한 것인지를 혜성들의 주기나 궤도와 같은 역학적 특성으로는 구별할 수 없다. 이를 구별하기 위해서는 혜성 핵의 화학 조성을 관측하여 이들이 태양계의 다른 구성체와 동일한지의 여부를 알아야 하나 혜성 핵의 화학조성을 정확하게 구하는 것이 아주 어렵다. 왜냐하면 혜성이 태양에 여러 번 접근하게 되면 가스와 티끌이 핵으로부터 증발해 코마를 만들어 핵을 둘러싸게 되고, 이 때문에 변화되지 않은 혜성 핵 원래의 화학조성을 알기가 어렵다. 따라서 혜성이 만들어질 당시의 화학조성을 알기 위해서는 태양계 안쪽으로 한 번도 들어온 일이 없는 새로운 혜성이 태양에 근접하기 전에 우주 탐사선을 이용하여 관측하는 것이 필요하다.

2.4 유성체(Meteoroid)와 유성(Meteor)

유성체는 행성 사이를 떠돌아다니는 소행성 보다는 훨씬 작고 원자보다는 큰 물체를 말한다. 유성체가 지구 대기에 들어오면 마찰에 의해 타서 빛을 내며 보이게 되는데 이를 유성이라 한다. 대부분의 유성은 대기에서 다 타버리고 마나 큰 유성은 지표에 떨어져 운석이 된다. 유성은 모든 방향으로 다양한 궤도를 가지며 산발적으로 지구 대기에 들어오지만 혜성의 잔해가 기원인 유성은 같은 방향에서 모여서 오기 때문에 유성우를 만들게 된다.

유성이 빛을 내기 시작하는 고도는 75km에서 100km 사이이며, 매일 수 백만 개의 유성이 지구 대기에 들어온다. 유성을 만든 유성체의 전형적인 크기는 조약돌 정도이며 밀도가 눈덩이 처럼 낮은 것으로부터 철이 많이 함유된 암석처럼 높은 것도 있다. 대부분의 유성은 수 미터를 가지 못하고 다 타버리지만 행성보다 더 밝게 빛나 화구로 불리는 유성은 하늘을 가로질러 빛나기도 한다.

3. 지구와 태양계의 나이

태양계의 기원을 알기 위해 우선 태양계의 나이를 아는 것이 중요하다. 태양과 같은 고립된 항성의 나이를 추정하는 것은 어렵기 때문에 지구나 달과 같은 천체의 나이를 구해 태양계의 나이로 가정할 수 있다. 사람들은 오래 전부터 지구의 나이를 추정하려는 노력을 해 왔으나 비교적 과학적 방법으로 지구 나이를 측정하기 시작한 것은 주로 지층의 형성, 화산 활동 등을 이용한 19세기 지질학자들이다. 그 이전에 순수 이론적 측면에서 켈빈(Kelvin)과 헬름홀츠(Helmholtz)는 태양이 수축에 의해 에너지를 방출한다고 가정하여 태양의 나이가 약 2,000~3,000만년 정도 되었을 것이라고 추정한 바 있다(글상자 3-3 참조). 그러나 지질학자의 초기 나이 추정은 비록 정확도는 떨어지지만 켈빈과 헬름홀츠가 구해낸 나이보다는 더 오래 됐을 것이라는 의견이 지배적이었다. 보다 정확한 나이의 측정은 그 후 방사능 붕괴를 이용하여 이루어졌다.

3.1 방사능

방사능은 1896년 바퀘렐(Bacqerel)에 의해 발견되었으나 방사능이 물질 고유의 성질이라는 사실은 퀴리 부인에 의해 밝혀졌다. 그 후 러더포드(Rutherford)는 방사능 붕괴는 원자의 핵이 어떤 입자를 방출하는 과정이라는 사실을 밝혀냈다. 방사능 붕괴를 일으키는 원소는 매 반감기마다 절반씩 다른 원소로 바뀌게 된다(**글상자** 8-2). 만약 바위 속에 방사성 원소가 응집되어 있는 부분이 있으면 이를 분석하여 암석이 형성된 후 경과한 시간을 정확하게 구할 수 있다(**글상자** 8-3).

암석의 나이를 재는데 실제 많이 사용되는 방사능 원소는 ^{40}K이다. 이 원소는 베타(β) 붕괴를 거쳐 안정된 ^{40}Ar로 바뀌는데 반감기는 약 13억년이다. 따라서 수 십 억년 정도 된 암석의 나이를 구하는 데는 알맞은 원소라고 하겠다. 이러한 방사능 원소의 붕괴를 이용해 측정한 결과에 의하면 지구에서 가장 오래된 암석은 약 38억년 정도이다. 이에 반해 달 표면에서 가져온 암석의 나이는 약 41

글상자 8-2. 방사성 원소의 반감기

원소의 방사능 붕괴율은 그 원소의 양에 비례하므로

$$\frac{dN}{dt} = -\alpha N$$

으로 쓸 수 있다. 여기서 N은 그 원소의 양이고 α는 비례 상수이다. 따라서 위 식을 적분함으로서 주어진 시간 t 에서의 $N(t)$는 다음과 같이 구할 수 있다.

$$N(t) = N(0)\exp(-\alpha t) = N(0)\exp(-t/t_e) = N(0)(1/2)^{t/\tau}$$

여기서 $N(0)$는 $t=0$에서의 방사능 원소의 개수이며 t_e는 방사능 원소의 개수가 $e^{-1} \approx 0.368$로 줄어드는데 걸리는 시간이며, $\tau = t_e/\ln(2) = 0.693t_e$는 개수가 반으로 줄어드는 반감기를 의미한다. 예를 들어 우라늄(^{238}U)은 반감기가 46억년이기 때문에 46억년마다 그 양이 반씩 줄어든다. 즉 46억년 후에는 초기량의 50%, 92억년 후에는 초기량의 25%가 남는다는 뜻이다. 이러한 사실을 이용하면 어떤 암석이 형성된 후 지난 시간을 계산할 수 있다. 방사능 붕괴를 여러 차례 겪으며 ^{238}U는 방사능 붕괴를 하지 않는 ^{206}Pb로 바뀐다. 따라서 ^{238}U와 ^{206}Pb의 비를 알면 그 암석의 나이를 구할 수 있다.

글상자 8-3. 방사성 원소를 이용한 암석의 나이 측정

어느 암석에서 ^{238}U를 포함하는 광석이 발견되었다고 하자. 이 광석은 바위가 형성될 당시 녹은 우라늄이 뭉쳐져 굳어진 것이다. 이제 이 광석을 분석하여 우라늄움과 납으로 분리시키고 그 양을 서로 비교해 볼 수 있다. 우라늄의 양은 글상자 8-2에서처럼 시간에 대해서 변화하고 납의 양은 다음 식에서 구할 수 있다 :

$$N(^{238}\mathrm{U}) + N(^{206}\mathrm{Pb}) = N(0) = \text{일정}.$$

위 식을 이용하면 시간 t에서의 납과 우라늄의 비를 다음과 같이 표현할 수 있으며,

$$\frac{N(^{238}\mathrm{U})}{N(^{206}\mathrm{Pb})} = \frac{\exp(t/t_e)}{1-\exp(-t/t_e)}$$

측정된 $N(^{238}\mathrm{U})/N(^{206}\mathrm{Pb})$를 위 식에 대입하고 암석의 나이 t를 구할 수 있다. 여기서 t_e는 46억년이다.

만약 광석 속에 원래부터 존재했던 ^{206}Pb가 있었다면 이 방법으로 구한 암석의 나이는 정확하지 않을 것이다. 그러나 우리는 원래부터 존재했던 ^{206}Pb의 양을 추정할 수 있다. 자연계에는 동위 원소라는 것이 있는데, ^{206}Pb의 동위 원소로서 방사능 붕괴를 일으키지 않는 것으로 ^{204}Pb가 있다. 이러한 동위 원소는 자연 상태에서 일정한 비율로 존재하여 만약 위에서 말한 광석에서 ^{204}Pb를 발견한다면 원래부터 있었던 ^{206}Pb도 ^{204}Pb에 비례해 일정량이 있었음을 의미한다. 이런 방법으로 원시 ^{206}Pb의 양까지 알 수 있기 때문에 암석의 나이를 비교적 정확히 잴 수 있는 것이다.

억년이며 운석의 나이는 45~47억년 정도이다. 이렇게 태양계를 구성하는 각 물체의 나이가 다른 것은 이들이 만들어진 때가 다르기 때문이다. 예를 들어 지구 형성 후에 많은 지질학적 변동이 있었기 때문에 현재 발견되는 암석들은 지구 탄생 후 상당한 시간이 지난 후에 만들어진 것들이다. 달 암석의 나이가 지구보다 큰 것은 달에서의 지질학적 활동이 일찌감치 멈췄음을 의미한다. 운석은 태양계가 만들어지고 남은 찌꺼기들이기 때문에 태양계 나이와 가장 가까울 것이다. 결국 운석의 나이로 미루어보아 우리는 태양계의 나이가 약 46억년 되었다고 결론짓게 된다.

4. 태양계의 기원

4.1 태양과 행성의 생성

지금까지 살펴본 여러 가지 사실은 태양계의 현재 모습이다. 이제 이런 여러 가지 사실을 설명할 수 있는 태양계의 형성 과정에 대하여 살펴보자.

18세기의 철학자인 칸트(Kant)와 수학자인 라플라스(Laplace)는 태양과 행성이 모두 성운으로부터 한꺼번에 만들어졌다는 성운 가설을 제창하였다. 그러나 그 후 많은 과학자들은 항성인 태양이 먼저 만들어진 후 다른 별과 근접 충돌을 일으켜 떨어져 나온 물질이 포획되어 행성이 만들어졌다는 포획설을 믿어왔다. 이 가설은 곧 여러 가지 반론에 부딪혔는데 무엇보다 포획된 충돌의 잔해로 이루어진 행성이 관측되는 것과 같은 질서 있는 운동을 하기 어렵고, 행성들이 두 개의 그룹으로 나누어지는 것을 자연스럽게 설명할 수 가 없다는 것이다. 태양계의 기원에 대한 설명이 다시 예전의 성운 가설로 되돌아간 것은 비교적 최근의 일로서 별의 형성 과정에 대한 올바른 이해가 이루어진 결과이다.

우선 태양계가 형성되는 초기 과정은 이미 살펴본 별의 생성 과정과 같을 것이다. 즉 성간구름이 중력적으로 불안정해지면서 자유 낙하에 가까운 수축을 시작한다. 대부분의 성간구름은 느리기는 하지만 회전을 하고 있다. 이러한 회전은 주변에 존재하는 여러 천체들의 복합적인 중력 작용에 의해 나타나는 것이다.

회전하는 성간구름이 수축을 하는 과정에서 각운동량이 보존되기 때문에 회전 각속도가 반경에 반비례하여 빨라진다는 사실을 이미 별의 생성 과정에서 알 수 있었다(글상자 4-2 참조). 회전 각속도가 빨라짐에 따라 회전축에 대하여 수직으로 작용하는 원심력이 증가하여 회전축과 평행한 방향으로는 수축이 자유롭게 일어난다. 그렇지만 수직 방향으로는 수축이 억제되어 편평한 원반 모양을 만들면서 수축하게 될 것이다. 이 때 각운동량의 재배치 현상이 일어나야 한다. 원래 서서히 회전하던 성간구름의 각운동량 분포는 물질의 위치에 크게 좌우되지 않았을 것이다. 즉 중심 부분에 있는 물질이나 비교적 바깥 부분에 있는 물질이나 모두 단위 질량당의 각운동량은 거의 비슷했을 것이란 뜻이다. 그러나 그러한 분포를 유지하면 물질은 안쪽으로 밀려들어갈 수가 없다. 왜냐하면 각운동량은 중심으로부터 거리의 제곱근에 비례하기 때문에 중심에 가까운 입자들은 빠른 속도로 회전하며 원심력이 커져 수축이 불가능해지기 때문이다.

현재 태양계의 각운동량을 살펴보면 태양계 전체 질량의 0.1%에 불과한 목성이 태양계 각운동량의 95%를 차지하고 있다. 태양의 질량은 태양계 질량의 99.9%가 되지만 각운동량은 5% 미만만을 차지하고 있다. 이는 태양계가 만들어지는 과정에서 중심 부분에 모인 물질이 가지고 있던 각운동량의 대부분이 바깥 부분에 있는 물질로 옮겨졌음을 의미한다. 이런 각운동량 이전 과정을 각운동량의 재배치라 한다는 점을 이미 설명한 바 있다.

각운동량의 재배치 후 원시 태양계는 중심 부분의 집중체와 회전 원반으로 구성된다. 여기서 중심 집중체는 더욱 수축하여 궁극적으로 태양이 될 것이고 회전 원반은 진화하여 행성계를 이루게 된다. 회전 원반의 온도 분포는 중심 부분으로 갈수록 온도가 높고 바깥으로 갈수록 온도가 낮다. 회전 원반을 이루는 물질 중 어떤 것은 비교적 온도가 높은 곳에서도 응집하지만 어떤 것은 온도가 아주 낮아야 응집하게 된다. 1,000 K 이상 높은 온도에서 응집하는 물질의 예로는 산화칼슘이나 산화알루미늄, 규화 마그네슘, 철과 니켈의 합금 등이 있으며 200 K 미만의 낮은 온도에서 응집하는 것으로는 메탄, 암모니아, 물의 얼음, 네온, 아르곤 등을 들 수 있다. 따라서 회전 원반의 바깥쪽에서는 위에 예를 든 여러 가지 물질 모두가 일찍부터 응고되지만 안쪽에서는 금속이나 규소 화합물만 응집하고 나머지는 온도가 아주 낮아진 후에나 응고가 가능해진다.

회전 원반이 충분히 얇아지면 불안정해져 위의 응집 물질로 이루어진 작은 조각으로 갈라진다. 이러한 조각들을 미행성체라 부르며 이들은 서로 충돌하면서 점점 자란다.

원반의 바깥쪽에서는 온도가 낮아 금속이나 암석과 함께 수소 화합물의 응집이 빨리 일어난다. 수소 화합물은 금속이나 암석보다 풍부하므로 지구형 행성으로 자라는 미행성체 보다 훨씬 더 크게 자랄 수 있어 이 중에는 지구의 질량보다 몇 배 더 큰 질량을 가지는 원시행성으로 자라는 것이 가능하고, 이렇게 큰 원시행성은 주위의 물질을 끌려들어 행성으로 발전할 수 있다. 태양계의 모태가 된 성간 구름이 주로 수소와 헬륨으로 이루어져 있기 때문에 중심부에는 원시행성을 만든 얼음과 암석이 섞여 있겠지만 바깥은 주로 수소와 헬륨가스로 이루어진 행성이 된다. 목성형 행성이 바로 이런 과정으로 만들어졌다.

반면 태양과 가까운 쪽에서는 금속이나 암석의 응결로 된 작은 씨앗이 성장하여 미행성체가 되고 이들이 자라 행성으로 발전하게 된다. 미행성체는 초기에는 매우 빠르게 자라게 되는데 그 이유는 자라면서 면적도 커지고 질량도 커져 달라붙기도 쉬워지고 중력에 의해서도 더 잘 끌어당겨지기 때문이다. 이런 과정을 통해 미행성체의 일부는 수 백 만년 안에 크기가 수백 km정도로 자랄 수 있게 된다. 이렇게 미행성체가 충분히 커지게 되면 그 이후의 성장은 서로간의 충돌로 부서져 어렵게 된다. 이렇게 되는 이유는 미행성체가 충분히 커지면 중력이 커져 서로의 궤도에 영향을 끼쳐 충돌이 쉽게 일어날 수 있고, 충돌로 인해 작은 미행성체들은 산산이 부서져 버리고 큰 미행성체만 살아남아 원시 행성이 된다. 이렇게 생성된 원시 행성은 출발이 늦었기 때문에 어느 정도 커져 가스를 중력적으로 끌어당길 수 있게 되는 시기도 상당히 늦다. 이 때에는 원시성이던 태양도 점점 밝아져 강한 태양풍을 내뿜게 된다. 따라서 원시행성을 만들던 회전 원반에 있는 물질도 태양풍이 모두 바깥쪽으로 밀어낸다. 따라서 회전 원반의 비교적 안쪽에서 자라난 행성은 주변 가스를 끌어당겨 자라나는 단계에 이르지 못한다.

이러한 행성의 형성 과정은 태양계의 바깥 부분에 자리 잡고 있는 목성형 행성은 질량이 크고 궤도 간격이 넓으며 수소와 헬륨으로 이루어져 있는데 반해, 안쪽에 있는 지구형 행성은 질량이 작고 궤도 간격이 좁으며 주로 고체 덩어리로 이루어졌다는 사실을 잘 설명한다. 지구형 행성과 목성형 행성의 형성 과정에서 위치에 따른 물질의 응집과 부착의 차이는 이 시기에 살아남은 미행성체 중 지구에 들어온 운석의 성분에서 확인된다. 소행성대 안쪽에서 온 운석의 경우 암석 가운데 금속 성분이 박혀 있고, 소행성대 바깥에서 온 운석의 경우 탄소가 풍부한 물질과 얼음으로 되어 있다.

온도에 따른 응집 물질과 응집 속도에 바탕한 지구형 행성과 목성형 행성의 생성 모형이 행성의 생성을 설명하는 지배적인 견해지만 최근에 목성형 행성이 태양계 원반의 불안정성에 의해 만들어졌다는 모형이 제기되어 주목을 받고 있다. 이러한 모형에서는 태양 주변에 만들어진 원반이 온도가 낮은 곳에서는 중력으로 불안정하여 몇 개의 덩어리로 붕괴되고, 이 붕괴된 덩어리가 수축하여 목성형 행성과 그 위성들을 만들었다는 것이다. 아직 이 이론은 충분히 검증되지 않았으나 목성형 행성의 생성 과정을 설명할 수 있는 매력적인 모형임은 틀림없다.

4.2 위성과 고리

그렇다면 행성에 소속한 위성과 행성의 고리는 어떻게 만들어진 것인가? 우선 위성을 많이 가지고 있는 목성형 행성들의 행성 – 위성계는 마치 태양을 중심으로 한 행성계와 그 모양이 흡사하다. 따라서 행성이 만들어지는 과정에서 원시 태양계 원반이 만들어진 것과 마찬가지로 원시 행성 원반이 만들어졌을 것이며 그 과정에서 행성들이 만들어지는 과정과 아주 비슷하게 위성이 만들어졌으리라는 추측을 할 수 있다. 즉, 소행성대 바깥에서 미행성체에서 행성으로 가는 과정에서 원시 행성은 중력으로 주위의 물질을 끌어당겨 원시 행성의 주위에 원반을 만들게 되고, 이 원반은 행성의 자전과 같은 방향으로 회전하게 된다. 원시 행성 주위에 생긴 원반에서 얼음이 풍부한 미행성체가 만들어져 위성으로 발전하고 남은 것은 고리가 되었다고 생각된다. 이렇게 만들어진 위성과 고리는 행성의 적도면에 가까이 놓이게 되고 원궤도를 따라 행성의 자전 방향과 같은 방향으로 돌게 된다. 목성과 토성의 경우 그 위성을 정규 위성과 비정규 위성으로 구분하는데, 정규 위성의 경우는 위에서 설명한 대로 원시 행성 원반에서 미행성체가 자라나 만들어진 것으로 생각되며 비정규 위성은 아마도 나중에 포획된 것으로 짐작된다.

지구형 행성 중 지구와 화성만이 위성을 가지고 있다. 특히 달은 지구에 비해 질량이 1/80 정도로 다른 어떠한 위성보다 모행성에 대한 질량의 비율이 높다. 지구형 행성의 경우에는 가스를 끌어들이는 시기가 없었기 때문에 원시 행성 원반을 만든 시기도 존재하지 않았을 것이므로 목성형 행성의 경우와는 다른 기원을 가지고 있을 것이다. 특히 화성의 두 위성은 소행성이 포획된 것일 가능성이 높다. 달의 경우에는 포획설과 지구로부터 분열된 것이라는 등 여러 가지 설명이 있으나 아직까지 정확히 밝혀지지 않고 있다.

5. 지구의 진화 및 내부 구조

행성이 자라나기 시작하는 일종의 '씨앗'은 원시 태양계 원반에서 응집한 고체의 덩어리이다. 우리는 이미 목성형 행성은 이러한 씨앗 주위에 낮은 온도에서 응집하는 물질이 쌓이고 또 그 위에 가스가 쌓여 자라나게 되는 반면, 지구형 행성은 주로 높은 온도에서 응집하는 물질이 모여 만들어진다는 점을 지적하였

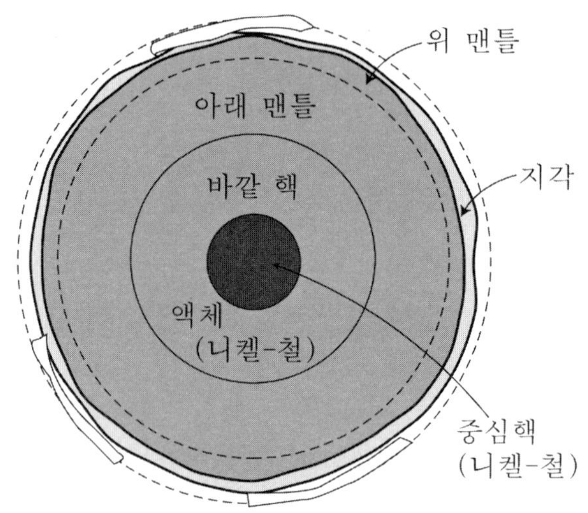

그림 8-16. 지구의 내부 구조.

다. 이제 우리는 원시 행성이 만들어져 오늘날에 이르는 과정을 살펴보려 한다. 그러나 행성들은 조금씩 그 구조가 다를 뿐 아니라 진화하는 경로도 주위 환경에 많이 좌우되기 때문에 우리가 살고 있는 지구를 중심으로 살펴보기로 한다.

원시 지구가 만들어진 때의 온도는 매우 낮지만 서서히 수축하는 과정에서 중심 온도가 약 1,500K까지 올라간다. 이 온도는 현재의 지구 중심 온도보다는 현저하게 낮은 것이다. 원시 행성에는 우라늄(^{238}U), 칼륨(원소 기호는 ^{40}K이고 포태시움이라 부르기도 함)같은 방사능 원소가 섞여 있다. 따라서 중심 부분에서 방출되는 방사능 원소의 붕괴열이 바깥으로 빠져 나가지 못해 내부 온도가 올라가고 2,000K 이상이 되면 철이 녹게 된다. 액체 상태에서는 밀도가 높은 철이 중심으로 모여들게 된다. 철이 중심으로 모여드는 과정에서 다시 막대한 중력 에너지를 방출하기 때문에 지구의 온도는 4,500K까지 올라가 지구 전체가 거의 액체 상태가 된다. 액체 상태에서는 무거운 물질은 중심으로 모여들고 가벼운 물질은 위쪽으로 뜨게 된다. 이렇게 떠올라 굳은 것이 지구의 지각이다. 지구 암석 중 가장 오래된 것이 약 38억년 정도 됐다는 사실은 지구가 녹은 후 다시 굳은 때가 지구가 만들어진 후 약 8억년 뒤의 일이라는 것을 의미한다. 이렇게 하여 지구의 내부는 차등 구조를 갖게 되었으며 현재 우리가 알고 있는 내부 구조를 그림 8-15에서 볼 수 있다.

지구가 형성되고 질량이 커져 주변의 가스를 끌어들일 정도가 됐을 때는 이미 태양풍[6)]에 의해 원시 태양계의 가스나 작은 티끌들이 거의 휩쓸려간 후이다. 따라서 현재 지구에 풍부하게 존재하는 대기나 물은 원시 지구에는 없었을 것이다. 실제로 지구 대기에는 원시 태양계에서 비교적 풍부하게 존재했던 불활성 가스인 네온이나 아르곤, 크립톤 등이 상당히 드물다. 이는 지구 대기가 원시 태양계의 가스를 끌어들여 만들어진 것이 아님을 뜻한다. 그렇다면 지구의 대기와 바다를 이루고 있는 풍부한 물은 어디서 온 것인가?

지구를 형성하던 바위 속에는 상당량의 휘발성 화합물(메탄, 암모니아, 수증기 등)이 녹아 있었을 것이다. 반면 네온이나 아르곤등 불활성 원소들은 다른 원소와 결합하지 않기 때문에 바위 속에 녹아 있을 수 없다. 지구의 암석에 녹아 있던 휘발성 화합물들은 지구 내부의 열이 이들을 녹일 때 대부분 바깥으로 방출됐을 것으로 짐작된다. 우리는 이와 비슷한 현상을 화산 폭발 때 용암이 식을 때 기포가 많이 생기는 것으로부터 볼 수 있다. 지구가 식으면서 중심으로부터 방출된 풍부한 가스 중 수증기는 다시 식어 물이 되고 이 물이 흘러내려 바다가 되었음은 쉽게 알 수 있다. 물론 지금 바다에 있는 물이 모두 이런 방법으로 형성된 것으로 보지는 않는다. 지구에 있는 물의 상당량은 혜성이 원시 지구와 충돌해 생겼을 것이다. 앞에서 설명한 것처럼 혜성에는 물이 상당량 있고 지구 형성 초기에는 혜성의 충돌이 지금보다 훨씬 자주 있었기 때문에 혜성은 지구에 있는 물의 중요한 공급원이었을 것이다.

다른 지구형 행성의 경우에도 대기는 지구와 같은 경로를 통해 만들어졌을 것이다. 그러나 수성에는 대기가 대단히 희박하다. 이는 수성의 온도가 높고 탈

6). 태양 표면으로부터 나오는 전하를 띤 입자의 흐름. 모든 항성은 항성풍을 갖고 있으며 특히 별 탄생 직후와 후주계열 단계에서 강하다.

출 속도가 작다는 사실로부터 쉽게 이해할 수 있다. 온도가 높으면 기체의 운동 속도도 빨라진다. 만약 행성의 탈출 속도 이상의 속도를 가지는 입자가 있으면 이들은 행성의 중력장을 빠져 나간다. 수성은 태양과 가깝기 때문에 온도가 620K까지 올라가고 탈출 속도는 4km/sec로 지구의 탈출 속도인 11 km/s보다 훨씬 작다. 따라서 수성에서는 가스 입자가 중심으로부터 방출된다 해도 오랜 시간을 지나면서 서서히 빠져 나가 지금은 그 밀도가 아주 희박하게 되었다고 짐작하고 있다.

목성형 행성의 대기는 행성이 만들어지고 난 다음 주변 가스를 끌어들여 만들어진 것이다. 따라서 목성형 행성 대기의 성분은 주로 수소나 헬륨이다. 또 목성형 행성들도 중심 부분에는 고체 상태의 철 핵이 있을 것으로 짐작하고 있다. 이는 행성이 만들어지는 초기 단계에서 응집된 물질이 녹아 다시 높은 압력에서 고형화 된 것이다.

우리 지구는 수많은 생명체로 덮여 있다. 과학이 발달되고 인류가 우주로 눈을 돌리면서부터 외계의 천체에도 생명이 있을까 하는 의문을 갖게 되었다. 그러나 아직까지 지구 이외의 천체에서 생명이 발견된 예는 한 번도 없다. 우선 생명은 지구와 같은 조건의 행성에서만 가능할 것이다. 태양계에는 지구를 포함하여 9개의 행성이 있으나 지구를 제외한 행성들은 그 환경이 지구에 비해 상당히 극단적이다. 예를 들어 금성은 대기가 지구보다 상당히 두터워 대기압이 지구의 90배 정도이며 반면 화성은 0.07배이다. 그 외의 천체들은 너무 온도가 낮거나 너무 높아 생명체가 살아 있을 가능성이 더욱 희박하다.

화성 표면에는 바이킹 우주선이 1976년에 착륙하여 오랫동안 많은 실험을 하여 그 결과를 지구에 보내 주었고, 1997년에는 소저너 탐사선이 화성을 조사하였다. 이들 실험에서는 아주 저급의 생명체조차 발견하지 못하였다. 화성의 경우에는 생명체에서 가장 중요하다고 할 수 있는 물이 풍부하게 존재했던 것으로 알려져 있다. 이러한 물이 지금은 증발하여 화성 대기를 벗어났거나 깊숙이 스며들어 얼음 상태로 남아 있으리라 짐작하고 있다. 따라서 생명체의 탐사를 위해서는 물이 들어 있는 깊이까지 파고 들어가 실험을 해야 한다는 주장이 많이 제기되고 있다.

6. 생명체의 탄생과 진화

지구의 생명은 어떻게 탄생해서 오늘에 이르고 있는가? 이는 답하기 아주 어려운 질문이다. 우선 생명체를 이루고 있는 분자는 그 규모가 크고 구조도 매우 복잡하다. 원시 태양계에 존재했을 것으로 보이는 단순한 분자(메탄, 암모니아, 물 등)의 간단한 결합으로는 도저히 만들어 낼 수 없는 것이다. 따라서 단순한 확률론으로는 생명의 기원을 아직 설명하지 못하고 있다. 여기서는 어떠한 경로를 거쳐 생명이 만들어졌는지 대략 추론해 본다.

지구가 태어난 지 10억년 정도 지나면 그 표면은 상당히 많이 식어 암석으로 이루어진 지각이 형성된다. 이 때 내부로부터 뿜어진 가스가 두터운 대기를 만들고 대기중의 가스가 복잡한 광화학적 상호 작용을 겪으며 아미노산 등 생명에 필수적인 화합물을 만들어 냈을 것이다. 이 원소들은 비에 섞여 바다로 흘러들어 갔으며 여기에서 서로 만나 더욱 발전하여 자기 복제를 할 수 있는 DNA가 되고 이들이 원시적인 형태의 생명의 기원이 되었을 것이다. 자기 복제를 하는 생명체는 서서히 진화하여 보다 복잡한 생명체로 바뀌었을 것이다. 어찌되었든 생명의 탄생과 진화는 현대 과학으로도 풀기 어려운 분야이다. 그렇기 때문에 우리는 우주에 다른 생명체가 존재하는지에 대해 더욱 답하기 어려운 것이다.

지구상에서 가장 오래된 생명체의 흔적은 광합성을 하였으며, 주로 갯벌에서 번창했다고 추정되는 미세 생명체의 화석으로서 선캠브리아기에 해당되는 약 35억년 정도된 암석에서 발견된다. 그 후 아주 오랜 세월을 거쳐 지금부터 6 억년 전의 암석에서 첫 식물의 화석이 발견된다. 이렇게 원시적인 생명체가 만들어지고 그것이 오늘날 우리가 흔히 보는 형태로 발전되기까지는 수 십 억년의 세월이 흘러야 했다. 표 8-2에는 지구상에서의 주요 지질학적 연대표와 각 시기를 대표하는 생명 현상을 보여주고 있다. 여기서 보는 바와 같이 지구 전체 역사 46억년에서 인류가 처음 탄생한 것은 불과 수 백 만년 전의 일이고 현재 지구를 지배하고 있는 포유류의 탄생도 5천800만년 전의 일이다. 인류의 역사 기록이 10,000년이 되지 못하며 인류의 과학 문명의 발달은 최근 200여년 사이에 주로 이루어진 것이다. 지금까지 우리가 살펴본 천문학의 지식도 20세기에 들어와서야 누적된 것이다. 인류가 두려움과 동경의 눈으로 바라보았던 천체에 대한 이해가 이제야 어렴풋이나마 시작된 것이다. 이제 인류는 그 시야를 지구에서 우주로 넓히고 있다. 그러나 지구를 벗어나면 우주는 너무나 광활하여 직접 접근하기가 쉽지 않다. 가장 가까운 별이라 해도 빛으로 여러 해를 달려야 닿을 수 있고 우리 은하를 벗어나기 위해서는 빛으로 수만 년이 필요하다는 것을 알았다. 앞으로 인류의 과학 기술이 얼마나 많은 발전을 거듭할지, 그리고 다른 별로의 우주 여행이 실제 가능할 지는 미지수이다.

지구는 앞으로도 50억년을 더 유지하다가 태양과 함께 사라질 것이다. 아마 거성 단계에 접어든 태양이 지구를 포함할 수 있을 정도로 커질 것이기 때문이다. 설사 태양의 운명과 관계없이 지구가 살아남는다 해도 백색 왜성으로 왜소해진 태양의 빛이 소멸됨에 따라 더 이상 지구를 밝혀줄 별이 없기 때문에 암흑 속으로 빠져들 것이다. 물론 지구 표면의 환경은 그 훨씬 전에 태양의 변화에 따라 달라져 생명체는 먼저 없어지게 될 것이다.

그러나 불과 200여년의 역사를 가진 인간의 과학 기술은 지구 표면의 오염을 심화시켜 생태계에 급격한 변화를 가져오고 있다. 인간의 시간 척도로는 무한하다고도 볼 수 있는 수 십 억년 동안 생명체가 번성해 갈 수 있는 지구의 환경이 인간의 손에 의해 급속도로 파괴되어가고 있는 현실은 안타까운 일이 아닐 수 없다.

표 8-18. 주요 지질 시기와 생명 현상

시 기	연 대	생 명 현 상
신 생 대	현재	인류의 번성
	2~4백만년전	인류의 출현
	5800만년전	포유류의 출현
중 생 대	6300만년전	공룡의 멸망
	1억3500만년전	날아 다니는 파충류의 번성기
	1억8100만년전	조류의 출현
고 생 대	2억3900만년전	공룡의 출현
	2억8000만년전	파충류와 곤충류의 출현
	4억년전	양서류의 출현
	4억1000만년전	최초의 육지 식물 및 곤충 화석 발견
	4억6000만년전	최초의 어류 화석 발견
캠 브 리 아 기	5억~6억년전	최초의 식물 화석 발견
선 캠 브 리 아 기	38억년전	최고(最古)의 화석 및 암석
	46억년전	지구의 탄생

참고 문헌

1. 태양계는 살아 있다. 민영기 지음, 겸지사 (1997)
2. 교사를 위한 천문학의 이해, 최승언 지음, 서울대학교 출판부 (1992)
3. 인간과 우주, 박창범 지음, 가람기획 (1995)

9

외계 행성

우리는 종종 우주 내의 다른 생명체의 존재에 대하여 궁금해 한다. 생명체는 태양과 같은 항성에는 존재할 수 없고 지구와 같은 행성에서만 존재가 가능하다. 따라서 외계 생명체의 존재에 대한 의문을 해결하는 첫 단계는 행성이 우리 태양계 외에 또 존재하느냐 하는 의문에 대한 답을 구하는 것이다. 그러나 불행히도 태양 이외의 항성에 속한 행성을 찾아내기란 매우 어려운 일이다. 행성은 스스로 빛을 내지 못하고 단지 항성에서 오는 빛을 반사시킬 뿐이다. 이렇게 반사된 빛의 양은 항성에서 나오는 전체 광도에 비해 지극히 미미하기 때문에 항성 주위를 돌고 있는 행성을 구별하는 것은 현재의 관측 기술로도 매우 어려운 일이다.

그러나 20세기 말에 이루어진 관측 기술의 발달로 별의 운동이나 광도의 미세한 변화까지 관측이 가능해지고, 허블 우주망원경이나 능동 광학계를 탑재한 지상의 대형 망원경을 이용하여 가시광선과 적외선에서 외계 행성의 영상 관측이 가능해져 다양한 관측 방법으로 태양계 바깥에 있는 행성계의 탐사가 이루어지고 있다.[1] 예를 들면 51 페가수스라는 별의 정교한 시선 속도 관측으로 목성 정도의 질량을 가진 천체가 이 별 주위를 궤도 운동하는 것을 발견하였고, 펄사의 경우에는 더 미세한 운동까지 감지할 수 있기 때문에 목성 정도 질량의 짝별이 발견된 펄사가 몇 개 있다. 그러나 펄사는 이미 항성 진화를 마친 후에

[1] 현재까지 약 430개의 행성이 발견되었으며, 이 중 2개 이상의 행성을 가진 외계 행성계도 48개 발견되었다. 가장 최신의 외계 행성 발견 자료는 http://exoplanets.eu에서 찾을 수 있다.

만들어지는 별이라서 펄사 주변의 행성에 생명체가 존재하는 것은 불가능하다. 또 펄사를 중심으로 돌고 있는 행성이 우리 태양계의 행성과 같이 별이 탄생할 때 만들어졌는지 아니면 진화를 마친 후 별로부터 나온 물질로 만들어졌는지도 확실치 않다.

위에서 예를 든 51 페가수스와 같은 경우 별의 질량은 태양 질량과 비슷하지만 목성 질량을 갖는 행성이 별과 너무 가까이 있어 생명체를 만들고 유지시키기에는 행성 표면 온도가 너무 높다. 따라서 행성의 발견이 곧 고등 생명체의 발견을 뜻하는 것은 아니기 때문에 우리 태양계 밖에서 생명체를 찾아내는 것은 더욱 어려운 일이다.

그러나 외계 생명체 탐사의 첫 걸음은 이미 내딛었다. 허블 우주망원경이 HD 189733 b 라는 외계 행성에서 메탄과 물을 발견하였고, 차세대 거대망원경과 우주망원경들이 외계 행성과 외계 생명체 탐사라는 구체적 목표를 가지고 제작되고 있기 때문이다.

1. 외계 행성의 발견

태양계 밖에도 행성이 있을 것이라는 생각은 16세기부터 있었으나 최초의 외계 행성이 발견된 것은 20세기 말의 일로 아직 20년도 채 되지 않았다. 1995년 51 Peg란 태양과 온도나 광도 등 특성이 유사한 별의 시선속도 관측으로부터 외계 행성의 존재가 확인된 이래 2010년 1월 중순까지 발견된 외계 행성의 수는 430 여개에 달한다. 이 중에는 한 개 이상의 행성이 발견된 외계 행성계도 48 개나 된다. 2009년 초에는 우리나라의 연구진도 외계 행성계를 한 개 발견하여 이 분야의 연구 경쟁에 합류하였다.

태양계 밖에 다른 행성계가 존재할 것이라는 것을 추론하는 것은 어려운 일이 아니다. 왜냐하면 태양계든 외부 행성계든 이들의 생성은 모두 별의 생성 과정에 수반되어 나타나는 현상이어서 외계 행성계의 개수는 별의 개수에 비례하여 많을 것이기 때문이다. 물론 모든 별의 생성이 행성계의 생성을 가져오는지는 알 수 없지만 적어도 외계 행성계가 드문 현상이 아닌 것은 확실하다. 그럼에도 불구하고 최근에 와서야 외계 행성계가 관측되기 시작한 이유는 행성들은 스스로 빛을 내지 않고 별빛을 반사하여 빛나고 행성이 별보다는 훨씬 작기 때문에 별 빛에 가려 행성을 직접 보는 것이 어렵기 때문이다.

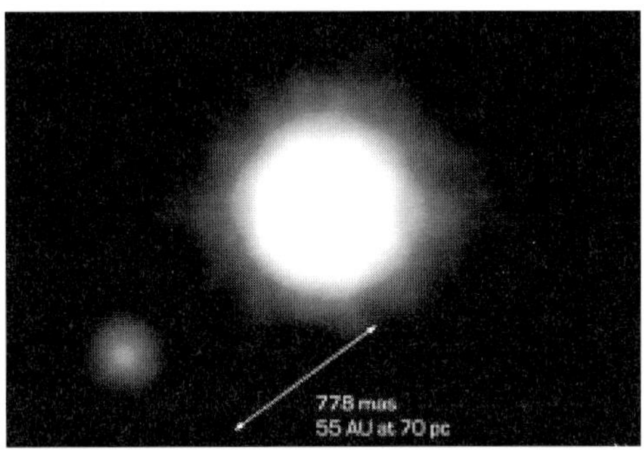

그림 9-1. 최초의 적외선 영상으로 관측된 외계 행성 2M1207 b의 모습(사진제공 : ESO VLT).

외계 행성 또는 외계 행성계가 관심을 끄는 이유는 무엇일까? 이것은 외계 행성이야 말로 지구 밖에서 생명체가 살 수 있는 유일한 터전이 될 수 있기 때문이다. 물론 모든 외계 행성에 생명체가 살 수 있는 것은 아니지만 이들 중 상당수는 생명체가 서식할 수 있는 환경을 갖출 수 있다고 보기 때문이다. 특히, 이들 중 일부는 지구와 유사한 환경을 가질 수 있기 때문에 고등 생명체가 존재할 수 있을 가능성이 있다. 2010년 1월에 NASA는 향 후 수년 안에 지구와 유사한 행성을 발견할 수 있는 가능성이 있다는 발표를 하여 이제 외계 행성이나 외계 생명체 문제가 더 이상 공상 과학 소설에서만 가능한 이야기가 아니며, 외계 행성과 외계 생명체의 연구가 21세기 천문학의 중요한 과제가 되었다.

2. 외계 행성의 관측

지금까지 이루어진 외계 행성의 발견은 대부분이 별의 시선 속도를 관측하여 이루어졌다. 2010년 1월까지 시선 속도 관측으로 394개의 외계 행성이 발견되었고, 행성의 성면 통과 관측으로 69개가 관측되었다. 미세중력렌즈 방법과 영상 관측으로 발견된 외계 행성은 각 각 9개씩이다.

외계 행성을 가진 별은 얼마나 될까? 현재까지의 관측 결과로부터 유추해보면 태양과 유사한 별들이 행성을 가질 확률은 약 50%에 이른다. 이들 별에서 관측된 외계 행성은 지구 질량의 10배 보다 작은 질량을 가지는 행성이 전체의 5% 정도 밖에 되지 않는다. 관측된 대부분의 외계 행성이 목성처럼 질량이 큰 행성들이며 이들 중 상당수가 궤도 반지름이 짧은 뜨거운 목성과 같은 행성들이다. 이제 까지 발견된 외계 행성의 상당수가 뜨거운 목성과 같은 행성인 이유는 이러한 외계 행성이 시선 속도 관측이나 성면 통과 관측에 유리하기 때문이다.

지금까지 행성이 발견된 별은 대부분이 태양 정도의 질량을 가진 별이다. 외계 행성 탐사가 태양과 비슷한 별에 집중된 이유는 태양과 같은 별이 지구형 행성을 가질 확률이 높기 때문이다. 태양보다 질량이 너무 작을 경우 행성의 생성 자체가 어렵거나 행성이 있다고 해도 흐려서 관측이 어렵고, 질량이 너무 큰 별에서는 별에서 방출되는 복사 때문에 행성의 생성 자체가 어렵다.

2.1 시선 속도 관측

시선 속도 관측법은 별 주변을 행성이 돌고 있을 경우 별의 시선 속도에 나타나는 주기적인 변화를 관측하여 행성의 존재 유무와 함께 행성의 질량이나 별로부터 떨어진 정도를 알아내는 방법이다. 별의 시선 속도에 주기적인 변화가 생기는 이유는 별과 행성은 이들의 질량 중심에 대해 서로 돌기 때문에 이 운동이 별의 공간 운동에 더해져 수 년 또는 수 십 년을 주기로 시선 속도가 변하는 현상이 나타나는 것이다.

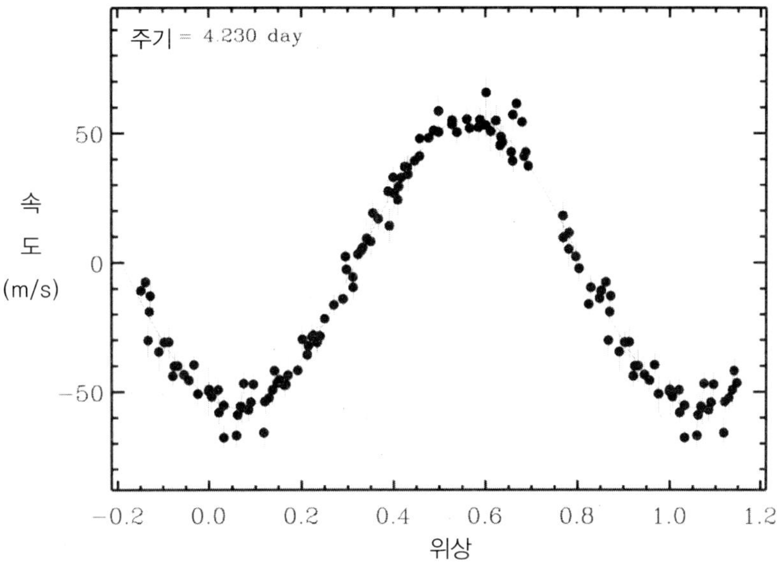

그림 9-2. 행성의 존재를 최초로 확인시켜준 51 Peg의 시선 속도 곡선(그림 출처: Bildsten et al., 1997, Astrophysical Journal, 481, 926).

별의 시선 속도 관측은 19세기 천체 분광학이 도입된 이래 꾸준히 이루어져 왔지만 20세기말에 와서야 별의 시선 속도 관측으로 행성의 존재를 알 수 있게 되었다. 행성의 질량이 별의 질량보다 훨씬 작아 행성에 의해 생기는 시선 속도의 변화가 수 m/s 정도에 불과하기 때문에 높은 분해능을 가지는 분광기로 시선 속도를 관측해야 하는데 이러한 분광기가 개발되어 관측에 사용할 수 있게 된 것이 최근의 일이었기 때문이다.

2.2 성면 통과 관측

시선 속도 다음으로 많은 외계 행성을 발견한 성면 통과 관측은 어떤 행성이 별 앞을 지날 때 별 빛이 흐려지는 현상을 이용하는 것이다. NASA가 2009년 3월에 쏘아 올려 지구형 행성 탐사를 중요한 목표로 내건 케플러 우주망원경도 행성의 성면 통과 현상을 관측하여 행성을 발견하기 위한 것이다. 케플러 우주망원경은 약 100,000개의 별을 관측하게 되므로 이제껏 발견된 것보다 더 많은

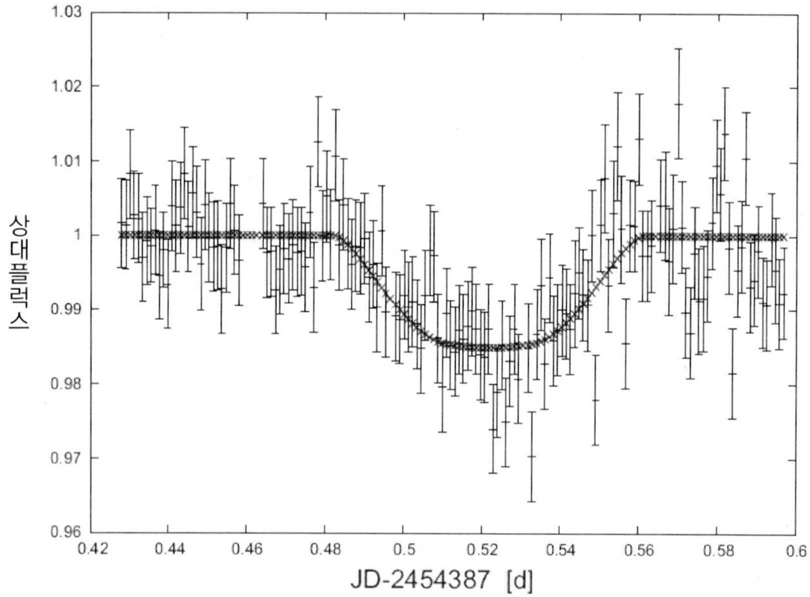

그림 9-3. 행성이 별을 앞을 통과할 때 일어난 별빛의 변화를 보여주는 광도 곡선.

외계 행성을 발견할 것으로 기대하고 있다.

행성의 성면 통과 방법의 장점 중의 하나는 행성의 크기를 광도 곡선으로부터 알 수 있다는 것이다. 행성의 크기를 알 수 있으면 시선 속도 관측으로부터 행성의 질량을 구해 행성의 밀도를 알 수 있고 이로부터 행성의 구조를 알 수 있다. NASA가 지구형 행성을 비롯한 외계 행성 찾기를 위해 야심적으로 쏘아 올린 케플러 우주망원경도 성면 통과를 관측을 통해 행성을 찾으려는 것이다.

2.3 미세 중력렌즈 관측

미세 중력렌즈를 이용하여 외계 행성을 찾는 방법은 성면 통과와는 반대로 행성에 의해 별 빛이 밝아지는 현상을 이용하는 것이다. 이 방법은 은하계의 암흑 물질을 찾는 방법으로 은하계의 중앙팽대부나 마젤란은하에 있는 별에서 나온 빛이 별과 관측자 사이에 있는 암흑 물질이나 보이지 않는 별이 만드는 중력

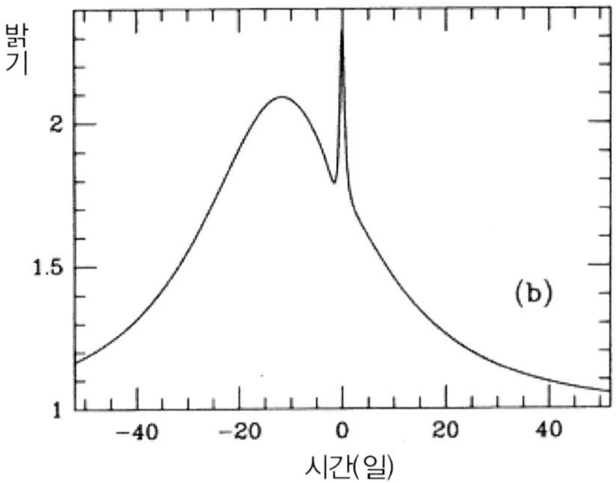

그림 9-4. 별과 행성의 미세 중력 렌즈에 의해 증폭된 별빛의 변화를 나타내는 광도 곡선.

렌즈에 의해 별빛이 밝아지는 현상을 관측하는 것을 응용한 것이다. 별과 관측자 사이에 미세 중력 렌즈를 일으키는 별이 행성을 가지고 있을 경우 별 빛이 밝아지는 형태가 달라지는 데 이를 분석하면 미세 중력 렌즈 역할을 하는 별에 딸린 행성의 크기나 미세 중력 렌즈로 부터 떨어진 거리 등을 알 수 있는 것이다.

미세 중력 렌즈 현상을 이용하여 행성을 찾는 방법으로 발견한 행성이 성면 통과 방법으로 발견된 행성의 수보다 크게 적은 이유는 별에 의한 중력 렌즈 현상이 일어나는 확률이 작기 때문이다. 미세 중력렌즈를 이용한 행성 관측이 가지는 또 다른 문제는 시선 속도 관측이나 행성의 성면 통과 관측은 되풀이하여 그 결과를 확인할 수 있는 반면, 미세 중력 렌즈에 의한 광도 변화는 일회성으로 일어나는 현상이기 때문에 후속 관측으로 검증할 수 없다는 것이다.

2.4 직접 영상 관측

외계 행성 발견에서 무엇보다 극적인 것은 행성의 영상을 직접 관측하는 것이다. 그러나 행성의 밝기가 행성을 거느리는 별에 비해 훨씬 흐리기 때문에 이 방법은 최근에 와서야 성공하였다. 최초의 외계 행성의 영상 관측으로 보고된 것은 2004년 유럽 남천문대(ESO)에서 VLT(Very Large Telescope)를 이용해 발견한 2M1207라 불리는 갈색 왜성 주위를 도는 행성이다. 2M1207 b라 명명된 이 행성이 실제 행성인지 여부에 대한 논란이 있었으나 이 천체의 스펙트럼 특성에 의하면 목성보다 5배 정도 큰 행성이라는 것이다.

외계 행성의 가시광선 관측은 허블 우주망원경에 부착된 코로나 그라프를 이용하여 2004년 처음으로 이루어졌다. 코로나 그라프는 태양의 코로나를 일식이 아닐 때도 관측할 수 있는 기구인데 망원경에서 빛이 통과하는 경로에 태양을 가리는 장치를 넣고 망원경의 초점면에 카메라를 부착하여 언제나 태양의 코로나를 찍을 수 있도록 한 장치다. 행성의 직접 영상을 얻기 위해서도 별에서 나오는 빛을 가려야 하는데 2004년 허블 우주망원경에도 이러한 코로나 그라프를 장착하여 외계 행성 탐사에 나선 것이다.

그림 9-5는 허블 우주망원경에 장착된 코로나 그라프를 이용하여 포말하우트 별 주위를 돌고 있는 Fomalhaut b란 행성의 가시광선 영상을 찍은 사진이다. 이관측은 외계 행성 발견 역사에서 중요한 의미를 가진다. 그 이유는 우리가 물체를 볼 때 사용하는 것과 같은 파장으로 관측함으로서 외계 행성의 존재를 되돌릴 수 없는 사실로 확인하였다 점이다. 그림의 우측 하단에 있는 작은 상자 속의 그림에서 알 수 있듯이 외계 행성 Fomalhaut b는 코로나 그라프로 가린 포말하우트 주위를 돌고 있다.

외계 행성 Fomalhaut b의 존재가 확인되던 날 외계 행성 연구에서 또 다른 중요한 업적인 외계 행성계에 대한 적외선 영상 관측도 발표되었다. 하와이의 켁(Keck) 망원경을 이용하여 관측한 외계 행성계의 적외선 사진에는 3개의 외계 행성이 별 주위를 돌고 있는 것이 드러나 있었다(그림 9-6). 특히 이 외계 행성계는 HR 8799라는 별에 딸린 것으로 2007년 제미니(Gemini) 망원경을 이용한 관측으로 2개의 행성이 있는 것으로 알려졌 있었으나 켁 망원경의 적외선 영상 관측에 의해 한 개가 더 있는 것으로 밝혀진 것이다.

외계 행성계의 존재는 이미 수년 전에 허블 우주망원경에 의해 원시성 주변을 돌고 있는 외부 행성계의 모태가 되는 원반을 발견함으로서 예측되어 왔다.

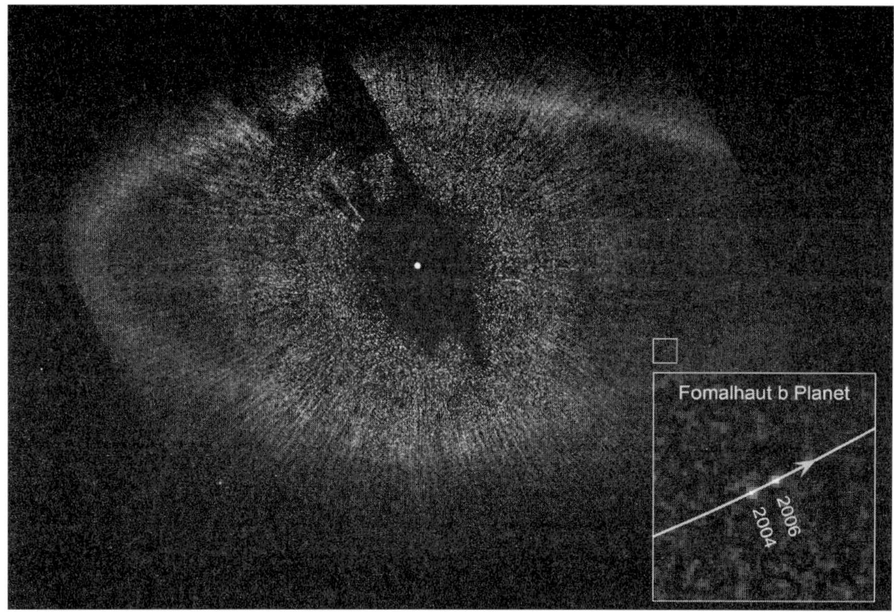

그림 9-5. 포말하우트 주위를 돌고있는 Fomalhaut b의 가시광선 사진(사진 제공 : NASA).

최근에는 55 Cancri와 같이 5개의 행성을 가진 외계 행성계도 발견되어 외계 행성계의 존재가 새로운 발견은 아니지만 직접적인 적외선 영상 사진은 외계 행성계 연구에 새 전기를 마련하고 있다.

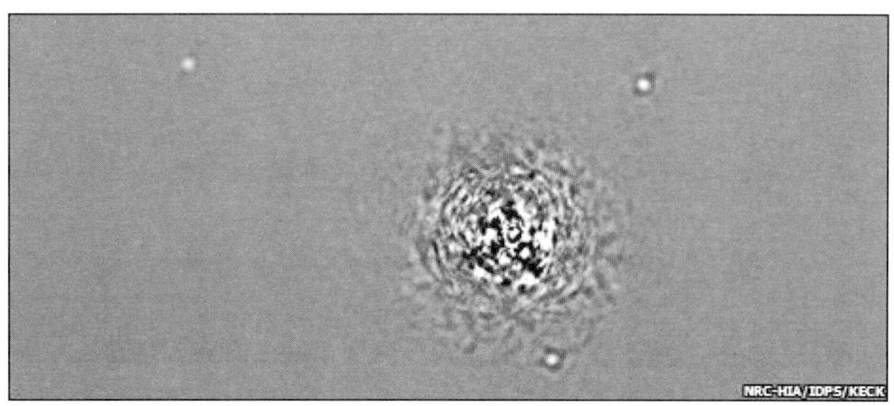

그림 9-6. HR 8799에서 발견된 3개의 행성으로 된 외계 행성계의 적외선 사진(사진제공 : Keck 천문대).

2.5 펄사 시간 관측

외계 행성 관측에서 초기에 이루어진 각 관측이 모두 최초의 외계 행성의 발견이라고 주장하고 있지만 사실 외계 행성의 존재를 알려준 최초의 관측은 펄사의 시간 측정에서 알려졌다. 중성자별 주위에 행성이 돌고 있을 경우 중성자성의 운동이 영향을 줘서 매우 주기가 안정되어 있는 펄사의 주기를 규칙적으로 변화시키게 된다. 이러한 펄사 주기의 변화는 시선 운동에 의해 나타나는 도플러 효과와 그 원리가 같으나 훨씬 더 정확하게 속도를 측정할 수 있다는 장점이 있다. 이러한 방법으로 최초로 그 존재가 알려진 행성은 1992년 볼츠칸(Wolszcan)과 프라일(Frail)에 의한 PSR 1257+12의 주위를 돌고 있는 행성으로서 태양계 밖에도 행성이 존재한다는 것을 알려준 최초의 외계 행성 발견이었다.

2.6 측성학적 관측

외계 행성 발견의 또 다른 유력한 방법은 측성학이다. 측성학은 천체의 위치를 정확하게 측정하는 방법으로서 19세기말부터 사진 건판이 천체의 관측에 사용되면서 천체의 정확한 위치 측정에 본격적으로 도입되었다, 측성학에 의해 천체의 위치를 정확하게 알 수 있게 되면서 동반성이 보이지는 않지만 위치 변화로부터 쌍성으로 밝혀진 별도 많이 생기게 되었고 일부 사람들은 외계 행성을 발견했다고 주장하기도 하였지만 측성학적인 방법으로 발견된 최초의 외계 행성은 2009년 허블 우주망원경이 관측한 VB 10 b이다. 2002년에도 허블 우주망원경으로 Gliese 876에서 측성학적인 방법으로 행성을 관측하였지만 이 별은 이미 다른 방법에 의해 행성을 가지고 있는 것이 알려진 천체였고 허블 우주망원경의 측성 관측은 이를 확인한 것이었다.

수 십 광년 범위에서 목성이나 토성 정도의 질량을 가진 행성을 측성학적인 방법으로 찾기 위해서는 천분의 일초 정도의 위치 측정 정확도가 필요하며, 지구와 같은 행성을 찾기 위해서는 이보다 수 십배 더 정밀한 위치 측정이 요구된다. 이러한 정밀도 달성을 위해 NASA는 우주 간섭계인 심(SIM)을 추진 중이고, 유럽우주국은 L2 궤도에서 관측하게 되는 가이아(GAIA) 계획을 추진 중이다.

3. 외계 생명체 탐사

20세기 말부터 천문학 연구에서 주목을 받고 있는 외계 행성 연구의 가장 중요한 목적은 외계 생명체를 찾는 일일 것이다. 외계 생명체 연구를 다루는 학문 분야를 총칭하여 천체생물학이라 부르는데 21세기 천문학 중 가장 중요한 분야의 하나가 될 것이다. 외계 생명체 탐사는 아직 걸음마 단계에 불과하지만 지난 10여년간 이루어진 외계 행성 탐사의 눈부신 성과에 힘입어 곧 비약적 발전을 할 것으로 보여진다. 외계 생명체 탐사는 크게 두 가지로 나눌 수 있다. 한 가지는 우주 탐사선을 이용하여 태양계에서 생명 현상을 찾는 일이고, 다른 한 가지는 외계 행성의 대기를 분광 관측하여 외계 행성에 생명체의 흔적이 될 수 있는 원소가 있는가를 조사하는 일이다.

3.1 태양계의 생명체

태양계의 생명체 탐사에서는 화성이 주 연구 대상이었고, 이미 화성에 물이 있었다는 것을 확인하였다. 1965년 마리너 4호에 의한 화성 탐사에서는 화성 표면이 운석구덩이가 많이 있는 거친 표면을 가지고 있으며, 생명체가 살 가능성이 거의 없다고 보였다. 그러나 1971년 11월 화성 주위를 돌며 칠 천 여장의 사진을 보내온 마리너 9호의 탐사에서는 화성에 강의 흔적, 높은 산, 협곡 등 생동감 있는 지형들이 있음을 알 수 있었고, 이로부터 화성에 생명체가 있을 가능성이 높다고 생각하게 되었다.

NASA는 마리너 9호 이후에 바이킹 1호와 2호를 화성에 착륙시켜 지형이나 대기의 조사와 함께 생명체의 존재 유무를 밝혀 줄 실험을 수행하였으나 화성 토양에서 살아있는 생명체를 검출하는 데는 실패했다. 그러나 이 실험의 실패가 화성에 생명체가 없다는 것을 보여주는 것은 아니라고 믿었기 때문에 NASA는 일련의 후속 탐사를 수행할 계획을 세웠다. 1996년 화성에 보낸 글로벌 서베이어호는 화성의 지형을 분석할 수 있도록 착륙한 지점 주위 10~20미터 정도를 이동하며 다양한 실험을 수행하였다.

화성에 생명체가 살았던 흔적이 지구에 떨어진 ALH84001이란 운석에 나타나 있다는 주장이 제기되어 많은 사람의 관심을 끌었다(그림 9-7). 1996년 보고된 이 운석은 화성에서 떨어져 나온 것으로 추정되지만 이 운석에 나타난 박테리아 모양이 실제 생명체에 의한 것인지에 대해서는 아직도 논란이 계속되고 있다. 또 이 운석이 지구에 떨어진 후 지구 생명체가 들어간 것이라는 주장도 제기되고 있다.

2001년에는 화성 주위를 도는 마르스 오딧세이호를 보내 화학물질의 분포를 조사하여 화성의 남반구 위도 60도 지역 지표면 아래에 얼어있는 대량의 물을 찾아내었다. NASA는 2004년에 스피릿과 어포튜니티를 화성에 착륙시켜 주위를 돌아다니며 지질 조사를 하고 있다. 원래 예상 보다는 훨씬 오랫동안 화성에

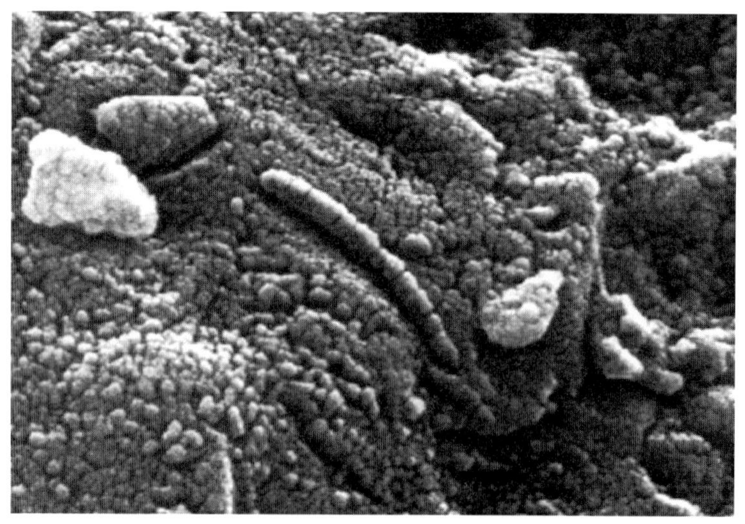

그림 9-7. ALH84001라고 명명된 운석에 보이는 박테리아 모양의 화석. 아직 이 운석은 화성에서 출발해 지구로 유입된 것으로 알려져 있어 최초의 외계 생명체가 아닌가 하는 논란을 불러 일으켰다.

서 지질 조사 등 각종 실험을 수행하며 이제까지 수 십 만장의 화성 표면 사진을 지구로 보내왔다. 이들이 보내온 사진과 자료를 보면 화성엔 과거에 운석 충돌이 많았고, 화산 활동도 활발했으며, 무엇보다 표면에 물이 있었음이 틀림없다.

3.2 외계 행성의 생명체

외계 생명체를 찾기 위해서는 지구와 같이 생명체가 서식할 수 있는 조건을 갖춘 행성을 찾는 것이 우선적인 과제다. 이러한 조건을 갖추기 위해서는 질량이 지구처럼 작아야 하나 작은 질량의 행성은 어느 방법을 이용하든 발견이 어렵다. 지구보다 질량이 너무 작을 경우 대기를 보유할 수 없어 생명체가 서식할 수 없고, 질량이 너무 크면 행성이 만들어지는 과정에서 수소와 헬륨을 충분히 끌어들여 목성과 같은 기체로 된 행성이 되어버리기 때문이다.

현재 지구 정도 크기의 외계 행성을 탐사하는 노력의 첨병 역할은 NASA가 2009년 3월 쏘아 올린 케플러 우주망원경이다. 케플러 우주망원경은 지름이 0.95미터 이고 12° 정도의 아주 넓은 시야각을 가지고 있어 한꺼번에 약 100,000개의 별을 보며 밝기 변화를 추적하게 된다. 케플러 망원경 주요 목적은 지구 정도 크기를 갖는 외계 행성의 발견이지만 이 망원경으로 먼저 발견한 5개의 외계 행성은 뜨거운 목성이라고 부르는 질량이 크고 몹시 뜨거운 행성들이었다. 2010년 1월 발표된 이들 행성은 Kepler 4b, 5b, 6b, 7b, 8b로 명명되었고, 온도가 1200도C에서 1650C 정도에 이를 것으로 생각되기 때문에 생명체는 살 수 없는 행성들이다. 원래 목표인 지구 크기를 갖는 행성의 관측은 크기가 작아 어렵겠지만 앞으로 약 3년 정도의 기간 동안에 이루어질 것으로 기대하고 있다.

외계 행성을 찾고 이들에 있는 외계 생명 현상을 찾는데 이용될 보다 획기적인 망원경은 NASA가 계획하고 있는 TPF(Terrestrial Planet Finder)와 유럽우주국이 계획하고 있는 다윈(Darwin)이다. 이 두 우주망원경은 지구형 행성의 영상과 스펙트럼을 관측하여 이들 행성이 생명체가 서식할 수 있는 환경을 가지고 있는 지를 조사하게 된다. 이들 뿐 아니라 허블 우주망원경보다 모든 면에

그림 9-8. 외계 행성을 찾아 나선 케플러 우주망원경(사진제공 : NASA).

서 우수한 성능을 갖춘 차세대 우주망원경인 JWST(James Webb Space Telescope)도 외계 행성이나 외계 행성계의 원반을 직접 촬영할 뿐 아니라 스펙트럼 관측을 통하여 어떤 종류의 유기 분자들이 존재하는지를 알 수 있게 할 것이다.

가까운 미래에 외계 행성 연구에 동원되는 망원경이 이런 우주망원경 만은 아니다. 우리나라가 참여하고 있는 미국 카네기 연구소 주도의 국제 컨소시엄이 건설하고 있는 유효 지름 25미터의 GMT(Giant Magellan Telescope)나 미국이 주도하고 캐나다 등이 참여하고 있는 구경 30미터 망원경인 TMT(Thirty Meter Telescope)와 유럽의 50미터 망원경인 ELT(Extremely Large Telescope)도 고도의 분해능으로 분광관측을 수행하여 독자적인 연구 결과를 도출할 것이다. 특히, GMT의 경우는 분광 관측 뿐 아니라 JWST를 능가하는 높은 분해능으로 외계 행성 영상의 직접 관측도 가능하여 우리나라도 외계 행성 및 외계 생명체 연구의 첨단을 걸을 수 있을 것이다.

이미 우리는 허블 우주망원경을 이용하여 외계 행성 Formalhaut b의 가시광선 사진을 얻는 데 성공하였고, HD 189733 b의 스펙트럼을 관측하여 이 행성에서 메탄과 물을 발견하는 성과를 거두었다. 외계 행성의 직접 영상 관측과 스펙트럼 관측은 이제 시작에 불과하나 곧 차세대 우주망원경이나 TPF, 다아윈과 같은 외계 행성 탐사용 우주망원경의 활약으로 지구형 행성의 발견을 넘어 외계 생명체의 본격적인 탐사에 나서게 될 것이다.

3.3 외계 지성 탐사

가장 대표적인 외계 지성 탐사 프로젝트는 세티(SETI)로서 1959년에 제안되고 1960 년부터 드레이크(Drake)에 의해 체계적인 탐사가 이루어졌다. 드레이크는 26미터 지름의 전파망원경을 이용하여 1420MHz 신호를 찾는 오즈마(Ozma) 프로젝트를 수행하였으나 아무런 결과를 얻지 못하고 끝났지만 많은 사람들의 관심을 끌어 외계 지성 연구의 기폭제 역할을 하였다. NASA도 이러한 대중적인 관심에 힘입어 1000개의 100미터 전파망원경 망을 갖추거나, HRMS로 부르는 고분해능 마이크로웨이브 탐사를 계획하였으나 모두 예산 확보에 실패하였다. 그러나 이러한 노력의 결실로 1995년에는 세티 연구소가 설립되고 미국의 아레시보(Arecibo) 망원경을 위시하여 영국, 호주 등이 보유한 최고의 전파망원경을 이용한 탐사를 벌이고 집에서 외계 지성을 찾자는 캠페인인 SETI@home 프로젝트로 신호 처리의 능력을 크게 향상시켰다.

SETI 프로젝트가 아직 까지 아무 결과를 얻지 못하였다고 하여 외계 지성의 존재가 없다고 생각할 이유는 없다. 외계 지성이 인위적인 신호가 도달할 수 있는 가까운 거리에 있지 않을 수도 있고, 우리가 찾고 있는 신호가 그들이 보내는 신호와 다를 수도 있기 때문이다. 분명한 것은 이미 수 백 개의 외계 행성이 발견된 것으로부터 알 수 있듯이 은하계에는 셀 수 없을 정도로 많은 별이 있고, 별의 탄생은 행성의 탄생을 수반하는 것이 일반적이라는 것이다. 아직은 관측 능력의 한계 때문에 지구형 행성의 발견이 늦추어지고 있지만 시간문제일 뿐이고, 행성에서 생명체가 발견되는 것도 멀지 않은 미래에 이루어질 것이기 때문이다. 별의 생성이나 행성의 생성이 어디에서나 일어날 수 있는 일인데 굳이 우리 인간만이 우주에서 특별한 존재라고 주장할 이유는 어디에도 없다.

참고 문헌

1. 태양계는 살아 있다. 민영기 지음, 겸지사 (1997)
2. 우주 탐험의 미래, 로버트 재스트로 지음, 이상각 옮김 을유문화사 (1999)

10

우주 탐사

인간의 우주에 대한 탐구인 천문학적 연구는 넓은 의미에서 우주 탐사 활동이라 할 수 있다. 그러나 대부분의 탐사 활동은 지구 표면에서 육안이나 망원경을 통해 외부로부터 오는 빛을 받아 이를 분석하는 것이었다. 인류가 처음으로 지구 대기권 밖으로 위성을 쏘아 올린 것은 1957년의 일이다. 그후 로켓 기술은 폭발적으로 발달하여 무인 또는 유인 인공위성을 지구 대기권 밖으로 쏘아 올려 본격적인 탐사를 시작하였다. 수많은 인공위성이 지구 상공을 돌고 있거나 태양계의 다른 천체 탐사를 위해 발사되었다. 불과 40년 사이에 나타난 변화이다.

우주 탐사의 목적은 크게 실용적인 것과 학문적인 것으로 나눌 수 있을 것이다. 이 장에서는 지난 수 십년 동안 이루어진 우주 탐사의 과정을 살펴보고 앞으로의 전망에 대하여 알아본다.

1. 우주 탐사의 역사

1.1 우주 개발의 여명

인간이 하늘을 날 수 있게 된 이후 아마도 많은 사람들이 지구 밖으로 나가 보는 것을 꿈꾸었을 것이다. 아직도 일반인에게 우주 여행은 불가능한 일이지만 우주 여행을 소재로 한 공상 과학 소설은 로켓이 실제 지구 대기 밖으로 쏘아 올

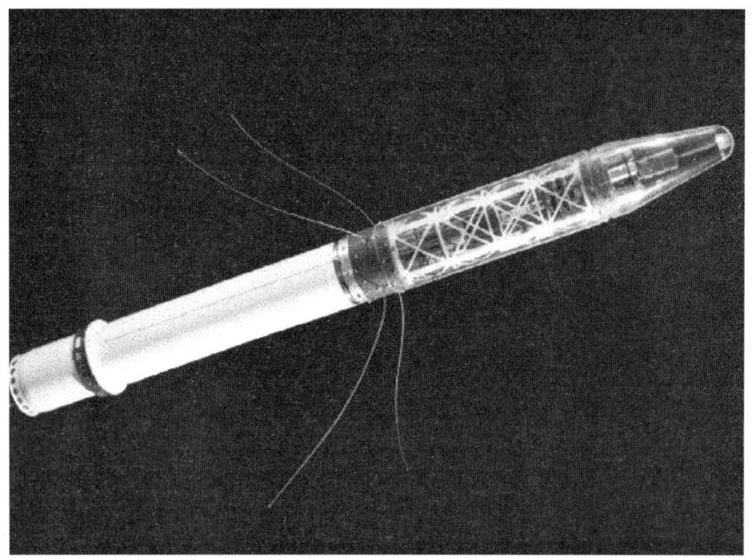

그림 10-1. 미국의 최초 인공 위성인 익스플로러 1호(사진 제공 : NASA).

려지기 전부터 나와 있었다.

연료를 연소시켜 분사시키면서 물체를 날려 보내는 로켓의 기원은 13세기 중국의 금나라에서였다고 한다. 현대적 의미의 로켓은 먼 지역에 폭탄을 투하시키기 위해 2차 대전 중 독일에서 만들어진 것이다. 미국과 소련은 이들의 기술을 받아 지구 대기권 밖으로 물체를 실어 보낼 수 있는 강력하고 정교한 로켓을 만들기 시작하였다. 1950년대 말부터 진행된 소련과 미국과의 경쟁은 숨가쁘게 진행되었다. 초기 로켓은 지구의 먼 곳으로 물체를 날려 보내기 위해 개발되기 시작했으나 곧 지구 대기권 밖으로 인공 위성을 보내는데 응용되었다.

소련은 1957년부터 1958년까지 세 차례의 스푸트니크 위성들을 쏘아 올려 지구 상층 대기, 자기장, 이온층에 대한 연구를 수행하였다. 미국도 1958년 익스플로러 1호(그림 10-1)를 발사하여 지구의 복사 벨트를 발견하였다. 미국은 우주 개발을 전담할 부서로 이 해에 NASA(National Aeronautics and Space Administration)를 설립하여 오늘날까지 이 기구를 통해 우주 개발을 수행하고 있다. 소련과 미국은 1959년에 각각 루나 1호, 파이오니어 4호 등을 지구 인력

권으로부터 완전히 벗어나게 하여 태양을 중심으로 한 궤도에 진입시켰다. 소련은 1959년 루나 3호를 달까지 보내어 그 때까지 전혀 알려져 있지 않았던 달 뒷면을 촬영하였다.

실용적 목적의 인공 위성의 효시는 미국에 의해 발사된 티로스 1호라는 기상 위성이었다. 미국은 곧이어 카메라를 장착한 디스커버리 14호란 첩보 위성을 발사하였다. 오늘날 가장 널리 쓰이는 상용 위성 종류인 통신용 위성은 1962년에 미국에서 쏘아 올린 텔스타 1호로서 대서양 횡단 통신에 성공하였다.

1961년 4월 12일에는 소련에서 인류 최초의 우주인인 가기린을 태운 보스톡 1호를 발사하여 지구를 한바퀴 돈 후 무사히 귀환시키는데 성공하였다. 그 직후 5월 5일에는 미국도 셰퍼드 2세라는 우주인을 태운 프리덤 7호를 성공적으로 발사하였고 곧이어 소련의 보스톡 2호는 하루동안 지구 상공을 회전한 후 무사히 귀환하였다. 이로부터 무인 위성 뿐 아니라 많은 수의 유인 위성들이 발사되기 시작하였으며, 더 멀리 가고 더 오래 견디는 인공 위성들이 속속 개발되었다. 지구에서 가장 가까운 천체인 달에 사람을 보내기 위하여 기초적인 우주선들이 개발되었다. 또 소련은 행성에도 관심을 기울여 1965년에는 비너스 3호를 발사하여 1966년 3월 1일에 금성 표면에 착륙시켰다. 그러나 금성은 두터운 대기층에 쌓여 있어 지형에 대한 정보가 전혀 없었기 때문에 착륙시의 충격으로 데이터를 얻는데는 실패하였다. 달에 최초로 연착륙한 우주선은 소련의 루나 9호였고(1966년 2월 3일) 곧이어 6월 2일에는 미국도 서베이어 1호를 무사히 착륙시켰다.

1968년 소련의 존드 5호는 처음으로 달 궤도를 돌고 지구로 귀환하였고 미국의 아폴로 8호는 사람을 태우고 달 궤도를 돈 후 무사히 돌아왔다. 곧이어 1969년 7월 20일에는 아폴로 11호가 달에 착륙하여 두 사람의 우주인이 달 표면을 걷고 무사히 돌아왔다. 이로서 달에 사람을 보내려는 노력이 처음으로 결실을 이루었고 그 후에도 여러 차례 유인 우주선이 달 표면에 착륙하여 중요한 과학적인 실험들을 수행하였다. 미국과의 유인 우주선 경쟁에서 패배한 소련은 그 후 무인 우주선을 몇 차례 달에 착륙시킨 후 암석 등의 시료를 채취한 후 지구로

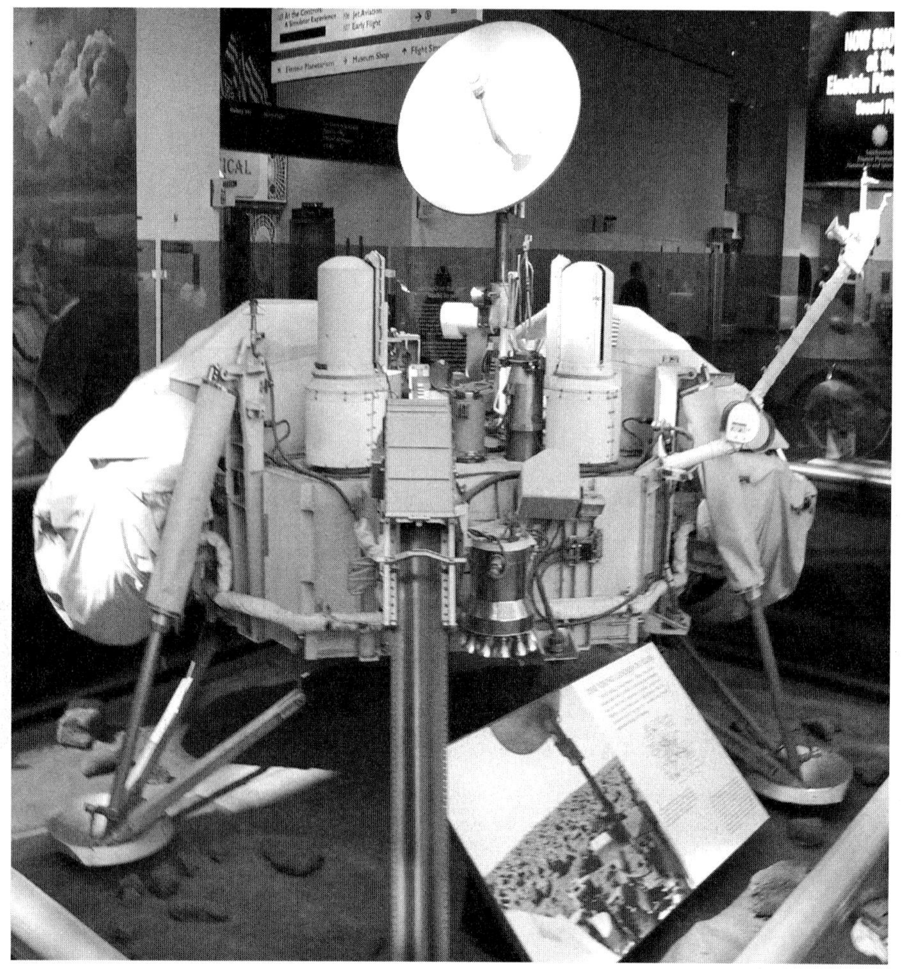

그림 10-2. 화성 표면에 착륙한 바이킹 2호의 모형(사진 제공 : NASA).

귀환시키는 성과를 거두었다.

소련의 비너스 계획으로부터 시작된 행성 탐사 노력도 계속 이어져 미국은 마리너 6호와 7호를 1969년 발사시켜 화성을 근접 촬영하였고 소련은 1970년 12월 15일 베네라 7호를 금성에 안착시켜 23분 동안 데이터를 전송케 하였다. 미국의 외행성 탐사 계획은 파이오니어 10호(1972년 3월 2일 발사)와 11호

(1973년 4월 5일 발사)로 이어져 목성, 토성 등에 대한 상세한 자료를 전송하였다. 1976년 9월 3일에는 바이킹 2호가 화성에 착륙하여 오랫동안 많은 귀중한 실험을 수행하였다(그림 10-2). 또 1976년에 발사된 보이저 1, 2호는 목성을 비롯한 외행성에 차례로 접근하면서 이들 행성뿐 아니라 이들에 속한 위성을 관측하고 지금도 태양계 밖으로의 여행을 계속하고 있다. 1970년대 이후의 우주 개발은 더욱 활발하게 진행되어 이 책에서는 더 이상 상세히 다루지 않고 천문학적인 탐사에 국한시키기로 한다.

1.2 천문학적 우주 계획들

대부분의 우주 탐사 계획은 지구 상층부나 태양계의 연구를 위한 것이었다. 천문학에의 응용은 대기권 밖에서는 지구에서 볼 수 없는 파장 영역에서도 관측이 가능하며 지구 대기의 요동에 의해 별빛이 퍼지는 효과도 없앨 수 있기 때문에 오래 전부터 천문학자들 사이에 추진되어 왔었다. 초기 우주 개발은 비용이 적게 드는 풍선을 이용한 것들이었으나 차츰 인공위성을 이용한 무인 망원경의 개발로 이어졌다. 1978년에는 아인슈타인이란 X-선 천문대를 지구 상공에 띄워 올려 30일 동안 관측을 수행하여 수많은 X-선 천체가 있음을 보였다. 1983년에 발사된 IRAS(Infrared Astronomical Satellite)는 전 하늘에 대한 적외선 관측을 수행하여 새로운 종류의 성간운과 폭발적으로 많은 별을 만들어내는 외부 은하 등을 발견하였다(그림 10-3). 1985년 1월에는 일본에서 발사한 사키가케 위성이 핼리

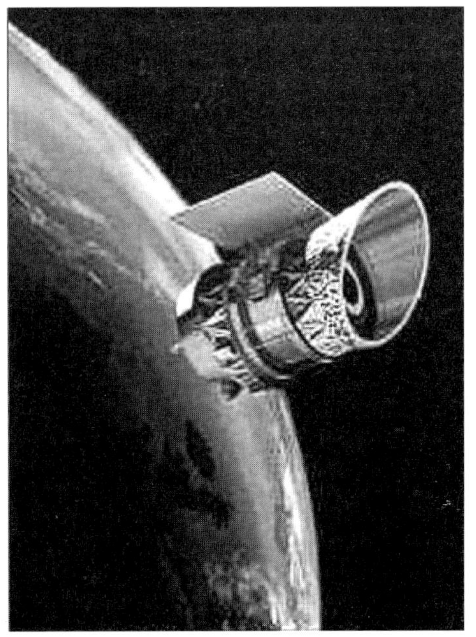

그림 10-3. 적외선 망원경 IRAS의 모습
(사진 제공 : NASA).

그림 10-4. 허블 우주 망원경(사진 제공 : NASA).

혜성에 가까이 다가가 혜성의 구조에 관한 중요한 정보를 제공해 주었다. 곧이어 유럽의 지오토 위성은 1986년 핼리 혜성에, 1992년에는 P/그릭-스켈러럽 혜성에 각각 접근하였다. 1989년에 우주왕복선에서 발사된 마젤란은 금성 주변을 돌면서 레이더를 이용해 두터운 구름에 싸여있는 금성 표면의 상세한 지도를 만들었다.

1989년에는 목성 탐사선인 갈릴레오가 역시 우주왕복선으로부터 발사되어 금성과 소행성 이다(Ida)를 근접 촬영한 후 1996년에는 목성과 그 위성에 대한 연구를 수행하고 있다. 1990년 4월 24일에는 모든 광학 천문학자들의 소원이었던 허블 우주 망원경이 우주왕복선으로부터 발사되었다. 또 1990년 10월 6일에 발사된 율리시즈 인공위성이 발사되어 목성까지 날아가 그 인력을 이용해 태양으로 날아가 태양 상층부에 대한 자료를 수집할 예정이다. 1993년 12월 2일에

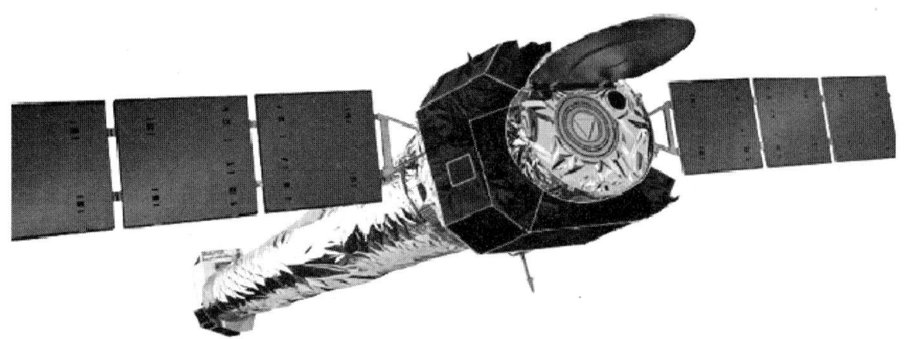

그림 10-5. 챤드라 우주망원경(사진 제공 : NASA).

는 광학계에 결함을 가지고 있던 허블 우주망원경을 우주왕복선으로 끌어들여 수리한 후 다시 궤도에 올려놓았다. 허블 우주망원경은 그 후에도 수차례 우주왕복선을 이용하여 관측 기기를 교체하거나 성능을 개선하여 천체 관측의 첨병 역할을 잘 수행하고 있다.

허블 우주망원경 이외에도 삼각 시차 관측을 위한 히파르코스, 우주 배경 복사 관측을 위한 코비와 더블유맵(WMAP) 등 특수한 목적을 위해 발사된 우주망원경과 찬드라(Chandra), 갈렉스(GALEX), 스피쳐(Spitzer) 등 X-선, 자외선, 적외선 등 지상에서 관측이 불가능한 파장대의 관측을 위해 우주에 올려진 우주망원경이 많이 있다. 이들과는 달리 특정 천체의 연구를 위해 개발된 망원경도 있는데 태양 연구를 위한 소호(SOHO)가 대표적이다. 이러한 우주망원경외에도 많은 우주망원경들이 발사되어 관측을 수행했거나 진행 중에 있다.

이러한 우주망원경들은 감마선, X-선, 자외선, 적외선 영역에서 새로운 자료를 제공해 주었을 뿐 아니라, 가시광선 영역에서도 좋은 분해능으로 천체에 대한 이해를 높이는데 많은 공헌을 하였다. 이런 이유로 앞으로도 더욱 많은 우주망원경들이 계획되어 있다.

2. 우주 개발의 미래

우주 개발은 인간의 생활에도 많은 편리를 제공해 주었다. 적도 상공에 올려져 지구의 자전 주기와 똑같은 주기로 공전하는 정지 위성은 멀리 있는 지역 사이의 통신을 쉽게 해 주고 있다. 넓은 지역에서 일어나는 기상 변화는 기상 위성이 구름 사진을 보내줌으로써 쉽사리 파악할 수 있게 되었다. 대규모 자원 탐사를 위해서는 우선 위성에서 상세한 사진을 찍어 이를 분석하는 것이 첫 번째 단계이다. 지구 대기의 오염 정도를 측정하기 위한 인공위성과 인공위성 사이의 실험도 행해지고 있다. 지상의 임의 지점 좌표는 GPS 위성을 이용함으로써 복잡한 측량 과정을 거치지 않고 정확하게 구할 수 있게 되었다.

우주 개발의 또 하나의 성과는 우주에 대한 인간 지식의 증대이다. 이미 여러 차례 언급한 바와 같이 지구의 대기는 생명체를 안전하게 유지시켜주는 보호막 역할을 하지만 수많은 천체로부터 오는 빛의 대부분을 차단하고 있다. 천문학자들은 이러한 대기 효과를 제거하기 위해 많은 망원경들을 대기권 밖으로 발사하였다. 가까이 있는 행성들에는 직접 위성을 보내 생생한 자료를 구하였다. 이러한 노력들은 물론 일상생활과는 직접적으로는 연관성이 별로 없다. 그러나 대부분의 순수 과학이 그렇듯이 새로운 지식을 얻기 위해서는 수많은 새로운 기술이 뒤따라 주어야 한다. 달에 사람이 착륙하는 것을 보고 많은 사람들이 흥분하였으나, 이를 위해 쏟아 부은 노력과 비용은 실로 엄청난 것이었다. 또한 이러한 목표를 달성하기 위해 끊임없이 새로운 기술이 개발되어야만 했다.

이러한 노력 끝에 탐사할 수 있었던 달은 지구와는 달리 많은 지질학적 진화를 겪지 않아 태양계 형성 당시의 많은 정보를 간직하고 있어 과학적으로도 대단히 중요한 정보를 제공해 주었다.

인류는 앞으로도 우주 개발을 위해 많은 노력과 비용을 투자할 것이다. 우리나라도 앞으로 30년간 수많은 인공위성을 발사할 계획을 가지고 있다. 이들 중 어떤 것은 실용적인 목적을 위한 것이고 어떤 것은 과학적 실험을 목적으로 한 것이다. 지금까지의 우주 개발 과정을 돌이켜보면 이 두 가지가 적절히 결합될 때 비로소 성공적이면서 효율적으로 진행됨을 보여주고 있다. 앞선 여러 나라에서 현재 계획하고 있는 위성 발사 계획들 중 상당수는 새로운 지식을 얻기 위한 과학 위성들이고 그 중 대부분은 천문학 연구를 위한 것이다. 이들은 단기적으로는 피부로 느낄만한 경제적 이득을 주지는 못하지만 인류의 상상력을 자극시켜 새로운 기술의 창조에 큰 공헌을 하고 있는 것이다.

참고 문헌

1. 우주 탐험의 미래, 로버트 쟈스트로 지음, 이상각 옮김, 을유문화사(1999)

우주 개발의 역사는 다음 www 홈페이지에 상세히 나와 있다.

2. http://nauts.com/histspace

부 록

1. 천문 상수
2. 물리 상수
3. 태양계 자료
   1) 행성의 궤도
   2) 위성
   3) 소행성
   4) 유성우
4. 밝은 별
5. 별자리 표
6. 우리 나라에서 본 계절별 하늘의 모습
7. 메시에 목록
8. 밝은 은하
9. 가까운 은하단

1. 천문 상수

천 문 상 수	
천문단위	$AU=1.496\times10^{13}$cm
파섹(parsec)	pc=206,265AU
	=3.26광년
	$=3.086\times10^{18}$cm
광년	$1y=6.324\times10^{4}$AU
	=0.307pc
	$=9.46\times10^{17}$cm
항성년(sidereal year)	1yr=365.2564일
	$=3.16\times10^{7}$초
회귀년(tropical year)	365.241219878일
지구의 질량	$M_{\oplus}=5.98\times10^{27}$g
지구의 적도 반지름	$R_{\oplus}=6378$km
지구의 공전 속도	$V_{\oplus}=30$kmsec^{-1}
태양의 질량	$M_{\odot}=1.99\times10^{33}$g
태양의 반지름	$R_{\odot}=6.96\times10^{5}$km
태양의 광도	$L_{\odot}=3.90\times10^{33}$ergsec^{-1}
태양의 유효 온도	$T_{eff}=5800°K$
달의 질량	$M_{☽}=7.3\times10^{25}g=0.0123M_{\oplus}$
달의 반지름	$R_{☽}=1738km=0.273R_{\oplus}$
달의 궤도 반지름	$d_{☽}=3.84\times10^{5}$km
항성월	P =27.3일
삭망월	=29.5일
은하계 중심으로부터 태양까지의 거리	$R_{\odot}=8.5$kpc
은하 중심 둘레의 태양의 속도	$V_{\odot}=220$kmsec^{-1}
은하계의 지름	=30kpc
은하계의 질량	$M=1.5\times10^{11}M_{\odot}$

2. 물리 상수

물 리 상 수	
광속도	$c=2.997925\times10^{10}cmsec^{-1}$
중력상수	$G=6.67\times10^{-8}dynecm^2g^{-2}$
플랑크 상수	$h=6.625\times10^{-27}ergsec$
볼츠만 상수	$k=1.38\times10^{-16}ergK^{-1}$
리드베르크 상수	$R=1.097\times10^5cm^{-1}$
스테판-볼츠만 상수	$\sigma=5.67\times10^{-5}ergcm^{-2}sec^{-1}K^{-4}$
수소원자의 질량	$m_H=1..67\times10^{-24}g$
전자의 질량	$m_e=9.11\times10^{-28}g$
전자의 전하량	$e=4.80\times10^{-10}esu$
전자볼트	$1eV=1.602\times10^{-12}erg$
1eV상당 파장	$1eV\rightarrow1.24\times10^4$ Å
1Å단위	1Å$=10^{-8}cm$
칼로리	$1cal=4.2\times10^7erg$
지구의 대기압	1기압=760mm Hg $=1.013\times10^6dynecm^{-2}$ $=1.034\times10^6microbar$

3. 태양계 자료

1) 행성의 궤도

행 성	항성주기 (yr)	장반경 (AU)	이심률	궤도면의 기울기	자전주기	자전축의 기울기
수성(Mercury)	0.241	0.387	0.206	7°0'15"	$58.^d65$	0°
금성(Venus)	0.615	0.723	0.007	3°23'4"	-243^d	177.3°
지구(Earth)	1.000	1.000	0.017	0°0'0"	$23^h56^m04^s$	23°27'
화성(Mars)	1.881	1.524	0.093	1°51'0"	$24^h37^m22^s$	25°11'
목성(Jupiter)	11.86	5.203	0.048	1°18'17"	9^h50^m	3°7'
토성(Saturn)	29.46	9.537	0.054	2°29'33"	10^h14^m	26°44'
천왕성(Uranus)	84.01	19.191	0.047	0°46'23"	-15^h36^m	97°52'
해왕성(Neptune)	164.8	30.068	0.009	1°46'22"	18^h12^m	29°35'

2) 위성

행성	위성	장반경(km)	주기	지름(km)	이심률	질량(g)	밀도(g/cm^3)
지구							
	달	3.84×10^5	$27^d.332$	3,476	0.055	7.35×10^{25}	3.34
화성							
	Phobos	9.38×10^3	0.319	27×21×18	0.015	9.6×10^{18}	2.0
	Deimos	2.35×10^4	1.262	15×12×10	0.0005	2.0×10^{18}	1.9
목성							
XVI	Metis	1.280×10^5	0.295	40	-		
XV	Adrastea	1.290×10^5	0.298	25×20×15	-		
V	Amalthea	1.82×10^5	0.498	270×170×150	0.003		
XIV	Thebe	2.22×10^5	0.675	110×?×90	0.02		
I	Io	4.25×10^5	1.769	3,630	0.004	8.92×10^{22}	3.53
II	Europa	6.76×10^5	3.551	3,138	0.009	4.87×10^{22}	3.03
III	Ganymede	1.08×10^6	7.155	5,262	0.002	1.49×10^{23}	1.93
IV	Callisto	1.90×10^6	16.689	4,800	0.007	1.08×10^{23}	1.7-
XIII	Leda	1.11×10^7	240	10:	0.15		
VI	Himalia	1.15×10^7	251	180	0.16		
X	Lysithia	1.17×10^7	260	20:	0.11		
VII	Elara	1.18×10^7	260	80	0.21		
XII	Ananke	2.08×10^7	617	20:	0.17		
XI	Carme	2.24×10^7	692	30:	0.21		
VIII	Pasiphae	2.33×10^7	7.35	40:	0.38		
IX	Sinope	2.38×10^7	758	30:	0.28		
토성							
XV	Atlas	1.377×10^5	0.602	38×?×26	0.000		
	1980S27	1.394×10^6	0.613	140×100×75			
	1980S26	1.417×10^5	0.629	110×85×65			
X	Janus	1.514×10^5	0.694	220×190×160	0.007		
XI	Epimetheus	1.515×10^5	0.695	140×115×100	0.009		
I	Mimas	1.855×10^5	0.942	392	0.020	3.75×10^{22}	1.19
II	Enceladus	2.380×10^5	1.370	500	0.004	8.4×10^{22}	1.13

행성	위성	장반경(km)	주기	지름(km)	이심률	질량(g)	밀도(g/cm³)
XIII	Telesto	2.947×10^5	1.888	30×25×15	-		
XIV	Calypso	2.947×10^5	1.888	?×25×20	-		
III	Tethys	2.947×10^5	1.888	1,060	0.000	7.55×10^{23}	1.20
	[무명 I]	[3.3×10^5]		[15-20]			
IV	Dione	3.744×10^5	2.739	1,120	0.002	1.052×10^{24}	1.43
XII	1980S6	3.781×10^5	2.739	36×?×<30	0.005		
	[무명 II]	[3.78×10^5]		[15-20]			
	[무명 III]			[15-20]			
V	Rhea	5.271×10^5	4.518	1,530	0.001	2.49×10^{24}	1.33
VI	Titan	1.22×10^6	15.945	5,150	0.03	1.346×10^{26}	1.88
VII	Hyperion	1.48×10^6	21.277	350×235×200	0.10		
VIII	Lapetus	3.56×10^6	79.331	1,460	0.03	1.88×10^{24}	1.16
IX	Phoebe	1.30×10^7	550.4	220	0.16		
천왕성							
V	Miranda	1.30×10^5	1.414	400:	0.003		
I	Ariel	1.92×10^5	2.520	1330	0.003		
II	Umbriel	2.67×10^5	4.144	1110	0.005		
III	Titania	4.38×10^5	8.706	1600	0.002		
IV	Oberon	5.86×10^5	13.46	1630	0.001		
해왕성							
	[무명]	[8×10^4:]	[0.5:]	[$\leq$100:]			
I	Triton	3.54×10^5	5.877	3500	0.0		
II	Nereid	5.51×10^6	365.21	400:	0.75		

* 괄호 안에 든 위성 데이터는 확인되지 않은 것들이다. :은 대략적인 값을 의미.

3) 왜소행성

왜소행성명	발견된 해	궤도장반경 α [AU]	이심률 e	궤도경사각 I[°]	궤도주기 [년]	지름 [km]	위성의 수
Pluto (명왕성)	1930	39.48	0.25	17.1	248.09	1153	1
Haumea(하우메이어)	2004	43.13	0.20	28.2	283.28	1436	2
Makemake(마키마키)	2005	45.79	0.16	29.0	309.88	~1500	0
Eris(에리스)	2005	67.67	0.44	44.2	557	~1300	0
Ceres	1801	2.77	0.08	10.6	4.6	946	0

4) 소행성

소행성명	발견된 해	궤도장반경 α [AU]	이심률 e	궤도경사각 I[°]	궤도주기 [년]	지름 [km]
2 Pallas	1802	2.77	0.23	34.8	4.6	583
3 Juno	1804	2.67	0.26	13.0	4.4	249
4 Vesta	1807	2.36	0.09	7.1	3.6	555
5 Astraea	1845	2.58	0.19	5.3	4.1	116
6 Hebe	1847	2.42	0.20	14.8	3.8	
7 Iris	1847	2.39	0.23	5.5	3.7	222
8 Flora	1847	2.20	0.16	5.9	3.3	160
9 Metis	1848	2.39	0.12	5.6	3.7	168
10 Hygiea	1849	3.14	0.12	3.8	5.6	443
433 Eros	1898	1.46	0.22	10.8	1.8	20
588 Achilles	1906	5.18	0.15	10.3	11.8	70
624 Hektor	1907	5.16	0.03	18.3	11.7	230
944 Hidalgo	1920	5.85	0.66	42.4	14.2	30
1221 Amor	1932	1.92	0.43	11.9	2.7	?
1566 Icarus	1949	1.08	0.83	22.9	1.1	2
1862 Apollo	1932	1.47	0.56	6.4	1.8	?
2060 Chiron	1977	13.64	0.38	6.9	50.4	?

5) 유성우

유 성 우	관측가능시기	최 대	방 사 점		시간당 유성수	관련혜성
			적경	적위		
Quadrantids	1월 1-5일	1월 3-4일	$15^h\ 30^m$	+52°	30-40	-
Lyrids	4월 19-25일	4월 22일	$18^h\ 20^m$	+35°	10	Thatcher
Eta Aquarids	5월 1-12일	5월 5일	$22^h\ 24^m$	0°	5-10	Halley
Perseids	7월 20일-8월 18일	8월 12일	3^h	+57°	40-50	Swift-Tuttle
Kappa Cygnids	8월 17-24일	8월 20일	$19^h\ 20^m$	+55°	5	-
Orionids	10월 17-26일	10월 21일	$6^h\ 20^m$	+15°	10-15	Halley
Taurids	10월 10일-12월 5일	11월 1일	$3^h\ 40^m$	+15°	5	Encke
Leonids	11월 14-20일	11월 17일	$10^h\ 4^m$	+22°	10	Tempel-Tuttle
Geminds	12월 7-15일	12월 13-14일	$7^h\ 28^m$	+33°	40-50	-
Ursids	12월 17-24일	12월 22일	$13^h\ 40^m$	+76°	5	-

4. 밝은 별

별	이 름	적 경	적 위	V	B−V	스펙트럼형	절대등급	거리(광년)
α CMa A	Sirius	6 42.9	-16 39	-1.46	0.00	A1 V	+1.42	8.7
α Car	Canopus	6 22.8	-52 40	-0.73	0.16	F0 I-II	-3.1	98
α Boo	Arcturus	14 13.4	19 27	-0.06	1.23	K2 III	-0.3	36
α Cen A	Rigil Kentaurus	14 36.2	-60 38	-0.29	0.72	G2 V	+4.39	4.3
α Lyr	Vega	18 35.2	38 44	0.04	0.00	A0 V	+0.5	26.5
α Aur	Capella	5 13.0	45 57	0.08	0.79	G8 II(?)	-0.6	45
β Ori A	Rigel	5 12.1	- 8 15	0.11	-0.03	B8 Ia	-7.1	900
α CMi A	Procyon	7 36.7	5 21	0.37	0.42	F5 IV-V	+2.7	11.3
α Ori	Betelgeuse	5 52.5	7 24	0.50	1.85	M2 Iab	-5.6	520
α Eri	Achernar	1 35.9	-57 29	0.46	-0.16	B3 V	-2.3	118
β Cen AB	Hadar	14 00.3	-60.08	0.60	-0.23	B1 III	-5.2	490
α Aql	Altair	19 48.3	8 44	0.76	0.22	A7 IV-V	+2.2	16.5
α Tau A	Aldebaran	4 33.0	16 25	0.85	1.53	K5 III	-0.7	68
α Cru	-	12 26.6	-63 05	1.58	-0.26	B1 IV	-4.0	391
α Vir	Spica	13 22.6	-10 54	0.96	-0.23	B1 V	-3.3	220
α Sco A	Antares	16 26.3	-26 19	0.96	1.23	M1 Ib	-5.1	520
α PsA	Fomalhaut	22 54.9	-29 53	1.16	0.09	A3 V	+2.0	22.6
β Gem	Pollux	7 42.3	28 09	1.15	1.00	K0 III	+1.0	35
α Cyg	Deneb	20 39.7	45 06	1.25	0.09	A2 Ia	-7.1	1600
β Cru	Beta Crucis	12 47.7	-59 41	1.25	-0.23	B0.5 III	-4.6	490
α Leo A	Regulus	10 05.7	12 13	1.35	-0.11	B7 V	-0.7	87
ε CMa	-	6 58.6	-28 58	1.50	-0.21	B2 II	-5.4	782
α Gem	Castor	7 34.6	31 53	1.58	0.04	A1 V	+0.9	45.6
λ Sco	-	17 33.6	-37 06	1.63	-0.22	B2 IV	-3.3	313
γ Ori	Bellatrix	5 25.1	6 21	1.64	-0.22	B2 III	-3.6	685

5. 별자리

라 틴 명	소 유 격	약 어	뜻
Andromeda	Adnromedae	And	안드로메다
Antlia	Antliae	Ant	공기 펌프
Apus	Apodis	Aps	극락조
Aquarius	Aquaril	Aqr	물병
Aquila	Aquilae	Aql	독수리
Ara	Arae	Ara	제단
Aries	Arietis	Ari	양
Auriga	Aurigae	Aur	마차부
Bootees	Bootis	Boo	목자
Caelum	Caeli	Cae	기린
Camelopardalis	Camelopardalis	Cam	조각도
Cancer	Cancri	Cnc	게
Canes Venatici	Canum Venaticorum	CVn	사냥개
Canis Major	Canis Majoris	CMa	큰개
Canis Minor	Canis Minoris	CMi	작은개
Capricornus	Capricorni	Cap	염소
Carina	Carinae	Car	용골
Cassiopeia	Cassiopeiae	Cas	카시오페이아
Centaurus	Centauri	Cen	센타우루스
Cepheus	Cephei	Cep	세페우스
Cetus	Ceti	Cet	고래
Chamaeleon	Chamaeleontis	Cha	카멜레온
Circinus	Circini	Cir	컴퍼스
Columba	Columbae	Col	비둘기
Coma Berenices	Comae Berenices	Com	머리털
Corona Austrina	Coronae Austrinae	CrA	남쪽왕관
Corona Borealis	Coronae Borealis	CrB	북쪽왕관
Corvus	Corvi	Crv	까마귀
Crater	Crateris	Crt	컵
Crux	Crucis	Cru	남십자
Cygnus	Cygni	Cyg	백조
Delphinus	Delphini	Del	돌고래
Dorado	Doradus	Dor	황새치
Draco	Draconis	Dra	용
Equuleus	Equulei	Equ	조랑말
Eridanus	Eridani	Eri	에리다누스 강
Fornax	Fronacis	For	화학로

라 틴 명	소 유 격	약 어	뜻
Gemini	Geminorum	Gem	쌍둥이
Grus	Gruis	Gru	두루미
Hercules	Herculis	Her	헤르쿨레스
Horologium	Horologii	Hor	시계
Hydra	Hydrae	Hya	바다뱀
Hydrus	Hydri	Hyi	물뱀
Indus	Indi	Ind	인도인
Lacerta	Lacertae	Lac	도마뱀
Leo	Leonis	Leo	사자
Leo Minor	Leonis Minoris	LMi	작은사자
Lepus	Leporis	Lep	토끼
Libra	Librae	Lib	천칭
Lupus	Lupi	Lup	이리
Lynx	Lyncis	Lyn	삵괭이
Lyra	Lyrae	Lyr	거문고
Mensa	Mensae	Men	테이블 산
Microscopium	Microscopi	Mic	현미경
Monoceros	Monocerotis	Mon	외뿔소
Musca	Muscae	Mus	파리
Norma	Normae	Nor	수준기
Octans	Octantis	Oct	팔분의
Ophiuchus	Ophiuchi	Oph	뱀주인
Orion	Orionis	Ori	오리온
Pavo	Pavonis	Pav	공작
Pegasus	Pegasi	Peg	페가수스
Perseus	Persei	Per	페르세우스
Phoenix	Phoenicis	Phe	봉황새
Pictro	Pictoris	Pic	이젤
Pisces	Piscium	Psc	물고기
Piscis Austrinus	Piscis Austrini	PsA	남쪽물고기
Puppis	Puppis	Pup	고물
Pyxis	Pyxidis	Pbx	나침판
Reticulum	Reticuli	Ret	그물
Sagitta	Sagittae	Sge	화살
Sagittarius	Sagittarii	Sgr	궁수
Scorpius	Scorpil	Sco	전갈
Sculptor	Sculptoris	Scl0	조각실
Scutum	Scuti	Sct	방패
Serpens	Serpentis	Ser	뱀

라 틴 명	소 유 격	약 어	뜻
Sextans	Sextantis	Sex	육분의
Taurus	Tauri	Tau	황소
Telescopium	Telescopii	Tel	망원경
Triangulum	Trinaguli	Tri	삼각형
Triangulum Australe	Trianguli Australis	TrA	남쪽삼각형
Tucana	Tucanae	Tuc	큰부리새
Ursa Major	Ursae Maoris	UMa	큰곰
Ursa Minor	Ursae Minoris	UMi	작은곰
Vela	Velorum	Vel	돛
Virgo	Virginis	Vir	처녀
Volans	volantis	Vol	날치
Vulpecula	Vulpeculae	Vul	여우

6. 우리 나라에서 본 계절별 하늘의 모습

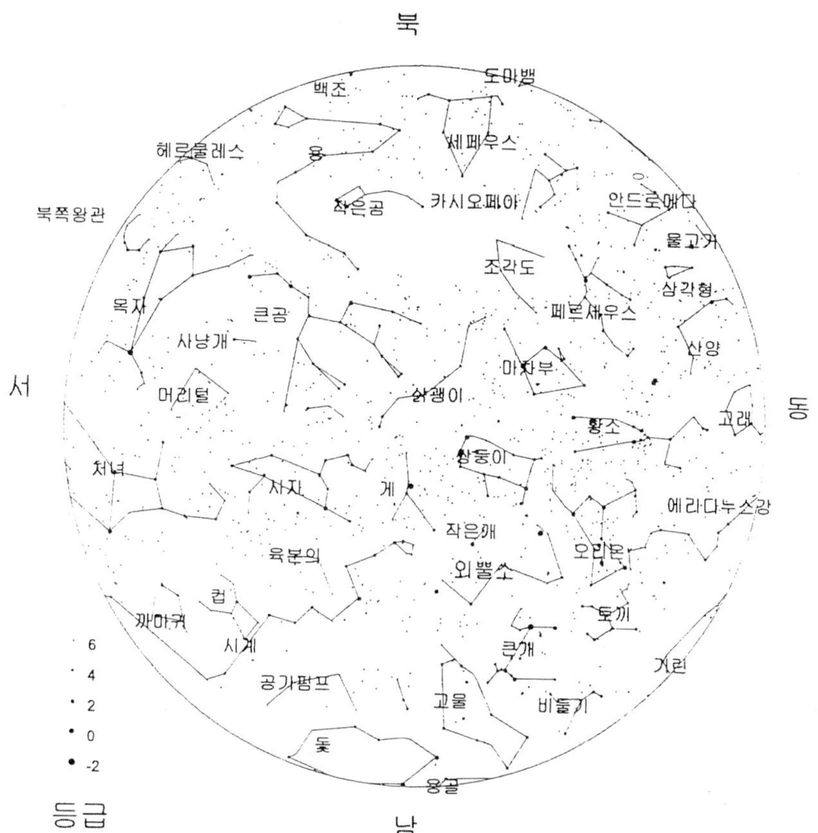

봄철의 별자리
(3월 22일 저녁 9시경)

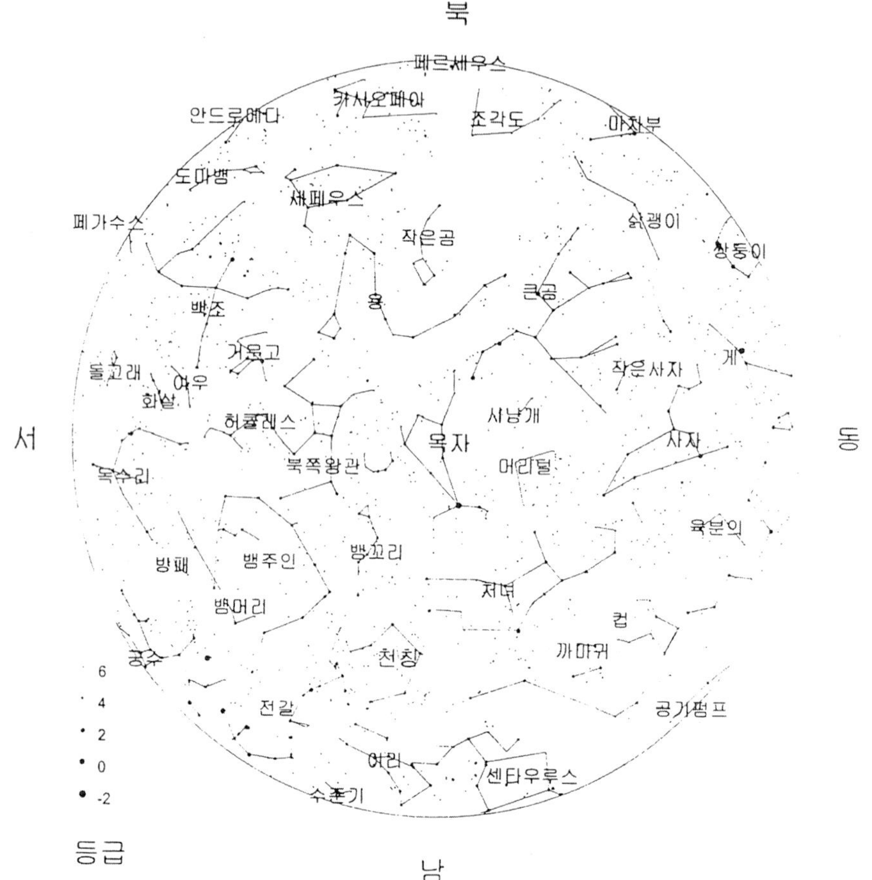

여름철의 별자리
(6월 22일 저녁 9시경)

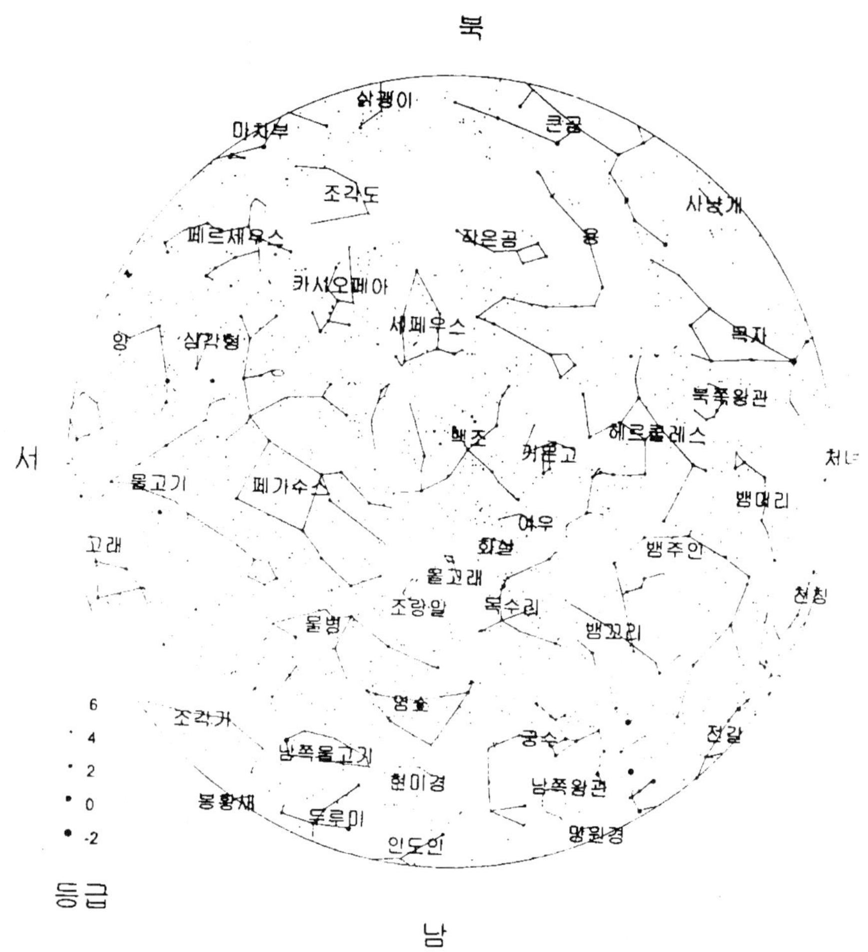

가을철의 별자리
(9월 22일 저녁 9시경)

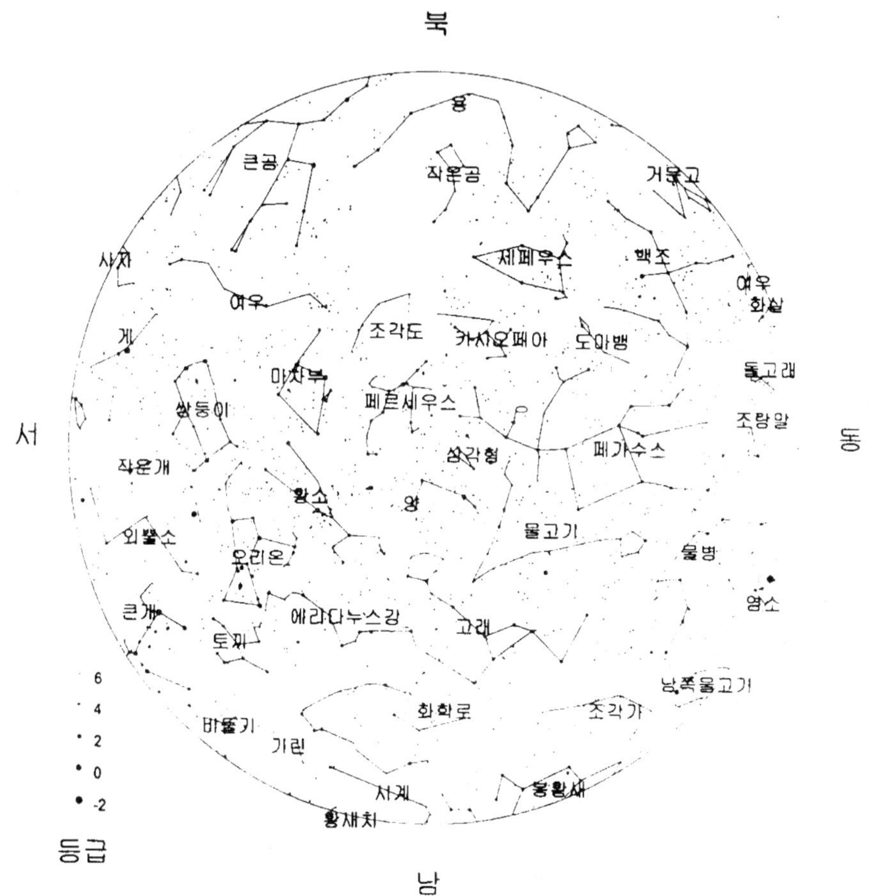

겨울철의 별자리

(12월 22일 저녁 9시경)

7. 메시에 목록

MN	NGC	적 경		적 위		별자리	형 태	별 명
		시	분	도	분			
1	1952	05	34.5	+22	01	황소	초신성잔해	게성운
2	7089	21	33.5	-00	49	물병	구상성단	
3	5272	13	42.2	+28	23	사냥개	구상성단	
4	6121	16	23.6	-26	32	전갈	구상성단	
5	5904	15	18.6	+02	05	뱀	구상성단	
6	6405	17	40.1	-32	13	전갈	산개성단	나비성단
7	6475	17	53.9	-34	49	전갈	산개성단	
8	6523	18	03.8	-24	23	궁수	성운	석호성운
9	6333	17	19.2	-18	31	뱀주인	구상성단	
10	6254	16	57.1	-04	06	뱀주인	구상성단	
11	6705	18	51.1	-06	16	방패	산개성단	Wild Duck 성단
12	6218	16	47.2	-01	57	뱀주인	구상성단	
13	6205	16	41.7	+36	28	헤르쿨레스	구상성단	Great Hercules 성단
14	6402	17	37.6	-03	15	뱀주인	구상성단	
15	7078	21	30.0	+12	10	페가수스	구상성단	
16	6611	18	18.8	-13	47	뱀	성운, 성협	독수리 성운
17	6618	18	20.8	-16	11	궁수	성운	오메가 또는 말굽 성운
18	6613	18	19.9	-17	08	궁수	산개성단	
19	6273	17	02.6	-26	16	뱀주인	구상성단	
20	6514	18	02.6	-23	02	궁수	성운	삼엽성운
21	6531	18	04.6	-22	30	궁수	산개성단	
22	6656	18	36.4	-23	54	궁수	구상성단	
23	6494	17	56.8	-19	01	궁수	산개성단	
24	6603	18	18.4	-18	25	궁수	은하수내의 별	
25	4725	18	31.6	-19	15	궁수	산개성단	
26	6694	18	45.2	-09	24	방패	산개성단	
27	6853	19	59.6	+22	43	여우	행성상성운	아령성운
28	6626	18	24.5	-24	52	궁수	구상성단	

MN	NGC	적 경		적 위		별자리	형 태	별 명
		시	분	도	분			
29	6913	20	23.9	+38	32	백조	산개성단	
30	7099	21	40.4	-23	11	염소	구상성단	
31	224	00	42.7	+41	16	안드로메다	나선은하	안드로메다 은하
32	221	00	42.7	+40	52	안드로메다	타원은하	
33	598	01	33.9	+30	39	삼각형	나선은하	삼각자리 나선은하
34	1039	02	42.0	+42	47	페르세우스	산개성단	
35	2168	06	08.9	+24	20	쌍둥이	산개성단	
36	1960	05	36.1	+34	08	마차부	산개성단	
37	2099	05	52.4	+32	33	마차부	산개성단	
38	1912	05	28.7	+35	50	마차부	산개성단	
39	7092	21	32.2	+48	26	백조	산개성단	
40	-	12	22.4	+58	05	큰곰	이중성	
41	2287	06	47.0	-20	44	큰개	산개성단	
42	1976	05	35.4	-05	27	오리온	성운	오리온 대성운
43	1982	05	35.6	-05	16	오리온	성운	M42의 일부
44	2632	08	40.1	+19	59	게	산개성단	프레세페
45	-	03	47.0	+24	07	황소	산개성단	플레이아데스
46	2437	07	41.8	-14	49	고물	산개성단	
47	2422	07	36.6	-14	30	고물	산개성단	
48	2548	08	13.8	-05	48	바다뱀	산개성단	
49	4472	12	29.8	+08	00	처녀	타원은하	
50	2323	07	03.2	-08	20	외뿔소	산개성단	
51	5194	13	29.9	+47	12	사냥개	나선은하	소용돌이 은하
52	7654	23	24.2	+61	35	카시오페이아	산개성단	
53	5024	13	12.9	+18	10	머리털	구상성단	
54	6715	18	55.1	-30	29	궁수	구상성단	
55	6809	19	40.0	-30	58	궁수	구상성단	
56	6779	19	16.6	+30	11	거문고	구상성단	

MN	NGC	적 경	적 위	별자리	형 태	별 명
		시 분	도 분			
57	6720	18 53.6	+33 02	거문고	행성상성운	가락지 성운
58	4579	12 37.7	+11 49	처녀	나선은하	
59	4621	12 42.0	+11 39	처녀	타원은하	
60	4649	12 43.7	+11 33	처녀	타원은하	
61	4303	12 21.9	+04 28	처녀	나선은하	
62	6266	17 01.2	-30 07	뱀주인	구상성단	
63	5055	13 15.8	+42 02	사냥개	나선은하	
64	4826	12 56.7	+21 41	머리털	나선은하	검은 눈 은하
65	3623	11 18.9	+13 05	사자	나선은하	
66	3627	11 20.2	+12 59	사자	나선은하	
67	2682	08 50.4	+11 49	게	산개성단	
68	4590	12 39.5	-26 45	바다뱀	구상성단	
69	6637	18 31.4	-32 21	궁수	구상성단	
70	6618	18 43.2	-32 18	궁수	구상성단	
71	6838	19 53.8	+18 47	화살	구상성단	
72	6981	20 53.5	-12 32	물병	구상성단	
73	6994	20 58.9	-12 38	물병	어두운 4별	
74	628	01 36.7	+15 47	물고기	나선은하	
75	6864	20 06.1	-21 55	궁수	구상은하	
76	650	01 42.4	+51 34	페르세우스	행성상성운	작은 아령
77	1068	02 42.7	-00 01	고래	나선은하	
78	2068	05 46.7	+00 03	오리온	성운	
79	1904	05 24.5	-24 33	토끼	구상성단	
80	6093	16 17.0	-22 59	전갈	구상성단	
81	3031	09 55.6	+69 04	큰곰	나선은하	
82	3034	09 55.8	+69 41	큰곰	불규칙 은하	
83	5236	13 37.0	-29 52	바다뱀	나선은하	
84	4374	12 25.1	+12 53	처녀	나선은하	

MN	NGC	적 경		적위		별자리	형 태	별 명
		시	분	도	분			
85	4382	12	25.4	+18	11	머리털	나선은하	
86	4406	12	26.2	+12	57	처녀	타원은하	
87	4486	12	30.8	+12	24	처녀	타원은하	
88	4501	12	32.0	+14	25	머리털	나선은하	
89	4552	12	35.7	+12	33	처녀	타원은하	
90	4569	12	36.8	+13	10	처녀	나선은하	
91	4548	12	35.4	+14	30	머리털	나선은하	
92	6341	17	17.1	+43	08	헤르쿨레스	구상성단	
93	2447	07	44.6	-23	52	고물	산개성단	
94	4736	12	50.9	+41	07	사냥개	나선은하	
95	3351	10	44.0	+11	42	사자	막대나선은하	
96	3368	10	46.8	+11	49	사자	나선은하	
97	3587	11	14.8	+55	01	큰곰	행성상성운	올빼미성운
98	4192	12	13.8	+14	54	머리털	나선은하	
99	4254	12	18.8	+14	25	머리털	나선은하	
100	4321	12	22.9	+15	49	머리털	나선은하	
101	5457	14	03.2	+54	21	큰곰	나선은하	바람개비 은하
102	5866	15	06.5	+55	46	큰곰	나선은하	
103	581	01	33.2	+60	42	카시오페이아	산개성단	
104	4594	12	40.0	-11	37	처녀	나선은하	쏨브레로 은하
105	3379	10	47.8	+12	35	사자	타원은하	
106	4258	12	19.0	+47	18	큰곰	나선은하	
107	6171	16	32.5	-13	03	뱀주인	구상성단	
108	3556	11	11.5	+55	40	큰곰	나선은하	
109	3992	11	57.6	+53	23	큰곰	나선은하	
110	205	00	40.4	+41	41	안드로메다	타원은하	

8. 밝은 은하

은 하	적 경 (2000)	적 위 (2000)	직 경 (')	등 급 (B)	(B−V)	형 태	거 리 (Mpc)
NGC55	00^h15^m	-39°13'	32.4	8.42	0.54	SBc/mIII	1.3
NGC224=M31	00^h42^m	+41°16'	190.5	4.36	0.68	Sb I - II	0.7
NGC205=M110	00^h40^m	+41°41'	21.9	8.92	0.82	Sph-E5p	0.7
NGC247	00^h47^m	-20°46'	21.4	9.67	0.54	SABc/dIII-IV	2.1
NGC253	00^h48^m	-25°17'	27.5	8.04		SABc II	3.0
SMC	00^h52^m	-72°49'	316.2	2.7	0.36	Im IV-V	0.06
NGC300	00^h54^m	-37°41'	21.9	8.72	0.58	Sc/d II-IV	1.2
NGC598=M33	01^h34^m	+30°34'	70.8	6.27	0.47	Sc,cd II-III	0.8
NGC628=M74	01^h37^m	+15°47'	10.5	9.95	0.51	SAc II	9.7
NGC1068=M77	02^h43^m	-00°01'	7.1	9.61	0.70	SAb II	14.4
NGC1291	03^h17^m	-41°06'	9.8	9.39	0.91	SB0/a	8.6
NGC1313	03^h18^m	-66°30'	9.1	9.20	0.48	SBc/d III-IV	3.7
NGC1316	03^h23^m	-37°12'	12.0	9.42	0.87	SAB0/a pec	16.9
LMC	05^h23^m	-69°45'	645.7	0.91	0.43	SBm-Ir III-IV	0.06
NGC2403	07^h37^m	+65°36'	21.9	8.93	0.39	Scd III	4.2
NGC2903	09^h32^m	+21°30'	12.6	9.68	0.55	SABbc I - II	6.3
NGC3031=M81	09^h56^m	+69°04'	26.9	7.89	0.82	SAab I - II	1.4
NGC3031=M82	09^h56^m	+69°41'	11.2	9.30	0.79	I0/amorphous	5.2
NGC3115	10^h05^m	-07°43'	7.2	9.87	0.94	SO	6.7
NGC3521	11^h06^m	-00°02'	11.0	9.83	0.68	SABbc II	7.2
NGC3627=M66	11^h20^m	+13°00'	9.1	9.65	0.60	SABb II	6.6
NGC4258=M106	12^h19^m	+47°18'	14.8	9.10	0.55	SABbc II-III	6.8
NGC4449	12^h28^m	+46°06'	6.2	9.99	0.41	IB/Sm IV	3.0
NGC4472=M49	12^h30^m	+08°00'	10.2	9.37	0.95	E I --2/S0	16.8
NGC4486=M87	12^h31^m	+12°23'	8.3	9.59	0.93	cD. E0p	16.8
NGC4594=M104	12^h40^m	-11°37'	8.7	8.98	0.45	Sa/ab	20.0
NGC4631	12^h42^m	+32°32'	15.5	9.75	0.55	SBc/d III	6.9
NGC4649=M60	12^h44^m	+11°33'	7.4	9.81	0.95	S0/E2	16.8
NGC4736=M94	12^h51^m	+41°07'	11.2	8.99	0.72	SAab II	4.3
NGC4826=M64	12^h57^m	+21°41'	10.0	9.36	0.71	Sab II	4.1
NGC4945	13^h05^m	-49°28'	20.0	9.3		SBcd IV	5.2
NGC5055=M63	13^h16^m	+42°02'	12.6	9.31	0.64	SAbc II-III	7.2
NGC5128	13^h25^m	-43°01'	25.7	7.84	0.88	S0p	4.9
NGC5194=M55	13^h30^m	+47°12'	11.2	8.96	0.53	SAbc I - IIp	7.7
NGC5236=M83	13^h37^m	-29°52'	12.9	8.20	0.61	SBc II	4.7
NGC5457=M101	14^h03^m	+54°21'	28.8	8.31	0.44	SABcd I	5.4
NGC6744	19^h10^m	+63°51'	20.0	9.14		Sbc II	10.4
NGC6946	20^h35^m	+60°09'	11.5	9.61	0.40	Scd II	5.5
NGC7793	23^h58^m	-32°35'	9.3	9.63		SAd IV	2.8

9. 가까운 은하단

Abell	적경, 적위 시 분 도 분	은하 수	Z	Abell	적경, 적위 시 분 도 분	은하 수	Z
85	00 41.6 - 09 20	59	0.0556	1254	11 26.9+71 04	58	0.1525
88	00 42.9 - 26 02	58	0.1096	1291	11 32.1+56 01	61	0.0535
104	00 49.8 - 24 31	50	0.0822	1318	11 36.4+54 57	56	0.0566
119	00 56.4 - 01 15	69	0.0440	1364	11 43.7 - 01 45	74	0.1070
121	00 57.5 - 07 00	67	0.1048	1365	11 44.4+30.54	51	0.0763
151	01 08.9 - 15 25	72	0.0536	1367	11 44.5+19 50	117	0.0214
154	01 11.0+17 39	66	0.0638	1377	11 47.0+55 44	59	0.0514
166	01 14.6 - 16 16	76	0.1155	1382	11 48.4+71 26	57	0.1053
168	01 15.2 - 00 14	89	0.0452	1383	11 48.2+54 37	54	0.0603
189	10 23.7+01 38	50	0.0325	1399	11 51.2 - 03 05	82	0.0913
193	01 25.1+08 41	58	0.0498	1412	11 55.8+73 28	86	0.0839
225	01 38.9+18 53	51	0.0692	1436	12 00.5+56 15	69	0.0644
246	01 44.7+05 48	56	0.0700	1468	12 05.6+51 25	50	0.0844
274	01 54.7 - 06 16	140	0.1289	1474	12 08.0+14 57	70	0.0791
277	05 55.8 - 07 22	50	0.0947	1496	12 13.4+59 16	58	0.0941
389	02 51.3 - 24 54	97	0.1160	1541	12 27.4+08 50	58	0.0892
399	02 57.9+13 00	57	0.0715	1644	12 57.2 - 17 21	68	0.0473
400	02 57.6+06 01	58	0.0238	1651	12 59.4 - 04 11	70	0.0845
401	02 58.9+13 34	90	0.0748	1656	12 59.8+27 58	106	0.0232
415	03 06.8 - 12 02	67	0.0788	1691	13 11.4+39 12	64	0.0722
496	04 33.6 - 13 14	50	0.0327	1749	13 29.5+37 37	55	0.0590
500	04 38.9 - 22 06	53	0.0666	1767	13 36.0+59 12	65	0.0706
514	04 47.7 - 20 25	78	0.0731	1773	13 42.1+02 14	66	0.0776
787	09 28.6+74 23	106	0.1352	1775	13 41.9+26 21	92	0.0717
957	10 14.0 - 00 54	55	0.0450	1793	13 48.3+32 17	54	0.0849
978	10 20.5 - 06 31	55	0.0527	1795	13 49.0+26 21	115	0.0622
1020	10 27.8+10 24	68	0.0650	1809	13 53.3+05 09	78	0.0789
1035	10 32.1+40 12	94	0.0799	1831	13 59.2+27 59	67	0.0613
1126	10 54.0+16 51	55	0.0852	1837	14 01.8 - 11 09	50	0.0376
1185	11 10.8+28 40	52	0.0321	1904	14 22.1+48.33	83	0.0708
1187	11 11.7+39 34	55	0.0791	1913	14 26.9+16 40	53	0.0528
1213	11 16.5+29 15	51	0.0468	1927	14 31.0+25 29	50	0.0740
1216	11 17.7 - 04 28	57	0.0524	1983	14 52.7+16 44	51	0.0449
1228	11 21.5+34 19	50	0.0350	1991	14 54.4+18 37	60	0.0579
1238	11 23.0+01 05	63	0.0716	1999	14 54.1+54 18	68	0.1032

Abell	적경, 적위 시 분 도 분	은하 수	Z	Abell	적경, 적위 시 분 도 분	은하 수	Z
2005	14 58.7+27 49	105	0.1257	2152	16 05.4+16 26	60	0.0374
2022	15 04.3+28 25	50	0.0575	2175	16 20.4+29 54	61	0.0968
2028	15 09.6+07 31	50	0.0776	2197	16 28.2+40 54	73	0.0308
2029	15 11.0+05 45	82	0.0768	2199	16 28.6+39 31	88	0.0299
2040	15 12.8+07 25	52	0.0456	2255	17 12.5+64 05	102	0.0808
2048	15 15.3+04 22	75	0.0945	2256	17 03.7+78 43	88	0.0581
2061	15 21.3+30 39	71	0.0782	2347	21 29.5 - 22 12	79	0.1196
2063	15 23.0+08 39	63	0.0355	2382	21 52.0 - 15 38	50	0.0648
2065	15 22.7+27 43	109	0.0722	2384	21 52.3 - 19 32	61	0.0943
2067	15 23.3+30 54	58	0.0748	2399	21 57.5 - 07 47	52	0.0587
2079	15 28.1+28 52	57	0.0656	2410	22 02.1 - 09 53	54	0.0806
2089	15 32.7+28 00	70	0.0733	2457	22 35.8+01 28	53	0.0597
2092	15 33.3+31 08	55	0.0669	2657	22 44.8+09 08	51	0.0414
2107	15 39.8+21 46	51	0.0421	2670	23 54.2 - 10 24	142	0.0761
2124	15 45.0+36 03	50	0.0654	2675	23 55.6+11 25	60	0.0726
2142	15 58.3+27 13	89	0.0899	2700	00 03.9+02 03	59	0.0978
2147	16 02.3+15 53	52	0.0356	Preseus"	03 18.6+41 30	88	0.0179
2151	16 05.2+17 44	87	0.0368	Virgo"	12 30.8+12 23		0.0039

찾아보기

ㅊ

ㅋ

ㅌ

저자약력

안 홍 배

· 서울대학교 천문학과 학사, 석사, 박사
· 관측 천문학 전공
· 일본 동경대 키소 천문대 객원 연구원
· 캐나다 도미니온 천문대 객원 연구원
· 부산대학교 교수(현재)

이 형 목

· 서울대학교 천문학과 학사, 석사
· 미국 프리스턴대학교 천체물리학 박사
· 이론 천문학 전공
· 캐나다 이론천체물리 연구소 연구원
· 미국 산타바바라 이론물리 연구센터 방문 연구원
· 부산대학교 교수
· 서울대학교 교수(현재)

천문학 개론
태양계와 우주 (개정판)

초판 1쇄 1996년 9월 10일
4판 3쇄 2015년 8월 31일

저 자 안홍배 · 이형목

발 행 인 김 기 섭
펴 낸 곳 부산대학교 출판부
주소－부산광역시 금정구 부산대학로63번길 2(장전동)
전화－(051) 510－1932~3
전송－(051) 512－7812
등록－제카 11-2 1992. 9. 10.

값 13,000 원

ISBN 978-89-7316-338-0 93440